U0250780

"十三五"
国家重点出版物
出版规划项目

国家出版基金项目
NATIONAL PUBLICATION FOUNDATION

地下水污染风险识别与修复治理关键技术丛书

地下水回补
污染风险防控及生态修复技术

李炳华　　孟庆义　　黄俊雄　　等著

化学工业出版社
·北京·

内容简介

本书为"地下水污染风险识别与修复治理关键技术丛书"的一个分册，是关于回补河流生态修复与地下水污染风险防控的实用型技术类图书。书中详细介绍了基于回补河流生态修复的区域水资源调配技术、回补区河道生态修复技术、地下水回补区污染风险源识别、回补条件下地下水环境效应，以及典型回补区地下水污染风险防控技术等，并进行了工程应用示范。

本书具有较强的前瞻性、技术应用性和针对性，可以作为地下水回补污染风险识别与防治，地下水资源开发利用领域的科研人员、工程技术人员和管理人员的参考书，也可以供高等学校环境科学与工程、生态工程、地下水科学与工程及相关专业师生参阅。

图书在版编目（CIP）数据

地下水回补污染风险防控及生态修复技术/李炳华
等著．—北京：化学工业出版社，2020.12
（地下水污染风险识别与修复治理关键技术丛书）
ISBN 978-7-122-38201-6

Ⅰ．①地…　Ⅱ．①李…　Ⅲ．①河流-生态恢复-研究②地下水污染-污染防治-研究　Ⅳ．①X522.06
②X523.06

中国版本图书馆CIP数据核字（2020）第246113号

责任编辑：卢萌萌　刘兴春　　　　　　　　　　　文字编辑：王文莉　陈小滔
责任校对：宋　玮　　　　　　　　　　　　　　　装帧设计：王晓宇

出版发行：化学工业出版社（北京市东城区青年湖南街13号　邮政编码100011）
印　　装：北京瑞禾彩色印刷有限公司
787mm×1092mm　1/16　印张17$\frac{1}{4}$　字数384千字　2021年9月北京第1版第1次印刷

购书咨询：010-64518888　　　　　　　　　　　售后服务：010-64518899
网　　址：http://www.cip.com.cn
凡购买本书，如有缺损质量问题，本社销售中心负责调换。

定　　价：148.00元

"地下水污染风险识别与修复治理关键技术丛书"

—— 编 委 会 ——

《 地下水回补污染风险防控及生态修复技术 》

—— 著 者 名 单 ——

李炳华　孟庆义　黄俊雄　杨　勇　周　娜　郭敏丽　韩　丽

前言

　　北京地区长期依赖地下水作为主要供水水源，地下水在北京市的供水系统中所占比例高达71%，长期超采导致地下水位持续下降。为满足日益增长的用水需求，开发和应用可持续发展的水处理和再利用技术日益受到关注。

　　潮白河冲洪积扇河流段（密云水库–向阳闸）是北京市水源保护地，也是南水北调来水重要的地下水回补区。调水之前，该区段河道干涸、生态多样性消失，怀柔、密云等新城的再生水持续排入，增加了地下水污染和河道生态系统重构的难度。传统静态的、单一对象的、单目标的水量回补调蓄方法无法实现该区段外调水、水库水、汛期雨水、再生水等多水源的科学配置要求，难以实现回补调蓄区河道生态修复目标、地下水水量恢复和水质改善目标。南水北调来水调蓄工程建设使区域水循环格局发生新变化。南水北调水源地下水回补后，形成大气降雨–再生水–南水北调水的多水源补给格局，将改变回补区地下水的补径排条件。地下水水位抬升可能增加再生水、污水、报废机井等污染源对地下水的污染风险。

　　为系统总结潮白河区域回补河流生态修复与地下水污染风险防控的相关经验，特编写此书，为地下水回补污染风险识别与防治、地下水资源开发利用领域研究人员提供典型案例借鉴和技术参考。本书系统梳理了回补河流现状、污染源分布状况与地下水环境状况，提出基于回补河流生态修复的区域水资源调配技术、回补区河道生态修复技术、地下水回补区污染风险源识别、回补条件下地下水环境效应、典型回补区地下水污染风险防控技术等，并在某些场地进行了工程应用示范，建立了集回补河道生态修复与地下水污染防控于一体的一整套技术体系。本书理论与实践有效结合，具有较强的技术应用性和针对性，可供从事地下水污染风险防控与修复等的工程技术人员、科研人员和管理人员参考，也可供高等学校环境科学与工程、生态工程及相关专业师生参阅。

本书由李炳华、孟庆义、黄俊雄等著，具体分工如下：第1章由孟庆义著；第2章由孟庆义、黄俊雄著；第3章由周娜、韩丽著；第4章由李炳华、杨勇著；第5章由李炳华、郭敏丽著；第6章由李炳华、黄俊雄著。全书最后由李炳华统稿并定稿。

本书是笔者及其团队多年来在地下水回补河道生态修复与地下水污染风险防控技术理论和经验方面的总结，本书的出版和发行将推动我国地下水回补污染防控技术的研究，为我国地下水回补污染防治提供有益指导。限于著者水平及编写时间，对诸多问题的认识还不够深刻和全面，书中难免有不妥和疏漏之处，恳请读者批评指正。

著者

2021年1月

目 录

第 3 章
回补区河道生态修复技术 / 027

第 6 章
典型回补区地下水污染风险防控技术 / 207

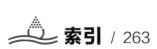

第 1 章

绪论

1.1 研究背景与意义

1.1.1 研究区概况

潮白河流域处于半湿润、半干旱区的华北平原，发源于燕山北麓，流经京津冀三省（直辖市），于北塘附近入渤海，属于海河水系，与北运河、蓟运河合称"北三河"，是海河北系四大河流之一，流域总面积为19354km²，其中山区面积为16810km²，平原面积为2544km²[1]。潮白河流域地处山地与平原的过渡地区，山地与平原高差悬殊，约1500m，形成一个背山面海的地形，流域内地势西北、东北高，东南低。

潮白河上游主要支流为潮河和白河。潮河古称鲍丘河，起源于河北省丰宁县草碾沟黑山嘴，经滦平县到古北口入北京市密云区境内，曲折南流，在密云城西南河槽村东与白河汇流后，始称潮白河，长约200km，流域面积6870km²。密云水库建成后，在密云境内分为上下两段，上游为山区，下游为平原，沿途有小汤河、安达木河、清水河和红门川河四大支流汇入。白河古称沽河，发源于河北省沽源县丹花岭，在白河堡水库上游进入北京市境内曲折南流，经延庆、怀柔，在汤河口与汤河汇合，流至密云城西南河槽村东与潮河汇合，境内主要有黑河、天河、渣汰沟、汤河和琉璃河汇入，长约250km，流域面积9100km²。

潮白河从北向南流经北京市的密云、怀柔、顺义和通州四区，在通州区牛牧屯引水出境后入潮白新河，经河北省香河县、天津市宝坻区，至宁车沽与永定新河汇合后在北塘入渤海，全长约200km，沿途纳入小东河、怀河、城北减河、箭杆河和运潮减河等支流。

潮白河是北京市第二大河，北京境内流域涵盖了怀柔、密云两区绝大部分，延庆西北部、顺义区中东部和通州区东部地区，干流全长83.5km，市内流域面积约为5688km²，约占总流域面积的30%。

潮白河流域北京段主要水系分布如图1-1所示。

海河流域潮白河是北京市的重要水源区，在水功能区划上，潮白河流域北京境内包含1个保留区、6个饮用水源区（地表水和地下水）、1个景观用水区，水质目标为Ⅱ～Ⅳ类，是北京市的重点保护流域[2]。

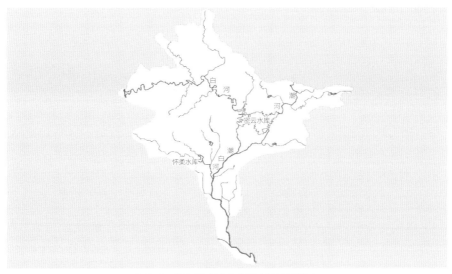

图1-1　潮白河流域北京段主要水系分布

1.1.2　研究背景

自1999年以来，北京市连逢枯水年，降雨量锐减，河道断流，水库蓄水量下降[3]，多年来地下水超采严重[4]。伴随潮白河流域沿线经济社会发展、人口增加，流域的水资源、水环境问题日益突出。同时受南水北调工程的影响，流域内的水资源产生了较大变化，地表水（水库和河流）、地下水等的补水条件和生态环境都面临着严峻的挑战。

1.1.2.1　调蓄区现有水资源、水环境问题

（1）水资源短缺导致水库水位下降，地下水长期超采，河道断流

潮白河自1999年以来，多年持续干旱，也导致上游来水量减少，供水水库水位持续下降，供水水量逐年减少。为满足区域的水资源需求，北京在潮白河流域建立了多处水源地为城区供水。在北京城区的供水管网中，该流域每年供给城区 $2.4 \times 10^8 \mathrm{m}^3$ 地下水，占城区供水量的35%。由于密云区、怀柔区、顺义区（以下简称"密怀顺"）水源区地下水长期处于超采状态，地下水开采严重消耗了地下含水层的储存资源量，致使地下水水位不断下降[5-7]。在水源八厂水源地、怀柔应急水源、顺义-朝阳交界处形成了大面积的降落漏斗，水源地中心的水位下降幅度达2.5m/a。据粗略统计，自1999年以来，密怀顺水源区的地下水埋深由12m下降至40m，地下水资源亏损量高达 $2.2 \times 10^9 \mathrm{m}^3$ 。上游来水减少，水库不再下泄，潮白河干流自2000年后基本为断流状态，支流也基本无径流。

（2）威胁调蓄区水质安全的污染源尚未得到有效控制

虽然政府加大了污染治理力度，但威胁水质安全的污染源仍未得到有效治理[8-11]。对于密云水库这类水库型调蓄区，对水质影响较大的点源污染已全部截除，威胁水质安全的主要污染源已变成库区周边的面源污染，同时，低水位库滨滩地农业耕作屡禁不止也成为水库的另一大污染源。此外，由于受到上游流域内村庄生活污水、养殖废水等的影响，上游流域来水的水质难以得到保障。

由于潮白河流域多年来干旱少雨，对地下水的长期超采改变了流域的地下水流场，导致流域内向流域外的地下水流动减弱，局部地段甚至由外向内流动。流场的改变使得进入地下水的污染物难以向流域外迁移，局部地区地下水水质向劣化的方向发展，尤其在流域山前冲洪积扇上游，部分污水直接进入干涸河道，而河道底部包气带和含水层介质为粗砂砾石，渗透性极好，污染物可以快速进入含水层，引起地下水污染。

（3）流域生态环境退化

潮白河流域干流断流、地下水水位下降等水资源问题，对流域内生态系统造成毁灭性损害；水库库滨带消落区植被结构不完善，边坡裸露，水土易流失。多种因素造成流域生态环境严重退化，生态功能缺失。

1.1.2.2　南水北调工程带来的挑战

（1）南水北调来水调蓄工程建设使区域水循环格局发生了新变化，传统调配方案难以满足调蓄区水量水质生态功能要求

潮白河冲洪积扇河流段（密云水库-向阳闸）是北京市水源保护地，也是南水北调来水重要的地下水回补区和调蓄区。南水北调来水前，该区段河道干涸，生态多样性消失，加之怀柔、密云等新城的再生水持续排入，增加了地下水污染和河道生态系统重构的难度。传统静态的、单一对象的、单目标的水量调蓄方法无法满足该区段外调水、水库水、汛期雨水、再生水等多水源的科学配置要求，难以实现调蓄区河道生态修复、地下水水量恢复和水质改善的目标。

（2）地表水调蓄区水质安全风险源增加

南水北调来水后，密云水库、怀柔水库等水库型调蓄区面临水位上升、底泥污染物释放、新增淹没区污染物释放、水质安全风险源增加、上游流域污染叠加影响等水质安全潜在风险问题[12-16]。外调水进入后，由于来水量较大且水源存在水质、水生态的差异，主要调蓄区水质与水生态衍变情况不明。

（3）地下水回补区污染风险增加[17-19]

南水北调水源地下水回补后，形成大气降雨、再生水、南水北调水的多水源补给格

局，改变了调蓄区地下水的补径排条件[20, 21]。地下水水位抬升可能增加再生水、污水、报废机井等污染源对地下水的污染风险。

（4）回补区水源地监测体系和管理手段已不能满足日益变化的水资源严格管理的要求

密云水库等地表水回补区现有水质保障管理措施主要是通过监测、巡查等手段，不能应对来水后复杂不明的水质风险情势；自动监测以简单的水化学指标为主，无法实现实时水体富营养化监测预警，更无法实时监测和预警毒性污染突发事故；地下水监测井数量极少，且绝大部分是利用农业或开采井，不考虑水质问题，仅对出水量有要求，多数地下水监测井的监测层位为混合水位或混合水质，分层地下水监测井少，地下水污染监控体系亟待健全。南水北调工程来水后，监测和管理方面的问题更为突出。

1.1.3　研究意义

南水北调中线工程的建成通水给海河流域带来了全新的水资源格局。北京市将利用境内海河流域北三河水系的密云水库、怀柔水库以及潮白河地下水源地等地表和地下空间建设水资源调蓄区，形成地表水、地下水、外调水、再生水多种水源补给的水资源结构。

本书的研究意义主要体现在以下几个方面。

（1）研究海河流域典型区域的多水源供用−耗排−回用的优化配置方案，有效支撑南水北调后流域水资源调配的科学决策

在水资源紧缺的条件下，海河流域城市的水资源供需平衡是通过严格水资源管理，尤其以挤占生态环境用水为代价实现的。南水北调工程2014年汛期后建成通水，使得该区域的水源条件得到显著改善。如何加大水源保障力度、充分合理调度水资源、加快流域河道的生态环境恢复，是调水前亟需解决的问题。南水北调来水前已有的水资源配置方案多侧重于供水保障，未考虑水源地涵养、河道生态用水的需要。本书所涉及研究提出了以河流生态修复为目标的区域水资源优化配置方案，从流域尺度综合考虑供水、排水、再生水的总体循环、综合利用。

（2）研究再生水补给型河道生态修复技术，支撑调蓄区下游断流河道的生态环境改善

海河流域调蓄区下游的现状断流河道在"十二五"期间可通过再生水回补获得生态基流，在水资源方面获得恢复和改善。然而，再生水补给景观生态用水大多存在以下问题：再生水的水质无法满足河道水体功能要求，河道水体缺少流动，新蓄水河道的水生态系统结构短期内不完整，河道水体富营养化严重。本研究针对性地提出这种类型河道的生态修复技术，以保障再生水的安全回用。

（3）研究海河流域水库型调蓄区的污染风险控制技术，为大量外调水入库情形下的水库水源安全提供保障

南水北调工程通水后，大量外调水将进入水库型调蓄区，水资源量的变化及外调水性质的差异使水库的水质安全风险源增加。本研究提出了一系列水库污染源风险控制技术，为保障水库水质安全提供污染物输入控制的工程技术支撑。

（4）摸清多水源补给条件下的地下水环境效应，研究地下水污染控制和补给技术，为地下水回补区的水源生态涵养奠定基础

南水北调水源在密怀顺水源地进行地下水回补，改变了现有的地下水循环，并可能引起地下水水位的大幅回升，从而失去巨厚包气带的缓冲屏障。在地表污染源持续存在、包气带缓冲能力减弱的条件下，可能引发其他环境效应，增加回补区地下水水质安全隐患。此外，潜在污染源和再生水补给量的增加以及地下水回补过程中滞留于包气带的污染物溶出、迁移转化可能对地下水调蓄区水质安全产生负面影响。为规避地下水污染风险，保障地下调蓄水源的高效利用，本研究查明了地下水回补区的地下水污染来源和污染机理，研发出了一系列地下水污染控制技术，科学制订了再生水入渗-南水北调水源回补-地下水开采的多水源联合调蓄方案，以保障地下水源地水质安全，保证水源科学、合理、安全、持续利用。

1.2 研究技术

1.2.1 河道生态修复技术

1.2.1.1 水生态修复技术

大量研究与实践表明，水环境污染实际上是典型的生态问题，因此，在对污染水域进行治理时，应采用生态学方法使生态问题得到最终解决。近年来的实践更强调治理与生态修复相结合，甚至更强调生态修复的作用。

从广义上讲，所有的生物处理都是生态修复。目前，国际上已在使用的或已进入中试阶段的污染水域治理与生态修复技术可分为物理法、化学法和生物/生态法三大类，主要包括底泥疏浚、生态调水、人工增氧、植物净化、化学除藻、絮凝沉淀、重金属化学固定、微生物强化、生物膜等[22-24]。

（1）底泥疏浚

底泥疏浚是在水域污染治理过程中普遍采用的措施之一。这是因为底泥是水生态系统中物质交换和能流循环的中枢，也是水域营养物质的储积库和特殊的缓冲载体。在水环境发生变化时，底泥中的营养盐和污染物会通过泥-水界面向上覆水体扩散，尤其是城市湖泊和河道，长期以来累积于沉积物中的氮磷和污染物的量往往很大，在外来污染源存在时，这些物质只是在某个季节或时期内会对水环境发挥作用。然而在其外来污染源全部切断后，则逐渐释放出来对水环境发生作用，并且在很长一段时期内维持对水环境的影响。因此，一般而言，疏浚污染底泥意味着将污染物从水域系统中清除出去，可以较大程度地削减底泥对上覆水体的污染贡献率，从而起到改善水环境质量的作用[25, 26]。

底泥疏浚技术根据原理属物理法分类技术。就疏浚技术现状来看，主要包括工程疏浚技术、环保疏浚技术和生态疏浚技术等。就技术的成熟度和采用率而言，其中的工程疏浚技术居首，环保疏浚技术是近年开发并且已进入大规模采用阶段的成熟技术，生态疏浚技术则是最近提出并且在局部实施的新技术。就实施疏浚技术对水环境质量的改善效果来看，工程疏浚技术以往主要用于疏通航道、增加库容等目的，长期的实践证明其效果欠佳；环保疏浚技术是以清除水域中的污染底泥、减少底泥污染物向水体的释放为目的的技术，其效果明显优于工程疏浚技术，其特点是有较高的施工精度，能相对合理地控制疏浚深度，能较大幅度地减少疏浚过程中的污染；生态疏浚技术是以生态修复为目的的技术，以工程、环境、生态相结合来解决河湖可持续发展问题，其特点是以较小的工程量最大限度地清除底泥中的污染物，同时为后续生物技术的介入创造生态条件。

然而，据日本等发达国家的实践，就特定的水体而言，是否需要对其底泥进行彻底的疏浚，或者疏浚到什么程度，还需要进行细致周密的研究论证，并且应做到视区域的污染程度、性质和疏浚目的而定，不宜一概采用，因为大规模的底泥疏浚不但需要大量资金来支持，而且被清除的污染底泥的最终处理也是一个棘手的问题。

（2）生态调水

生态调水是在敏感水域普遍采用的水环境污染治理措施。生态调水的目的和方法是通过水利设施（闸门、泵站等）的调控引入污染水域上游或附近的清洁水源冲刷稀释污染水域，以改善其水环境质量[27]。生态调水的实际作用主要体现在：将大量污染物在较短时间内输送到下游，减少了原区域水体中的污染物总量，以降低污染物的浓度；调水时改善了水动力的条件，使水体的复氧量增加，有利于提高水体的自净能力；使死水区和非主流区的污染水得到置换。

生态调水技术根据原理属物理法分类技术。通过稀释作用降低营养盐和污染物浓度，改善水质，这是生态调水技术功能的主要体现。然而，生态调水技术的物理方法是把污染物转移而非降解，会对流域的下游造成污染，所以在实施前应进行理论计算预测，确保调水效果和承纳污染的流域下游水体有足够大的环境容量。

（3）人工增氧

人工增氧是在治理污染河道中较多采用的措施之一。这是因为污染严重的河道水体由于耗氧量远大于水体的自然复氧量，溶解氧（DO）普遍较低，甚至处于严重缺氧状态，此时河道的水质严重恶化，水体自净能力低下，水生态系统易遭到破坏。人工增氧能较大幅度地提高水体中的溶解氧含量，加快水体中溶解氧与臭污物质之间发生氧化还原反应的速度；能提高水体中好氧微生物的活性，促进有机污染物的降解速度；对消除水体臭污有较好的效果[28]。

（4）植物净化

植物净化技术根据原理属生物/生态法分类技术。污染物迁移转化后外移，这是植物净化技术功能的主要体现。相对于物理法和化学法，生物/生态修复技术的提出较晚，其发展仅仅是近十多年前才开始的，尤其是其中的植物净化技术是近年来才开始得到重视。植物净化技术的最大优点是可以通过植物的吸收吸附作用，降解、转化水体中的有机污染物，继而通过收获植物体的形式将有机污染物从水域系统中清除出去，因此可以达到标本兼治的效果[29]。与此同时，植物的存在为微生物和水生动物提供了附着基质和栖息场所。某些植物的根系能分泌出克藻物质，达到抑制藻类生长的作用；庞大的枝叶和根系成为自然的过滤层，能截获大量的悬浮物质等；对水生态系统的物理、化学以及生物特性亦能产生重要影响。

水生植物技术用于生态修复阶段，其主要作用体现在：净化微污染的水体，即通过吸收吸附作用降解、转化水体中的有机污染物，使水质得到进一步改善；作为水生态系统的主要成员，为其他生物的生存、繁衍提供场所和食物。

1.2.1.2 河道生物种群恢复技术

（1）鱼类种群结构恢复技术

鱼类是水生生态系统中较高级的消费者，通过上、下行效应与环境间存在着紧密的相互关系。鱼类种群结构的演替过程及其机制主要受环境条件变动的影响，而环境条件的改变又可以影响种群结构内的各个成分、种群结构功能、物种多样性和相对丰度而使种群结构发生改变。

鱼类种群结构恢复途径主要包括：a.增殖放流土著鱼类，重建鱼类种群结构；b.采取适当的管理措施，保证种群结构的自然恢复，以维护鱼类种群结构的完整性；c.采取适度的封闭措施，减少人为活动对主要保护鱼类栖息地的干扰，以保证主要鱼类栖息地的自然恢复；d.采取严格的保护措施，严厉打击破坏鱼类种群结构的行为，以保护鱼类资源和多样性。

鱼类种群结构恢复技术在国外开展较早，从19世纪后期开始的一个多世纪以来，鱼类的人工增殖放流技术在鱼类种群结构恢复中处于核心地位。20世纪60年代以后，北美地区的酸雨污染湖泊的生态修复过程中，鱼类种群结构恢复技术得到了全面探索，形成了一套比较完整的技术[30]。而欧洲各国则在河流鱼类洄游通道恢复的研究与实践方面积累了大量经验，取得了明显的成效。我国自20世纪80年代开始逐步开展了鱼类种群结构多样性研究，并在鱼类增殖放流和水利工程建设中的鱼类种群结构保护方面进行了较多实践[31]。

鱼类种群结构恢复重建的核心环节是鱼类增殖放流和鱼类种群动态的长期跟踪监测。从全球范围来看，日本、美国、前苏联、挪威、西班牙、法国、英国、德国等先后开展了鱼类增殖放流工作，且都把增殖放流作为今后渔业资源养护和生态修复的发展方向。我国鱼类人工繁殖放流工作开始于20世纪50年代四大家鱼人工繁殖的成功，随后其他经济鱼类苗种繁育技术也蓬勃发展，为鱼类人工繁殖放流工作奠定了坚实的基础。在我国淡水湖泊河流中，先后放流增殖和移植的种类有青鱼、草鱼、鲢鱼、鳙鱼、鲤鱼、鲂鱼、鲑鱼、鲴鱼、鳗鱼、鲟鱼、银鱼等数十种鱼类。

（2）大型底栖动物研究

大型底栖动物是按照底栖动物尺寸大小分类的结果，一般将无法通过孔径为0.5mm筛网的底栖动物划分为大型底栖动物，常见的如水生寡毛类、摇蚊幼虫、螺类和贝类等。

大型底栖动物在水生态系统中扮演重要角色，主要表现在以下3个方面。

① 促进自然界的物质循环和能量流动。大型底栖动物类群众多，数量庞大，作为食物链中的一环，它们多摄食悬浮物和沉积物，通过自身新陈代谢加快了底层物质的分解、交换，有着承上启下的关键作用。

② 提供底层生产力，有的大型底栖动物可以作为鱼类等动物的重要天然饵料。

③ 环境监测生物。大型底栖动物作为水底长期生存的重要类群之一，具有生命史长、行动迁移弱、采样和鉴定容易、广泛分布在各类水体中、对污染物十分敏感等优点，当水生态综合环境发生变化后，大型底栖动物群落结构也会随之改变，从而做出响应，通过对其种类组成、丰度、生物多样性等指标的研究，能较好地反映出水体长期的动态情况[32-34]。

大型底栖动物的生长繁殖与环境因子关系密切，其种类组成、密度和生物量都受到水环境各因子的综合影响。通常这些环境因子可以归为非生物因子和生物因子两大类：非生物因子常包括水深、温度、溶解氧量、盐度、pH值、水文格局、有机物、底质条件、营养盐以及重金属等；生物因子主要包括水生植物以及物种间的相互作用。可能还存在一些其他未知影响因素[35]。

国外很早就开始了大型底栖动物水质生物学评价的研究，长期发展历程中经历了单纯定性评价到单纯定量评价再到定性定量评价相结合的过程。随着大型底栖动物水质生物学评价技术的日益完善和成熟，近些年，很多发达国家的环保机构已经开始广泛采纳应用[36]。

相比于国外，我国对大型底栖动物的研究较晚，开始于20世纪60年代，限于当时的科研条件和技术水平，研究内容较简单、分散，以了解局部区域大型底栖动物群落分布为主，之后逐渐探索底栖动物对水环境的指示作用。20世纪80年代后，大型底栖动物在水质生物学评价中的运用得到快速发展，并且独立成为了一个重要的评价指标。时至今日，运用大型底栖动物评价水质在我国已经有30多年历史，各项研究十分丰富[37-39]。

1.2.2 地下水回补污染风险防控与调蓄技术

1.2.2.1 地下水污染防控技术

由于地下水环境的隐蔽性和系统的复杂性，一旦污染物进入含水层，将极难治理。近年来，我国地下水污染事件频发，污染问题日益突出，但是由于相关基础数据信息的缺乏和科学研究的不足，对于影响显著、危害严重的地下水污染源缺乏准确的识别和界定，严重制约了地下水污染防治工作的进展。

（1）地下水污染防控技术的分类

地下水污染防控技术是以为人类及其他生物体提供清洁地下水为目的，配合污染控制政策，应用科学与工程方法来保护或改善地下水环境，控制地下水中污染物含量的手段。欧美国家自20世纪70年代以来就开始了有关地下水污染防控的相关技术研究，目前已经形成了一整套较为完整的地下水污染防控技术方法。本书参考前人的研究成果，对地下水污染防控技术进行汇总，总结出十几项防控技术，包括污染源移除、水力控制、监测自然衰减、微生物修复、气相抽提、电动修复、固化/稳定化等。

按照人为干预程度，地下水污染防控技术可分为被动防控技术和主动防控技术两大类。被动防控技术是根据研究区地下水环境承载能力，通过污染源优化选址等外部手段最大限度地降低地下水污染风险，主要包括防渗技术、监测自然衰减技术等。主动防控技术是通过工程技术手段最大限度地防止或减少污染物进入地下水环境的保护技术，包括避免污染物产生、阻隔污染物运移路径、严控地下水污染范围三种方式。20世纪中期以来，地下水污染主动防控技术已成为治理地下水污染、保护地下水资源和生态环境安全直接有效的手段。

（2）地下水污染防控技术的筛选

目前地下水污染防控工作的重心主要集中在污染源调查和污染场地修复上，将污染源评估结果与防控对策相结合的案例相对较少。由于地下水的特殊性，地下水的污染程度除了与污染源相关外，还与水文地质条件等密切相关，如何基于污染源调查和环境风险评估选取针对性较强的防控对策和技术，对于地下水污染精细化管理而言非常重要。

发达国家建立地下水污染分类防控管理机制已有30多年的历史，已形成了较为成熟的分类管理技术手段。参照美国超级基金的案例，对于地下水分类管理，我们可以得到以下3点经验：a. 建立防控技术分类办法与防控案例档案；b. 确定优先防控的地下水污染源；c. 制订科学合理的防控目标，采用多技术联合防控方案。

我国的地下水污染管理尚处于初步发展阶段，对于大区域尺度上的（点、线、面）污染源防控技术方案初步筛选乃至防控技术对策的制订尚无较成熟的案例可供参考；而且防控技术筛选对策的目标主要为已存在污染源，对于潜在污染源的研究很少。对于已存在污染源常用的防控技术筛选方法有3种：a. 采用国外较为成熟的防控技术筛选决策支持系统；b. 生命周期法；c. 将决策分析方法与层次分析法结合进行防控技术筛选。虽然以上方法已经得到了广泛应用，但是方法在指标体系建立、指标权重赋值和指标评分时会有一定的缺陷，多数指标的评分依据或规则没有给出，多数情况下是基于技术特征给定的评分，没有给出客观合理的解释。同时，对于不同级别的污染源，防控技术指标的相对重要性没有得到很好的体现。

1.2.2.2　地下水回补调蓄技术

地下水回补不仅能提高地下水水位，增加水资源的供给量，还能在维持河流基流、改善水质和防止海水入侵等方面起到重要作用。全球通过地下水回补调蓄水资源来改善水生态环境等方面的研究，已有100多年历史。根据回补功能的不同，可将地下水回补调蓄研究分为两类：一类是把地下水回补作为水资源管理的手段，典型代表为美国加利福尼亚州和以色列，由于地下水调蓄工程设施规模比较大，所以工程一般涉及整个地区和其自然流域；另一类以改善水质、调温冷却和生态环境保护以及方法试验为主，以德国、法国和北欧各国为代表。根据回补方式的不同也可分为两类：一类为直接利用地面设施，如渗池、渗渠或稍加整理的天然河道等，使水自然渗入地下；另一类是通过工程措施回补地下水，如钻凿管井、大口井和开挖坑塘等。

（1）国外地下水回补调蓄技术研究进展

美国为美洲地区的地下水回补研究的典型代表。美国首次运用含水层储存与回采方式开展地下水回补研究，即 ASR（aquifer storage reservoir）。它是利用钻孔将丰水期富余水量通过回灌的方式储存到含水层中，需水时再通过取水工程抽取使用。ASR回补方式简单有效，已证明是经济有效的补给技术[40]。美国佛罗里达州是利用 ASR 系统开展地下水回补的典型区域。至2005年，该区域已建成 ASR 井21个，将河水和深层井水混合，其回补含水层的岩性为碳酸岩，采用深井回补的方式将水注入深层承压含水层中。通过控制含水层中补给-回采循环周期中的回采效率，分析补给水和背景地下水之间的几种相互作用等回补的关键技术，确保了地下水回补的高效性。

1957年，荷兰创立了由人工地下水回补供应运河、渗透池塘、下水道和提取运河组成的阿姆斯特丹沙丘供水系统（AWDs）。该系统从莱茵河取水，经过预处理后，通过3根累计长度为210km的输水管线将水引到Leiduin沙丘区的含水层，通过回灌水在含水层长达2个月的停留时间，以达到除菌的效果，过滤和降解作用使得水质得到改善，再通过抽水井提取地下水，进行深度处理后向阿姆斯特丹城市供水。

中东、非洲等干旱地区在利用地下水回补解决其供水问题方面取得显著成效。以色列早在1964年建立了太巴列湖-地下水库拦蓄工程，实行地表水-地下水统一调度，为当地供水提供保障。在约旦、科威特和摩洛哥等地区小规模的污水补给工程也相继出现，南非开普敦的亚特兰蒂斯在1980年开始利用湖盆渗漏回补地下水，已经成功运行了35年。

在研究地下水调蓄数值模型方面，早在20世纪60年代，国外地下水研究中就开始利用有限差分法进行水量模拟[41]，并用有限元方法对同一问题进行了研究后[42]，地下水数值模拟技术快速发展。运用数值模拟法可以解决地下水流和水量的定量评价问题，也可解决地下水溶质运移、热运移和地面沉降等问题。20世纪60年代，国外开始对地下水水质模拟进行研究。1976年，苏联科学家对孔隙介质中水动力弥散进行了详细综述。1978年，美国地质调查局用一份地下水水质模型报告作为范例建立模型，该模型是在忽略离子反应时建立的溶质浓度瞬态变化的水质模型。20世纪90年代，对含水层污染物浓度进行预测的复杂数学模型被研制出来[43]。

近年来，随着地下水溶质迁移理论的深化和专业软件的开发，地下水溶质在复杂含水层中的运移的数值模拟迅速发展。除对迁移方程中的吸附、降解、离子交换、化学反应以及生物等参数考虑更加全面外，对检测资料的复杂性也开始了广泛研究。目前，常用的地下水系统溶质运移模拟软件有MT3DMS、RT3D、FEMWATER、TOUGH、FEFLOW等十几种。其中FEFLOW功能最为齐全，尤其是在图形显示和数据结果分析方面。20世纪70年代，德国WASY水资源规划和系统研究所开发了基于有限单元法的FEFLOW地下水模拟软件，可用于解决复杂的三维非稳定水流和溶质运移等问题。20世纪80～90年代，荷兰学者[44]建立了阿姆斯特丹的莱茵河水入渗过程中的水量和溶质运移模型；苏格兰学者[45]探讨了在孔隙介质中一维模型的参数灵敏度分析和参数估计，得出其主要的影响因素；利用非饱和流中的溶质运移模型，以色列学者[46]讨论了野外空间变化场地中地下水在非饱和状态下的溶质运移情况。

（2）国内地下水回补调蓄技术研究进展

我国的地下水回补技术起步相对西方国家来说较晚，但也有近半个世纪的发展历程。有学者提出了一种新的深层地下水回补办法——SPD人工补给系统[47]，以及一种反滤回灌井进行地下水回补的方法，并对外形进行了优化[48]。在工程上，建设地下水库是对地下水回补应用行之有效的手段之一。在研究前期，比较典型的就是河北南宫地下水库和北京西郊地下水库，南宫地下水库的建成标志着我国地下水库发展的开始，之后全国部分地区根据相应的地下水回补方案修建地下水库。北部地区修建地下水库的典型为乌拉泊洼地地下水库和柴窝堡盆地地下水库。中部地区的典型地下水库有郑州市新石桥-黄庄地下水库、关中盆地秦岭山前地下水库、包头市地下水库、黑龙江大庆地下水库等。东南沿海地区典型地下水库有山东省的王河地下水库、黄水河地下水库以及上海地下水库等。

近几年来，地下水数值模拟技术伴随着可视化软件的发展已经越来越多地应用到地下水库的调蓄设计。其中主要的研究成果有：有学者分别采用有限元和有限分析数值模拟技术对地下水库的调蓄功能进行模拟及分析，对关中盆地秦岭地下水库的优越条件进行潜力分析[49]，并对山东王河地下水库的可行性进行了论证，建立了数学模型，进一步分析调蓄能力，给出防渗建议[50]；在华北平原区有学者应用 Visual MODFLOW 软件包建立地下水流模型，提出要充分利用含水层，涵养地下水，建立地下水库[51]，并对平原灌区地下水库设计参数进行了分析计算，提出地下水库运行方案[52]；也有学者利用 Visual MODFLOW 软件在山东大沽河建立了该地区的准三维地下水水流模型，对地下水库地区橡胶坝的入渗补给能力进行分析，模拟不同特征年的地下水的可利用量[53]。

我国在 1980 年首次开始水质模拟方面的研究工作。从建立的模型角度来看，一般模型建立以水量渗流模型为基础，其次是溶质运移模型。有学者于 1997 年首次推导出了包括越流项和井流项的溶质运移方程，建立了地下水污染的数学模型，并选取太原盆地地区进行地下水污染模拟[54]；并于 2002 年以 Cl⁻ 作为模拟因子进行部分区域二维可混溶质运移模型模拟，模型中创新性地考虑了地下水中溶解盐分浓度与地下水密度的关系，以及上述两个因素影响下地下水水头的变化规律，并在山西柳林泉地区进行应用[55]。也有学者对危险废物填埋场进行了地下水数值模拟并对主要的污染进行了溶质运移模拟，对渗滤液中主要的特征污染物进行了浓度验证，并提出了相应的解决方案[56]。

1.3 研究目标与任务

1.3.1 研究目标

针对海河流域潮白河水系的水质安全和水生态风险控制需求，研究山区水库段、冲洪积扇段和冲积平原段等水资源调蓄区的生态修复与污染风险防控技术，提出以河流生态环境改善为目标的多水源配置方案，通过综合示范工程建设并结合地方依托工程实现调蓄区的水质污染风险和水生态风险控制，保障流域内重要调蓄水库（密云水库）主要水质指标维持在地表水 Ⅱ 类质量标准、地下水调蓄区主要开采层位水质维持在地下水 Ⅲ 类质量标准限值以上。

1.3.2　研究任务

（1）以河流生态修复为目标的区域水资源调配技术研究

以密云水库上游下游冲洪积扇河流段（密云水库-向阳闸）和冲积平原河流段（向阳闸-苏庄闸）为研究区，系统开展不同区段河流生态系统调查评估，构建河流生态系统修复评价指标体系，提出基于生态重构的冲洪积扇河流段生态需水量和基于生态修复的冲积平原河流段生态需水量。并以地下水水量恢复和水质改善、地表水水体连通和生态需水量为约束条件，构建不同区段河流生态修复的多目标优化调度配置方案。

（2）海河流域水资源调蓄区下游补水河道生态修复关键技术研究与示范

针对水资源调蓄区下游河道再生水补给的特点，开展水体旁路强化生物塘净化技术研究、河道滤井循环净化技术研究、浅层地下水辐射井循环净化技术研究，开展再生水补水河道鱼类种群结构重建技术、再生水补水河道水陆交错带水生植物配置研究，突破再生水补给的缓流河道水质保障和生态修复的关键技术，并进行工程示范。

（3）海河流域水库型调蓄区的水质保障与风险管理技术研究与示范

针对水库型调蓄区多水源补给的特点，分析外调水扰动对水库底泥污染释放的影响、水库水位变幅带土壤流失与营养物输入风险；研究库岸林草缓冲带污染物控制技术、上游小流域生态恢复技术、微生物载体水质净化技术，并进行工程示范。开发多参数集成水质在线生物预警技术并进行应用示范。开展水库型调蓄区水质安全管理关键技术研究，研发水库水质安全保障综合管理平台并实现业务化运行。

（4）海河流域地下水回补区的污染控制与地下水补给技术研究与示范

查明地下水调蓄区污染风险源，建立风险源数据库；研究多水源调蓄条件下地下水水岩相互作用机理和环境效应，研发地下水调蓄区水质风险调控技术并形成综合调控方案；完善并构建调蓄区地下水监测网络；研发地下水原位修复与水力调控耦合技术并进行工程示范，形成地下水调蓄区水质保障与污染防控方案；查明地下水调蓄区内河道再生水自然入渗、入河污水和串层污染对地下水的影响，开展地下水保护措施的综合管理示范。

第 2 章

基于回补河流生态修复的区域水资源调配技术

本书以潮白河白河堡水库-庄闸为研究区，研究区河道干流全长136.84km。根据流域生态特性、可供水水源类型、生态修复目标、地下水水位恢复目标以及工程布局，将研究区河段划分为三段，即密云水库上游山区河流段（白河堡水库-密云水库）、下游冲洪积扇河流段（密云水库-向阳闸）和冲积平原河流段（向阳闸-苏庄闸）。其中密云水库上游山区河流段（白河堡水库-密云水库）长82.64km，下游冲洪积扇河流段（密云水库-向阳闸）长38km，冲积平原河流段（向阳闸-苏庄闸）长16.2km。

研究区河段划分如图2-1所示。

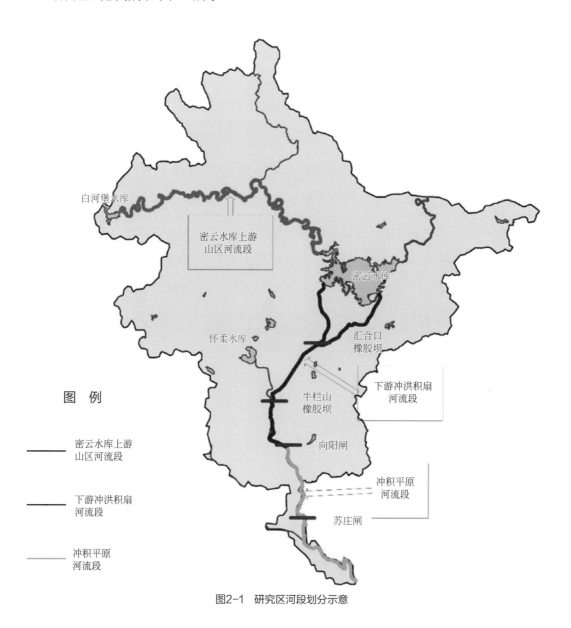

图2-1　研究区河段划分示意

2.1 回补河流生态修复综合评价指标体系

2.1.1 体系构建标准

建立河流生态修复综合评价指标体系的根本目的是通过选择适当的表征河流状态的可度量要素，定性或定量评价河流的某一方面的特征属性。河流生态修复综合评价指标必须满足三方面需求：一是能完整准确地反映生态系统修复状况，提供现状的代表性特征；二是对各类生态系统的生物物理状况和人类胁迫进行监测，寻求自然、人为压力与生态系统健康变化之间的联系，并探求生态系统健康衰退的原因；三是定期地为政府决策、科研及公众要求等提供河流生态修复现状以及变化趋势的技术支撑。河流生态修复综合评价指标涉及的学科领域较多，需要结合河流实际情况，从众多能够表征河流生态修复要素中筛选出主导性指标，构建指标体系。

2.1.2 指标选取

在遵循指标体系构建原则的基础上，结合潮白河生态系统现状，分别从水文完整性、化学完整性、生态完整性和物理结构完整性四个方面，提出13个河流生态修复综合评价指标。

权重的确定是至关重要的。迄今为止，对权重的确定问题已进行了大量的研究，选用目前较常用的专家咨询法进行权重赋值。

各项指标及其权重见表2-1。

表2-1　潮白河生态修复综合评价指标体系

序号	指标	说明	权重
1	生态流量满足程度	径流量与生态基流标准的比值	0.10
2	水源补给	反映水源丰富程度	0.10
3	径流系数	径流量与降水量的比值	0.06

续表

序号	指标	说明	权重
4	水面覆盖度	表征水面连续性	0.06
5	地下水埋深	地下水埋深与特定历史时期地下水埋深进行对比	0.08
6	水质状况	河流污染程度	0.10
7	营养物循环	河道中 N、P 等营养物质状况	0.07
8	地下水水质	反映地下水污染程度	0.08
9	鱼类种类	反映生物多样性	0.06
10	底栖动物多样性指数	反映生物多样性	0.06
11	河流连通性阻隔状况	反映河流纵向连续性	0.09
12	生态化岸坡比例	自然岸坡长度与河流总长的比值	0.08
13	河道蜿蜒度	河流实际长度与直线距离的比值	0.06

2.2 回补河流生态修复综合评价

经资料调研及实地调查，密云水库上游白河流段（白河堡水库-密云水库）多年保持着地表水Ⅱ类标准，且白河底栖动物约40种，多样性丰富，生物指数高于密云水库，说明白河天然来水量能满足水体水功能区要求，且生态环境良好，因此本书的回补河流生态修复综合评价只选取密云水库下游冲洪积扇河流段（密云水库－向阳闸）和冲积平原河流段（向阳闸－苏庄闸）。

2.2.1 评价方法

综合河流的特征与各学者的研究成果，将评价标准分为"病态、不健康、亚健康、健康、很健康"五个级别，并分别赋予20、40、60、80、100五级分值评分。结合各指标权重进行加权平均，结果见表2-2。

表2-2　潮白河生态修复综合评价标准

序号	指标	评价标准				
		很健康	健康	亚健康	不健康	病态
1	生态流量满足程度 /%	80 以上	60 ~ 80	40 ~ 60	30 ~ 40	30 以下
2	水源补给	极丰富	较丰富	一般	较少	极少
3	径流系数	0.3 以上	0.2 ~ 0.3	0.15 ~ 0.2	0.1 ~ 0.15	0.1 以下
4	水面覆盖度 /%	80 以上	60 ~ 80	40 ~ 60	30 ~ 40	30 以下
5	地下水埋深 /m	3 ~ 10	10 ~ 20	20 ~ 30	30 ~ 40	40 以上
6	水质状况	Ⅱ 类	Ⅲ 类	Ⅳ 类	Ⅴ 类	劣 Ⅴ 类
7	营养物循环	贫营养	贫中营养	中营养	中富营养	重富营养
8	地下水水质	Ⅰ 类	Ⅱ 类	Ⅲ 类	Ⅳ 类	超 Ⅳ 类
9	鱼类种类	15 以上	10 ~ 15	5 ~ 10	1 ~ 5	无
10	底栖动物多样性指数	3 以上	2 ~ 3	1.5 ~ 2	1 ~ 1.5	1
11	河流连通性阻隔状况	无阻隔	连通性较好	有阻隔	阻隔作用大	河流分段
12	生态化岸坡比例 /%	80 以上	60 ~ 80	50 ~ 60	30 ~ 50	30 以下
13	河道蜿蜒度	3 ~ 4	2 ~ 3	1.5 ~ 2	1.2 ~ 1.5	< 1.2

2.2.2 冲洪积扇河流段（密云水库-向阳闸）分析评价

综合各指标计算结果，对潮白河冲洪积扇河流段（密云水库 - 向阳闸）进行总体分析评价，结果见表2-3。

表2-3　潮白河冲洪积扇河流段现状评价结果

序号	指标	评价等级	权重	得分	加权得分
1	生态流量满足程度	不健康	0.10	40	4.0
2	水源补给	亚健康	0.10	60	6.0
3	径流系数	亚健康	0.06	60	3.6
4	水面覆盖度	不健康	0.06	40	2.4
5	地下水埋深	病态	0.08	20	1.6

序号	指标	评价等级	权重	得分	加权得分
6	水质状况	健康	0.10	80	8.0
7	营养物循环	亚健康	0.07	60	4.2
8	地下水水质	亚健康	0.08	60	4.8
9	鱼类种类	不健康	0.06	40	2.4
10	底栖动物多样性指数	病态	0.06	20	1.2
11	河流连通性阻隔状况	不健康	0.09	40	3.6
12	生态化岸坡比例	健康	0.08	80	6.4
13	河道蜿蜒度	不健康	0.06	40	2.4
	总分		1		50.6

根据表2-3的评价结果可知，潮白河密云水库以下至向阳闸段，指标评价体系现状得分为50.6分，水生态环境总体状况处于不健康～亚健康之间。

2.2.3 冲积平原河流段（向阳闸-苏庄闸）分析评价

综合各指标计算结果，对潮白河冲积平原河流段（向阳闸-苏庄闸）进行总体分析评价，结果见表2-4。

表2-4 潮白河冲积平原河流段现状评价结果

序号	指标	评价等级	权重	得分	加权得分
1	生态流量满足程度	亚健康	0.10	60	6.0
2	水源补给	健康	0.10	80	8.0
3	径流系数	亚健康	0.06	60	3.6
4	水面覆盖度	亚健康	0.06	60	3.6

续表

序号	指标	评价等级	权重	得分	加权得分
5	地下水埋深	病态	0.08	20	1.6
6	水质状况	亚健康	0.10	60	6.0
7	营养物循环	不健康	0.07	40	2.8
8	地下水水质	不健康	0.08	40	3.2
9	鱼类种类	亚健康	0.06	60	3.6
10	底栖动物多样性指数	不健康	0.06	40	2.4
11	河流连通性阻隔状况	亚健康	0.09	60	5.4
12	生态化岸坡比例	很健康	0.08	100	8.0
13	河道蜿蜒度	亚健康	0.06	60	3.6
总分			1		57.8

根据表 2-4 评价结果可知,潮白河密云水库以下向阳闸至苏庄闸段,指标评价体系现状得分为 57.8 分,水生态环境总体状况基本处于亚健康状态。

2.3 回补河流水资源配置

2.3.1 可供水水源类型

本书以生态修复为主要目标,结合三段河流的水体类型,可供水水源类型主要考虑生态修复及地下水恢复目标,分析潮白河流域内两座可供水的大型水库,即白河堡水库和密云水库,引调水、南水北调外调水以及雨水。

各分区可供水水源类型如图 2-2 所示。

图2-2　潮白河分段可供水水源类型

2.3.2　回补河流水资源生态配置方案

　　配置方案设置是得到配置结果的前提，方案设置是配置计算中的一项重要工作，也是各种规划决策的直接体现，所以合理设置配置方案尤为重要。水资源配置方案的设置涉及需水预测、供水预测等多个环节内容，相关各方面内容一般本身就包含多个方案的设置。而配置工作需要将以上各个方面的方案设置有机结合起来形成配置方案集，针对各种方案进行计算和调试，得出各类有针对性的配置方案，并模拟计算出各方案下合理的配置结果，再依据方案比选选择出推荐方案。由于配置方案涉及因素复杂，形成了一个极为复杂的多维空间，加之配置计算所要求的多水源、全口径多用户、多区域、多工程的长系列调节计算，具有相当庞大的数据信息量，所以不可能将所有可能的方案组合一一列出，而应当筛选出可行且具有参考意义的各类方案组合，得到配置计算的基本方案集。在设置方案时，首先是以现状为基础，包括现状的用水结构和用水水平、供水结构和工程布局、现状生态格局等；其次要参照各种规划，包括区域社会经济发展、生态环境保护、产业结构调整、水利工程及节水治污等方面的规划。结合不同生态修复目标，考虑以下3个方面：

① 针对枯水年份确定潮白河流域地表水、再生水和雨洪水等不同水源的配置方案，提出保障河道生态修复水量的调控对策和措施。

② 提出持续干旱条件下满足河道生态修复目标的生态水源配置预案。

③ 针对地下水水源地回补情况，提出满足水位回升目标的调度方案、对策和措施。

根据水资源配置现状，结合不同水平年的相关规划，对上面主要影响因子进行可能的组合，得到配置方案的初始集。进一步考虑合理配置方案的非劣特性，采用人机交互的方式排除初始方案中集中代表性不够和明显较差的方案，得到水资源合理配置方案集。本书从供水水源、生态需水目标、地下水回补目标3个方面设置了不同方案，组合成三维的水资源配置方案集，如表2-5所列。

表2-5 潮白河基于生态修复目标的水资源配置方案

方案	分段	南水北调回灌	密云水库	引温济潮	雨水	再生水
一次平衡	冲洪积扇河流段					
	冲积平原河流段			△	△	
二次平衡	冲洪积扇河流段	△				
	冲积平原河流段			△	△	
三次平衡	冲洪积扇河流段	△	△			
	冲积平原河流段			△	△	△

注：△表示使用该项水源。

2.3.2.1 密云水库上游白河流段（白河堡水库-密云水库）

经资料调研及实地调查，白河天然来水量能满足水体水功能区要求，且生态环境良好，结合目前海河流域缺水状况，密云水库上游白河流段（白河堡水库-密云水库）水资源配置方案为维持现状天然径流情势，保持河流自然生态功能。

2.3.2.2 冲洪积扇河流段（密云水库-向阳闸）

根据冲洪积扇河流段生态目标、地下水恢复目标、可供水水源，形成三套水资源配置方案。

方案一：维持现状地下水位不下降，调配的原则为考虑南水北调来水密怀顺水源补给供水方案。

方案二：满足河道内基本环境流量要求，维持现状地下水位不下降，调配的原则为考虑南水北调来水密怀顺水源补给工程不实施，仅密云水库放水。

方案三：至2025年恢复到1999年水位，地下水回补量基本达到密怀顺地下水库调蓄库容为1.171×10⁹m³，维持河流段生态基流，调配的原则为考虑南水北调来水密怀顺水源补给供水方案和密云水库放水。

冲洪积扇河流段（密云水库－向阳闸）各方案配置结果见表2-6。

表2-6　冲洪积扇河流段各方案配置结果

方案	需水量/（10⁴m³/a）	供水水源配水量/（10⁴m³/a）		平均流量/（m³/s）
		密怀顺水源回补工程	密云水库	
方案一	3300	4400	0	1.05
方案二	6500	0	6500	2.05
方案三	12000	10000（0）	2000（12000）	9.81
可供水量		25000	10000	—

根据配置结果形成冲洪积扇河流段（密云水库－向阳闸）配置调度方案如下。

配置调度方案一：结合南水北调来水入潮白河试验补水监测分析结果，密怀顺水源地按照现状4.4×10⁷m³/a回补，可维持地下水位不下降且明显抬升，潮白河可形成有水河道2.4km，牛栏山橡胶坝坝前水位达27m以上，生态效应显著，因此，应持续加大密怀顺水源回补量。

配置调度方案二：密怀顺水源地水源在没有南水北调水回补的情况下，密云水库放水6.5×10⁷m³/a，平均流量2.05m³/s，可满足河道内基本环境流量要求，维持水源地现状地下水位不下降。

配置调度方案三：2020年以前，加大南水北调密怀顺水源回补水量，年补水量1.0×10⁸m³，根据南水北调来水情况分时段回补地下水，其他时段由密云水库放水进行生态补水，年补水量2.0×10⁷m³，平均流量0.6m³/s；2020～2025年，考虑到河北等地区南水北调配套工程已实施，密怀顺水源地地下水回补工程停止后，由密云水库进行生态补水，年补水量1.2×10⁸m³，平均流量9.81m³/s，至2025年可实现地下水位恢复到1999年水位，补水量基本达到地下水水库调蓄库容，河道有一定的生态基流，恢复冲洪积扇河流段（密云水库－向阳闸）的生态环境。

2.3.2.3　冲积平原河流段（向阳闸－苏庄闸）

根据冲积平原河流段生态目标及可供水水源，形成两套水资源配置方案。

方案一：区域地下水水位抬升2m，维持河道内有水，同时结合潮白河流域鱼类漂浮性和黏性卵的特征，确定适宜的生态流速，为生态修复提供水量保障，调配的原则为考虑引温济潮供水方案和顺义再生水补水。

方案二：区域地下水水位抬升2m，满足河道生态基流目标，同时结合潮白河流域鱼类漂浮性和黏性卵的特征，确定适宜的生态流速，调配的原则为考虑引温济潮供水和顺义区再生水厂供水方案。冲积平原河流段（向阳闸 - 苏庄闸）各方案配置结果见表2-7。

表2-7　冲积平原河流段各方案配置结果

方案	需水量/（10⁴m³/a）	供水水源配水量/（10⁴m³/a）		
		引温济潮	顺义区再生水厂	雨水
方案一	4438	2600	1658	180
方案二	10403	3800	6423	180
可供水量		3800	6500	180

根据配置结果形成冲积平原河流段（向阳闸 - 苏庄闸）配置调度方案如下。

配置调度方案一：按照现状引温济潮补水量2.6×10⁷m³/a调水，再有顺义区再生水厂达到地表水水质标准后配水1.658×10⁷m³/a，雨水配水1.8×10⁶m³/a，可满足区域地下水水位抬升2m、维持河道内有水的要求，同时满足潮白河流域鱼类生态需水。

配置调度方案二：按照现状引温济潮设计能力3.8×10⁷m³/a调水，提升顺义区再生水厂规模，配水6.423×10⁷m³/a，雨水配水1.8×10⁶m³/a，可满足区域地下水水位抬升2m、维持河道内有水的要求，同时满足潮白河流域鱼类生态需水。

从冲洪积扇河流段调度配置方案分析，方案三可充分利用南水北调来水初期的余水回灌密怀顺地下水源，且在符合密云水库配水规划的情境下维持潮白河河流生态基流，至2025年可将地下水位恢复到1999年水平，且补水量基本达到地下水库调蓄库容，潮白河流域生态恢复良好。所以冲洪积扇河流段调度配置方案推荐方案三。

从冲积平原河流段（向阳闸 - 苏庄闸）配置调度方案分析，方案一较经济可行。由于上段冲洪积扇河流段渗透性很好，河道内基本不能长期形成水面，因此上下游之间没有水力联系，天然水文情势恢复困难，冲积平原河流段仅保留一定水面，实现地下水水位得到抬升的目标较可行，因此推荐方案一。

2.4　小结

本章构建了河流生态修复综合评价指标体系，对研究河段进行了生态修复综合评价，以河流生态修复为目标进行了区域水资源配置研究，主要结论如下。

① 从水文完整性、化学完整性、生态完整性和物理结构完整性四个方面提出了13个河流生态修复综合评价指标。经指标评价，潮白河密云水库以下至向阳闸段，指标评价体系现状得分为50.6分，水生态环境总体状况处于不健康～亚健康之间；潮白河密

云水库以下向阳闸至苏庄闸段，指标评价体系现状得分为 57.8 分，水生态环境总体状况基本处于亚健康状态。

② 白河天然来水量能满足水体水功能区要求，且生态环境良好，结合目前海河流域缺水状况，密云水库上游白河流段（白河堡水库 - 密云水库）水资源配置方案为维持现状天然径流情势，保持河流自然生态功能。

③ 从冲洪积扇河流段（密云水库 - 向阳闸）调度配置方案分析，方案三可充分利用南水北调来水初期的余水回灌密怀顺地下水源，且在符合密云水库配水规划的情境下维持潮白河河流生态基流，至 2025 年可将地下水位恢复到 1999 年水平，并且补水量基本达到地下水库调蓄库容，潮白河流域生态恢复良好。所以冲洪积扇河流段调度配置方案推荐方案三。

④ 从冲积平原河流段（向阳闸 - 苏庄闸）配置调度方案分析，方案一较经济可行，且由于上段冲洪积扇河流段渗透性很好，河道内基本不能长期形成水面，因此上下游之间没有水力联系，天然水文情势恢复困难，冲积平原河流段仅保留一定水面，实现地下水水位得到抬升的目标较可行，因此推荐方案一。

第 3 章

回补区河道生态修复技术

3.1 回补区河道水生态修复技术

根据回补区河道环境作用的规律和特点,从恢复生态功能角度出发,合理制订回补区河道生态系统结构优化方案,特提出以下修复原则。

(1)科学性原则

应符合生态客观规律,符合科学的发展观。

(2)因地制宜原则

不同的环境条件采用不同的措施,以实现最大限度的恢复和建设回补区河道净化水体的环境功能。

(3)经济合理性原则

经济合理的投入是可持续发展的要求,不合理的投入和操作将会给更大的系统带来更多的环境后果。

(4)技术可操作性原则

制订的方案要能够实施,可操作性强。

3.1.1 植被配置技术

3.1.1.1 植被配置小区建设

根据适地适树(植物)、乡土物种为主、乔灌草植物相结合、针叶与阔叶树木相结合、生物多样性与景观多样性相结合的原则,选取油松、金叶榆、白蜡、臭椿、毛白杨、刺槐、苜蓿、柳树、丁香、蒿、葎草、狼尾草12种植物进行植被配置,开展不同乔、灌、草的组合配置,以最接近自然的方式优化植物群落的配置,通过野外小区试验确定植物种类及配置方式。

具体植被配置小区设置见表3-1。

表3-1　植被配置小区设置

植被配置模式	坐标			尺寸	
	经度	纬度	位置	长/m	宽/m
油松+白蜡+狼尾草	E 116°59′44.12″	N 40°33′8.65″	不老屯	20	5
油松+金叶榆+狼尾草	E 116°59′39.76″	N 40°33′16.7″	不老屯	20	5
油松+臭椿+狼尾草	E 116°59′45.2″	N 40°33′10.39″	不老屯	20	5
臭椿+刺槐+狼尾草	E 116°59′47.56″	N 40°33′12.07″	不老屯	20	5
苜蓿	E 116°55′36.09″	N 40°33′6.65″	黄土坎	20	5
柳树+苜蓿	E 116°55′36.09″	N 40°33′6.65″	黄土坎	20	5
柳树+丁香+蒿	E 116°55′6.91″	N 40°33′4.10″	黄土坎	20	5
毛白杨+紫丁香+葎草	E 116°55′19.4″	N 40°33′12.07″	黄土坎	20	5

监测指标为径流量，泥沙量，径流样品的NH_4^+-N（氨氮）、TN（总氮）、TP（总磷）、COD（化学需氧量）等指标。

3.1.1.2　缓冲带空间布局

（1）带宽设置

缓冲带乔木和灌木有加固缓冲带深层土壤和调节缓冲带小气候的作用，在乔木下栽种耐阴草本对缓冲带径流水质的净化有十分显著的作用。缓冲带陆生植物的选择要以群落稳定性为前提，优先选择适宜当地栽植的乡土树种，以近自然的方式进行配置，更大程度地发挥库岸缓冲带的各项生态服务功能。

水生植物是缓冲带的重要组成部分，尤其是挺水植物对水体中营养物质的吸附和转化有着很大的贡献率，不同的挺水植物对营养物质的去除作用存在一定的差异，不同的缓冲带规划方式对水体营养物质的净化效果也不尽相同，多种挺水植物组合配置可以提高对水体营养物质的吸收转化效率。缓冲带水生植物的选择可以根据坡面乔灌草的不同配置以及土壤和河流水质特点等实际情况进行合理的调整。

研究表明不同缓冲带宽度对水体中COD、TP、TN等的去除率效果不同，具体表现如下。

① 水体中COD去除率与缓冲带宽度呈正比关系，不同宽度缓冲带对COD去除率的变化趋势为：

$$Y_{COD} = 5.6231 X_{COD} + 36.006 \tag{3-1}$$

式中　X_{COD} ——COD去除率对应的河岸缓冲带宽度，m；
　　　Y_{COD} ——COD去除率，%。

在试验设定条件下，当植被缓冲带对COD的去除率达到100%时，缓冲带宽度为11.38m。

② 水体中TP去除率与缓冲带宽度呈正比关系，不同宽度缓冲带对TP去除率的变化趋势为：

$$Y_{TP} = 6.0531X_{TP}+14.945 \qquad (3-2)$$

式中　X_{TP}——TP去除率对应的河岸缓冲带宽度，m；

　　　Y_{TP}——TP去除率，%。

在试验设定条件下，当植被缓冲带对TP的去除率达到100%时，缓冲带宽度为14.05m。

③ 水体中TN去除率与缓冲带宽度呈正比关系，不同宽度缓冲带对TN去除率的变化趋势为：

$$Y_{TN} = 3.4091X_{TN}+16.991 \qquad (3-3)$$

式中　X_{TN}——TN去除率对应的河岸缓冲带宽度，m；

　　　Y_{TN}——TN去除率，%。

在试验设定条件下，当植被缓冲带对TP的去除率达到100%时，缓冲带宽度为24.35m。

④ 水体中NO_3^--N去除率与缓冲带宽度呈正比关系，不同宽度缓冲带对NO_3^--N去除率的变化趋势为：

$$Y_{NO_3^--N} = 7.6341X_{NO_3^--N}+23.659 \qquad (3-4)$$

式中　$X_{NO_3^--N}$——NO_3^--N去除率对应的河岸缓冲带宽度，m；

　　　$Y_{NO_3^--N}$——NO_3^--N去除率，%。

在试验设定条件下，当植被缓冲带对NO_3^--N的去除率达到100%时，缓冲带宽度为10.00m。

综合以上可知，缓冲带在达到其最佳净化功能时的宽度为10.0～24.4m。为进一步明确其范围，综合COD、TP、TN等各水质指标去除率，以去除率为因变量、宽度为自变量，拟合去除率-宽度曲线得到方程式如下：

$$Y = -0.3218X^2+8.4707X+22.524 \qquad (3-5)$$

式中　X——河岸缓冲带宽度，m；

　　　Y——营养物质去除率，%。

研究得出营养物质去除效率最高时的最小宽度，即缓冲带的最小宽度值为13.20m，此时对营养物质的综合去除效率为78.3%。营养物质去除率与缓冲带宽度的关系如图3-1所示。

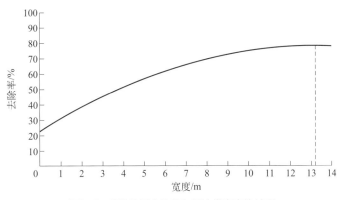

图3-1 营养物质去除率与缓冲带宽度的关系

（2）缓冲带植被选择

结合植被生态调查及不同分区结构优化配置原则，初步筛选提出毛白杨、油松、臭椿等乔木，柳树、丁香等灌木，苜蓿、葎草、狼尾草、蒿等草本植被。在此基础上进一步优选水土保持效益高的植被配置模式。

1）土壤侵蚀控制能力

建立了油松+白蜡+狼尾草、油松+金叶榆+狼尾草、油松+臭椿+狼尾草、臭椿+刺槐+狼尾草、苜蓿、柳树+苜蓿、柳树+丁香+蒿、毛白杨+紫丁香+葎草8种植被配置模式比选，植被配置小区基本理化性质见表3-2。

表3-2 植被配置小区基本理化性质

植被配置模式	检测项目/检测结果		
	TP/%	TN/%	有机组质/（g/kg）
油松+白蜡+狼尾草	0.074	0.156	16.0
油松+金叶榆+狼尾草	0.070	0.148	16.6
油松+臭椿+狼尾草	0.081	0.136	14.1
臭椿+刺槐+狼尾草	0.077	0.169	18.3
苜蓿	0.110	0.090	10.7
柳树+苜蓿	0.098	0.109	14.5
柳树+丁香+蒿	0.071	0.137	13.1
毛白杨+紫丁香+葎草	0.170	0.215	24.2

在30mm/h天然降雨强度（平均降雨量为68.3mm）及20mm/h天然降雨强度（平均降雨量为36.4mm）条件下，对径流小区泥沙量和径流量的监测显示其径流泥沙削减效果为：毛白杨+紫丁香+葎草＞臭椿+刺槐+狼尾草＞油松+臭椿+狼尾草、油松+金叶榆+狼尾草、柳树+丁香+蒿、油松+白蜡+狼尾草＞柳树+苜蓿、苜蓿，见表3-3。

表3-3　小区径流量和泥沙量

植被配置模式	30mm/h天然降雨		20mm/h天然降雨		平均	
	径流量/L	泥沙量/g	径流量/L	泥沙量/g	径流量/L	泥沙量/g
油松+白蜡+狼尾草	22.4	19.2	17.8	8.6	20.10	13.90
油松+金叶榆+狼尾草	25.7	24.7	16.7	11.8	21.20	18.25
油松+臭椿+狼尾草	19.7	15.7	8.9	3.4	14.30	9.55
臭椿+刺槐+狼尾草	21.6	25.9	14.4	12.3	18.00	19.10
苜蓿	32.5	38.5	22.4	11.1	27.45	24.80
柳树+苜蓿	30.3	43.8	18.8	8.2	24.55	26.00
柳树+丁香+蒿	24.8	20.4	11.5	3.3	18.15	11.85
毛白杨+紫丁香+葎草	18.2	11.1	9.5	3.2	13.85	7.15

由两次所取天然降雨数据分析可知苜蓿小区中所收集的径流泥沙总量最大，平均径流量为27.45L、平均泥沙总量为24.80g；毛白杨+紫丁香+葎草混交小区所产生的泥沙量径流量最小，平均径流量为13.85L、平均泥沙总量为7.15g。

综合两次天然降雨条件，不同植被类型的径流小区均对径流、泥沙有不同程度的拦截，其水土保持作用依次为：毛白杨+紫丁香+葎草>油松+臭椿+狼尾草>臭椿+刺槐+狼尾草、柳树+丁香+蒿>油松+金叶榆+狼尾草、油松+白蜡+狼尾草>柳树+苜蓿、苜蓿。植被类型单一以及高大乔木混交的植被类型条件下，抗降雨径流侵蚀的能力较弱，乔灌草混交植被配置的抗降雨径流侵蚀的能力较强，对减缓项目区地表径流、控制水土流失方面发挥了较好的作用，应在库区大力推广乔灌草混交的植被配置模式。

2）面源污染控制功能分析

在两种天然降雨条件下对径流小区的面源污染功能进行监测，监测指标为径流小区径流样品的NH_4^+-N、TN、TP和BOD（生化需氧量）。天然降雨条件下径流小区中随径流流失的养分见表3-4和表3-5。

表3-4　30mm/h随径流流失的养分含量

植被配置模式	流失养分/mg			
	NH_4^+-N	TN	TP	BOD
油松+金叶榆+狼尾草	672	1111	78	715
油松+白蜡+狼尾草	658	982	90	920
油松+臭椿+狼尾草	390	524	59	386
臭椿+刺槐+狼尾草	179	302	87	815
苜蓿	10	909	7	919
柳树+苜蓿	12	409	13	652
柳树+丁香+蒿	2	426	12	203
毛白杨+紫丁香+葎草	—	486	2	169

表3-5 20mm/h随径流流失的养分含量

植被配置模式	流失养分/mg			
	NH$_4^+$-N	TN	TP	BOD
油松+金叶榆+狼尾草	20	36	1	103
油松+白蜡+狼尾草	55	58	14	141
油松+臭椿+狼尾草	4	9	2	28
臭椿+刺槐+狼尾草	32	34	2	85
苜蓿	77	88	48	160
柳树+苜蓿	20	31	1	88
柳树+丁香+蒿	16	20	2	49
毛白杨+紫丁香+葎草	11	12	1	97

综合两次对径流小区径流样中NH$_4^+$-N、TN、TP、BOD的监测显示，对径流中养分流失总体控制能力表现为：毛白杨+紫丁香+葎草、柳树+丁香+蒿、柳树+苜蓿＞油松+臭椿+狼尾草、臭椿+刺槐+狼尾草＞苜蓿、油松+金叶榆+狼尾草、油松+白蜡+狼尾草。乔灌草混交林草模式效果最为明显。

由于20mm/h降雨泥沙量较少，本次仅监测了30mm/h泥沙中土壤养分，TN、TP的含量，随泥沙流失的养分含量见表3-6。

表3-6 30mm/h随泥沙流失的养分含量

植被配置模式	检测项目/检测结果	
	TP/mg	TN/mg
油松+金叶榆+狼尾草	14	37
油松+白蜡+狼尾草	17	38
油松+臭椿+狼尾草	10	22
臭椿+刺槐+狼尾草	19	36
苜蓿	46	90
柳树+苜蓿	44	48
柳树+丁香+蒿	15	33
毛白杨+紫丁香+葎草	20	15

泥沙样中TN、TP的监测显示，对径流中养分流失总体控制能力表现为：油松+臭椿+狼尾草、毛白杨+紫丁香+葎草、柳树+丁香+蒿、油松+金叶榆+狼尾草、油松+白蜡+狼尾草、臭椿+刺槐+狼尾草＞苜蓿、柳树+苜蓿。除苜蓿及柳树+苜蓿两个小区泥沙中氮、磷含量较高外，其他小区泥沙中氮、磷含量总体差异不大。

综合比较径流及泥沙中养分流失量，8种不同植被配置模式下面源污染总体控制能力表现为：毛白杨+紫丁香+葎草、柳树+丁香+蒿＞油松+臭椿+狼尾草、臭椿+刺槐+狼尾草＞苜蓿、柳树+苜蓿、油松+金叶榆+狼尾草、油松+白蜡+狼尾草。乔灌草混交林草模式效果最为明显。

（3）缓冲带布局

在对植被缓冲带的结构优化配置、宽度、植被选择的基础上，对缓冲带进行合理布局，充分发挥各项生态功能。基于上述研究，综合考虑土壤侵蚀及面源污染控制能力，提出了4种不同的缓冲带布局，见表3-7。

表3-7　缓冲带布局

布局类型	植被配置	株行距
1	毛白杨+紫丁香+葎草	3.5m×4m　播籽
2	臭椿+刺槐+狼尾草	3.5m×4m　播籽
3	油松+臭椿+狼尾草	3.5m×4m　播籽
4	柳树+丁香+蒿	3.5m×4m　播籽

3.1.2　生态载体水质净化技术

生态载体水质净化技术是以高效微生态载体为核心，同步净化水质与建立水体生态系统的生物多样性保育技术。生态载体的种类很多，目前常见的种类有生态基、人工草等。生态载体技术的关键是高效微生物载体的选择，其性能的好坏直接影响到水质净化的效果以及运行管理等方面的问题。生态载体是在生物膜技术上发展而来的，它克服了仅靠水生植物难以修复整个污染严重水体的缺点，可以抑制藻类水华发生，增加水体透明度；降低水体中的 COD_{Cr}、TN 和 TP；化学与生物稳定性强，不溶出有害物质；充分利用生物环境对污染水体中的污染物进行降解；具有成本低、施工简单、使用寿命长、管理和维护相对容易等特点。因此，生态载体技术是国内研究湖泊治理和生态修复的热点之一。

3.1.2.1　生态载体的种类与应用

（1）日本环状小丝体群人工水草

日本于20世纪90年代研究了一种由聚氯乙烯、聚丙烯和维尼纶等人工合成材料制成的环状小丝体群，以细绳为中心，其丝条呈立体状态向四周辐射的细绳状构造物，具有一定的刚性和柔性的人工水草，并在日本爱知县武丰镇六贯山的排水沟进行水质净化试验，BOD 的平均去除率为31.8%，SS 的平均去除率为18.5%。

（2）美国阿科曼生态基

美国科学家Roderick J. Mcneilt博士发明了阿科曼生态基人造聚合物惰性材料的人工水草，并于1995年推广应用于水生态环境修复和水污染防治领域。阿科曼生态基具有高生物附着表面积，每平方米生态载体可提供约250m²的生物附着表面积；适宜的孔结构，为异养生物（如异养型细菌）设计了微孔（1～5μm），为自养生物（如藻类）设计了大孔（80～350μm）；采用超级两面编织技术，一面编织较为密实，另一面编织较为疏松；水草外观和封闭式泡沫的核心使阿科曼生态基可保持浮力，完整的固定底座使阿科曼生态基能够被放置在水

图3-2　阿科曼生态基

体中适当的位置；纯惰性材质，亲和于生态环境，在水中不会分解，使用寿命不低于14年，对自然环境无任何危害。阿科曼生态基如图3-2所示。阿科曼生态基在2001年引进我国，在湖泊水体污染治理领域取得了很好的效果。武汉塔子湖采用阿科曼生态基治理后，水质大大改善，其NH_4^+-N、COD_{Cr}的平均去除率分别为97.5%、16.1%。

（3）日本碳纤维生态草

日本的小岛昭教授发明了碳纤维生态载体技术及水质净化产品，并成功地将碳纤维生态载体应用于湖泊水体修复中，取得了较好的效果。用于水处理领域的碳纤维是由丙烯酸长纤维制造的PAN系纤维，它与一般工业用的纤维不同，是经过浆纱过程特殊处理的、能够在水中迅速蔓延开的纤维，如图3-3所示。它是由直径7μm的12000根长丝集合而成，一旦放入水中便迅速散开，再加上其各自表面上都有细微的凹凸结构，从而形成巨大的比表面积。日本榛名湖水库使用碳纤维生态草后，水质得到净化，鱼的种类和数量增多，生态系统得到恢复。近年来，碳纤维生态草在我国的推广应用也越来越多，如海南省三亚市白鹭公园人工湖水体生态修复工程、苏州市沧浪区桂花新村水体生态修复工程和广州市白云湖引水渠水质改善及生态修复工程等。

（4）我国仿臭轮藻式人工水草

我国的人工生态载体技术相对落后，与国外的技术还具有一定的差距。河海大学王超、田伟君等仿照水生臭轮藻的外形特征设计而成一种人工水草（图3-4）。臭轮藻是天然河流中常见的沉水大型藻类，其高可

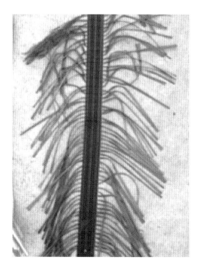

图3-3　碳纤维生态草

达60cm。该人工水草就是强调臭轮藻的茎的柔性、韧性以及枝叶的可附着性，以填料的支秆仿照茎秆、中心扣环仿照轮藻的节、填料丝仿照叶片研制而成。在宜兴市大浦镇林庄港的一条河流治理中进行了应用。在整个运行期间，其对高锰酸盐指数的平均净去除率为5.4%，最高为9.9%；其对NH_4^+-N的去除效果最好，NH_4^+-N净去除率为5.35%～39.91%；其对TP的净去除率最高也达到了28.6%。

(a) 轮藻　　　　　　　　(b) 新型仿生填料

图3-4　仿臭轮藻式人工水草

（5）生物飘带

生物飘带为一种具有特殊微观结构和功能的人工水草，以飘带为载体，由大量的微生物固着在飘带上形成生物膜而构成，如图3-5所示。固着在飘带上的生物膜结构分为两层：内层紧靠飘带固着体，形成厌氧层；外层形成好氧层，为生物苗的厌氧反应和好氧反应提供了良好的微生态环境。生物飘带底部通过支架固定在河床上，生物飘带近似垂直地漂浮在水中，在支架之间设有曝气管和反冲洗管，克服了支架对池体规模和结构的限制，可以因地制宜，根据现场实际情况调整布设方式，大大增加了生物填料与水体的接触面积，提高了应用范围和处理能力。深圳市在对新洲河进行综合治理时，采用生物飘带处理系统运行状况良好。河水水质得到较好改善，COD_{Cr}浓度由进水546mg/L减

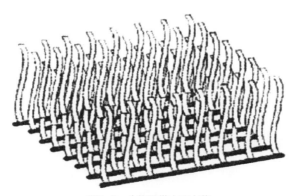

图3-5　生物飘带人工水草

至34mg/L，BOD浓度由进水258mg/L减至17mg/L。

（6）我国圆环式人工水草

中国科学院水生生物研究所吴永红等研究的人工水草（图3-6）以醛化纤纶为基本材料，模拟天然水草形态加工而成，由浮球、圆形载体、固定配重物组合而成，外形为多环串连，其中圆形载体直径为8cm，其顶端的塑料浮球在水中产生浮力，将填料拉紧使其在水中漂浮。人工水草在改善富营养水体武汉市汉阳区月湖水水质的静态试验中，COD_{Mn}、TP、TN和NH_4^+-N的削减率依次为92.89%、49.25%、94.97%和70.15%，该人工水草可以抑制藻类的生长、繁殖。

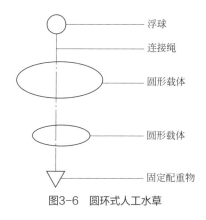

图3-6 圆环式人工水草

（7）我国组合介质人工水草

东南大学吕锡武等研究出一种组合介质的人工水草。该人工水草由中心盘（骨架）、四周醛化维纶丝穿结、中心绳、空隔套管等组成。中心盘（塑料片体）经特殊加工，四周纤维均匀分布在片体周围，使纤维的有效面积充分利用，具有表面积大、不易结团、寿命长、老化生物膜易脱落等特点。该人工水草应用在太湖梅梁湾水质改善技术的中试试验中，表明该填料对水体中的有机物、氮、磷营养物质、藻类均有较好的去除效果，可改善太湖梅梁湾水源地的水质，当水力停留时间（HRT）为7d、介质填充率为26.8%时，对总有机碳（TOC）、COD_{Mn}、叶绿素a（Chla）、三亚甲基碳酸酯（TMC）的平均去除率分别为42.1%、22.5%、71.9%、67.9%。

3.1.2.2 生态载体水质净化效果

根据市场调研结果，本书选择目前水体原位修复工程中使用最多的阿科曼生态基和碳纤维生态草两种生态载体，对其净化效果进行了对比研究。

（1）试验方法

在试验桶（试验装置为2个直径为2m的圆形塑料水槽，水槽高2.8m，容量为9m³，

水槽内水深2.5m）内放置阿科曼生态基、碳纤维生态草两种不同类型生态载体柔性填料
进行试验研究，1号水槽内为1m²阿科曼生态基，2号水槽内为8根碳纤维生态草，分上、
中、下三层测定水槽内水质，上层指水面以下20cm处，中层指水面以下1.2m处，下层
指离水槽底20cm处。两种生态载体放置方式如图3-7所示。研究不同深度放置条件下水
体中叶绿素a浓度等指标的变化情况，并从微观角度考察载体生物相表征，比选综合性
能好的填料，提出生态载体的布设条件。

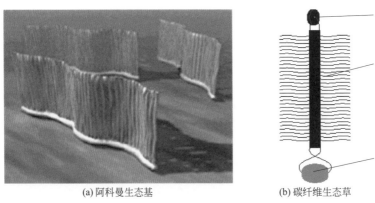

　　　　　(a) 阿科曼生态基　　　　　　　　(b) 碳纤维生态草

图3-7　生态载体放置方式

（2）不同载体水质净化效果对比

1）DO（溶解氧）浓度变化

　　两种不同载体试验水槽中的DO浓度变化如图3-8所示，水体上、中层的DO略高
于下层。两个水槽在试验开始的前7天DO浓度整体呈现下降趋势，在试验中期（第

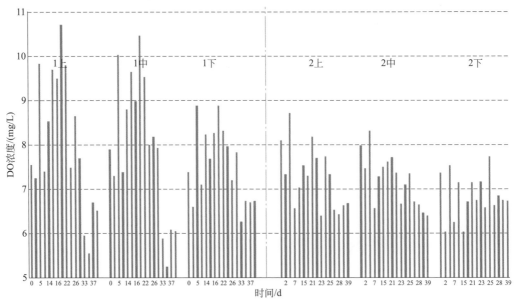

图3-8　不同微生物载体试验组DO浓度变化情况

14 ~ 22天）DO有所升高，然后又逐渐降低，至试验结束时两个水槽的DO基本相同。比较两种载体对水体DO的影响可以发现，阿科曼生态基在试验中期有一定的增加水体DO的作用。

2）TP浓度变化

两种不同载体试验水槽中的TP浓度变化如图3-9所示。两种微生物载体试验组的TP浓度变化趋势基本一致，在试验初期，TP浓度下降较快，之后呈现波动状态，相对稳定。比较两个试验组的上、中、下三层变化，其区别并不明显，分析其原因为两种载体在试验初期，通过吸附水体中的TP，使TP浓度有较快的降低，在试验过程中存在吸附与解吸的平衡过程，因此TP浓度呈现出了波动状态。由于试验使用的两种载体去除TP的作用主要基于吸附、沉降等原理，在应用过程中，其布置方式、布置位置、布置量等均会影响TP的去除效果。

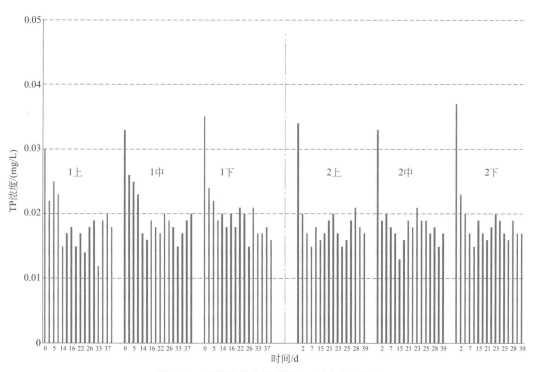

图3-9　不同微生物载体试验组TP浓度变化情况

3）Chla浓度变化

两种载体的试验水槽中Chla的变化完全不同。如图3-10所示，阿科曼生态基（1号）水槽上、下层的Chla浓度，在试验开始后前16天表现出一定的降低，然后逐步升高；阿科曼生态基放置在水槽中层的试验组，在经过近25d的上升后逐步下降，至试验结束时，中层组Chla浓度较初始浓度有所下降。碳纤维生态草对Chla的去除效果显著，上、中、下三层的Chla浓度均在第2天即大幅下降，至试验结束时Chla浓度均低于10mg/m³，中层的Chla浓度最低。

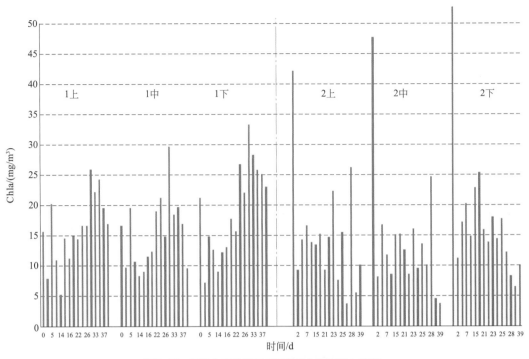

图3-10 两种生态载体不同深度下水体的Chla变化

不同放置深度Chla去除率的统计分析如图3-11所示。碳纤维生态草对Chla的去除效果整体优于阿科曼生态基，阿科曼生态基不同深度Chla去除率的下四分位线均为负值，上层Chla去除率的中位线也为负值；碳纤维生态草Chla去除率的盒

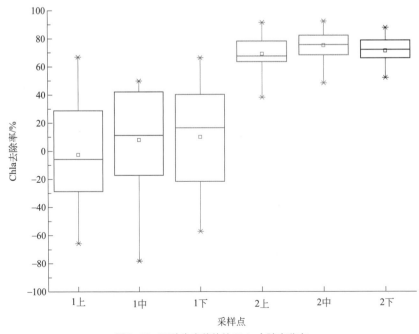

图3-11 两种生态载体的Chla去除率分布

形集中，下四分位线均高于60%，这一结果表明碳纤维生态草对Chla的去除效果显著优于阿科曼生态基。从图3-11中还可以看出，两种生态载体均为中层的Chla去除率最高。

4）微生物群观测

扫描电镜（SEM）观察结果如图3-12所示。阿科曼生态基和碳纤维生态草的大孔中均附着了较大数量的微生物，这些微生物可软化生物膜，促使生物膜松动、脱落，并提高氧转移率，从而能使生物膜经常保持活性和良好的净化功能，有利于去除有机物，也有利于脱氮除磷。

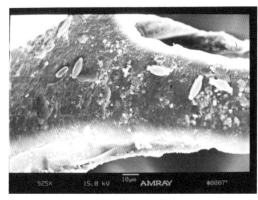
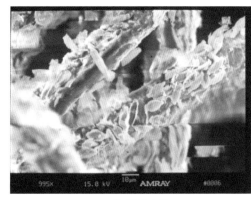

(a) 阿科曼生态基   (b) 碳纤维生态草

图3-12　两种生态载体上附着的微生物群（1000倍）

综上，阿科曼生态基在试验中期有一定的增加水体DO的作用，有利于增强好氧微生物对污染物的去除效果；两种载体去除TP效果相似，其作用主要基于吸附、沉降等原理，在应用过程中布置方式、布置位置、布置量等均会影响TP的去除效果；对Chla的去除效果，碳纤维生态草优于阿科曼生态基；两种载体的大孔中均附着了较大数量的微生物，有利于去除有机物和氮磷物质。

3.1.3　人工滤井循环净化技术

3.1.3.1　技术原理

人工快速渗滤系统是一种全新的生物处理方法，通过渗滤介质及介质上生长的微生物对水中有机物质的过滤截留、吸附与分解作用，实现对废水的净化过程。由于人工快速渗滤池独特的结构及进水方式，使得渗滤介质表面的微生物菌相十分丰富，通过进水周期的变化，渗滤介质表面具有好氧、兼氧、厌氧的作用，从而进一步提高污水的处

理效果,其中好氧生物降解是人工快速渗滤系统去除有机污染物的主要机制。整个处理
过程不需投加药剂,也不需传统好氧处理方法中采用的机械曝气等高能耗设备,故大大
降低了处理设施的投资和运转费用。人工滤井循环净化技术是在传统人工快速渗滤技术
(CRI)的基础上发展起来的,它采用渗透性能较好的天然河砂、陶粒、煤矸石等代替天
然土层,从而大大提高了水力负荷,增强了实用性。

3.1.3.2 试验设计

(1)试验材料

取潮白河河水为试验原水,进水水质见表3-8。设置两座快渗柱,上部进水,底部
出水,滤柱侧壁设置取样口,快渗柱的结构设计如图3-13所示,为圆柱形玻璃钢柱,高
2m、直径0.3m,共有8个圆形出水口,最下端出水口外径3cm、内径2.5cm,其余7个
出水口外径2cm、内径1.5cm。快渗柱的填料级配见表3-9,柱内介质分别为不同厚度
的火山岩填料、粗砂和铁矿砂、直径2~4mm的砾石、直径4~8mm的砾石和直径
8~16mm的砾石。

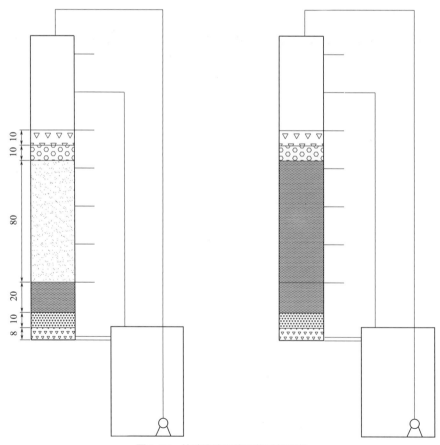

图3-13 快速渗滤系统工艺设备示意

表3-8　人工快速渗滤设计用水的进水水质

水质指标	COD_{Cr}/(mg/L)	NH_4^+-N/(mg/L)	TN/(mg/L)	TP/(mg/L)	Chla/(μg/L)
变化范围	40 ～ 55	0.026 ～ 0.198	1.94 ～ 2.81	0.134 ～ 0.610	24.44 ～ 80.68

表3-9　快渗柱的填料级配

项目		滤层					
		第1层	第2层	第3层	第4层	第5层	第6层
厚度/m		0.1	0.1	0.8	0.2	0.1	0.08
1号	填料	粗砾	火山岩	粗砂+铁矿砂	细砾	细砾	细砾
	规格/mm	16 ～ 32	10	0.5 ～ 2	2 ～ 4	4 ～ 8	8 ～ 16
2号	填料	粗砾	火山岩	细砾+铁矿砂	细砾	细砾	细砾
	规格/mm	16 ～ 32	10	2 ～ 4	2 ～ 4	4 ～ 8	8 ～ 16

（2）试验方法与步骤

试验装置每天连续运行，运行24h。原水由渗滤柱柱顶进水，渗滤后自流流入蓄水桶，与原水混合，形成水流的循环。每天取样一次，进水与出水取样时间间隔3h。系统运行1 ～ 2周换一次原水，每周运行5d，停止2d。

（3）检测方法

试验过程中的分析项目主要有进水和出水的COD_{Cr}、NH_4^+-N、TN、TP、Chla。水化学指标TN、TP、COD_{Cr}、NH_4^+-N、Chla浓度测定方法参照《水和废水监测分析方法（第四版）》（中国环境科学出版社，2002）。

3.1.3.3　结果与分析

（1）水质净化效果分析

1）对NH_4^+-N的去除

两座快速渗滤池的进出水NH_4^+-N浓度如图3-14所示。在不同的处理周期（5 ～ 7d一个周期），快渗柱对微污染水中的NH_4^+-N具有良好的去除效果。在进水浓度变化较大的情况下，出水浓度能保持在0.05mg/L以下，去除率保持在60%以上。以粗砂为主的滤池和以砾石为主的滤池在出水水质与去除效果上相差不大。在每一个周期，NH_4^+-N的出水随进水的变化而变化。在第一个周期，快速渗滤池是第一次运行，出水效果较好，再经过快速渗滤池的循环过滤作用，进出水水质的浓度趋于一致。但在后几个周期，进出水浓度达到一个最低点后，逐渐上升，达到一个最高点后再下降，分析原因，这是由于快速渗滤池对NH_4^+-N的去除主要靠吸附作用，在处理后期，当滤料的吸附达到饱和后，吸附于滤料中的NH_4^+-N又会随着出水重新进入蓄水桶。因此,在用人工快速渗滤技术处理微污染水的循环系统中,起主要作用的是吸附过滤作用。

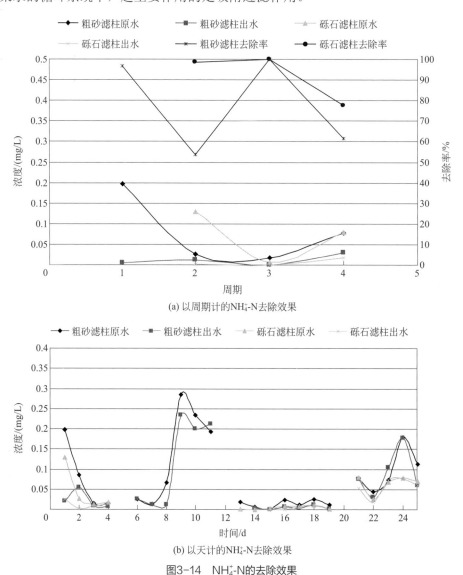

(a) 以周期计的NH_4^+-N去除效果

(b) 以天计的NH_4^+-N去除效果

图3-14　NH_4^+-N的去除效果

2)对TN的去除

两座快速渗滤池的进出水TN浓度如图3-15所示。在不同的处理周期(5～7d一个周期),快速渗滤池对微污染水中的TN具有较好的去除效果。在进水浓度变化较大的情况下,粗砂滤柱的出水浓度能保持在1mg/L以下,去除率保持在55%以上;砾石滤柱的出水浓度能保持在1.5mg/L以下,去除率保持在35%以上。以粗砂为主的滤池对TN的去除稍好于以砾石为主的滤池。

与NH_4^+-N的去除效果图一样,在第一个周期,TN的去除效果较好,出水水质能保持在1mg/L左右。在后几个周期,换过原水之后,由于污染物质在滤料中的富集,在后

3 个周期，出水 TN 的浓度在达到一个最小值后逐渐变大，在达到最大值后又变小，呈现波浪型的变化趋势。

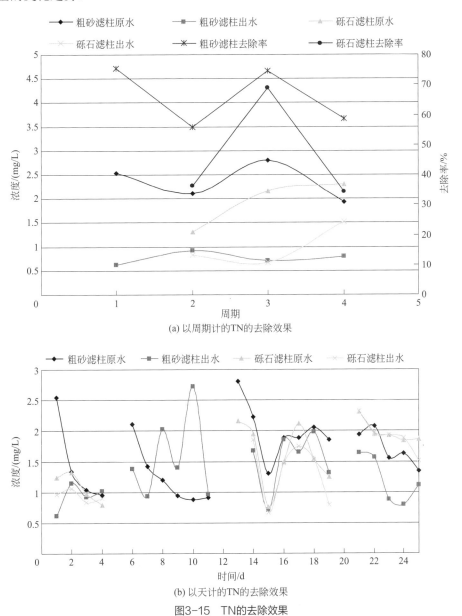

(a) 以周期计的TN的去除效果

(b) 以天计的TN的去除效果

图3-15　TN的去除效果

3）对COD的去除

两座快速渗滤池的进出水COD浓度如图3-16所示。在不同的处理周期（5～7d一个周期），快速渗滤池对微污染水中的COD的去除效果较小。在进水浓度为40～55mg/L范围内，粗砂滤柱的出水浓度在15～40mg/L范围，去除率在40%左右；砾石滤柱的出水浓度在35mg/L左右，去除率保持在25%左右。以粗砂为主的滤池对COD的去除稍好于以砾石为主的滤池，但砾石滤柱对COD去除的稳定性更好。

快速渗滤柱对COD的去除效果不是很明显，与NH$_4^+$-N、TN一样，滤料对COD也有富集作用，且只是吸附，并没有分解，出水水质呈现波浪型的变化趋势。

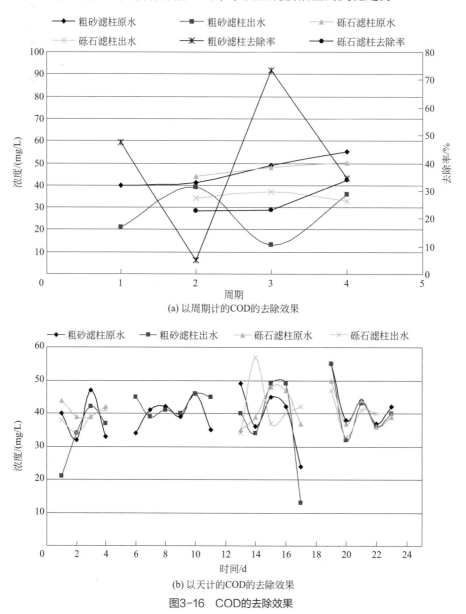

(a) 以周期计的COD的去除效果

(b) 以天计的COD的去除效果

图3-16　COD的去除效果

4）对TP的去除

两座快速渗滤池的进出水TP浓度如图3-17所示。在不同的处理周期（5～7d一个周期），快速渗滤池对微污染水中的TP具有良好的去除效果。在进水浓度变化较大的情况下，出水浓度能保持在0.1mg/L以下，粗砂滤柱的去除率在66%～86%，砾石滤柱的去除率保持在82%～93%。以砾石为主的滤池对TP的去除稍好于以粗砂为主的滤池。

快速渗滤池对TP的去除效果较好，出水浓度呈现一直下降的趋势，不同于快速渗滤池对NH_4^+-N、TN、COD的去除呈波浪型变化趋势，只有小幅度的变化，说明滤料的TP吸附能力较强，TP达到饱和的周期较长。

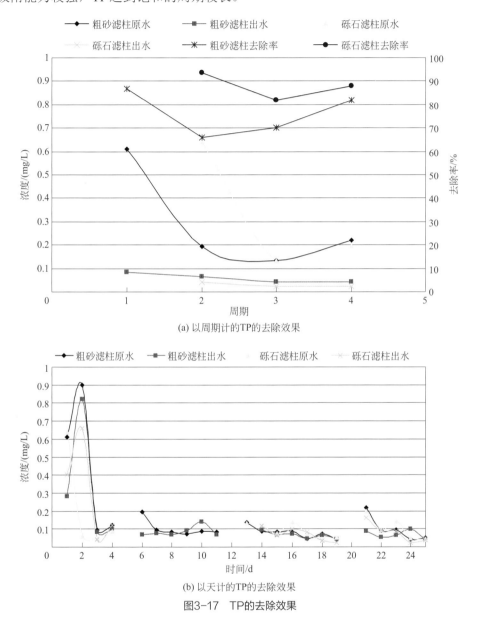

(a) 以周期计的TP的去除效果

(b) 以天计的TP的去除效果

图3-17　TP的去除效果

5）对Chla的去除

两座快速渗滤池的进出水Chla浓度如图3-18所示。快速渗滤池对微污染水中的Chla具有良好的去除效果。粗砂滤柱的出水浓度能达到2mg/L以下，去除率能达到95%以上；砾石滤柱的出水浓度在1～5mg/L，去除率也能达到95%以上。以粗砂为主的滤池和以砾石为主的滤柱对Chla的去除效果相差不大，粗砂滤柱稍好一些。

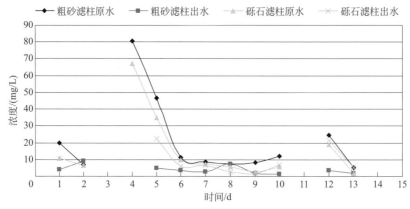

图3-18 以周期计的Chla的去除效果

（2）渗透系数的分析

两座快速渗滤池在不同时期的滤速分析如图3-19所示。在系统启动阶段，砾石滤柱的滤速稳定在500～600mL/s，滤速变化不大。粗砂滤柱由第一天的10mL/s逐渐上升到20mL/s，最后降到1.67mL/s，表明系统在运行1周后，滤柱吸附了大量的污染物质，且伴随着微生物的生长，造成滤料的堵塞，导致滤速下降。此时，粗砂的最终渗透系数为

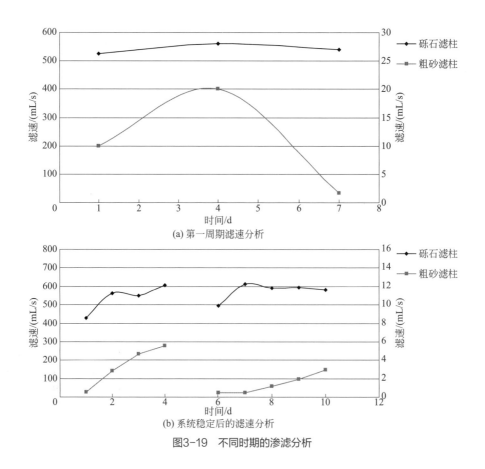

(a) 第一周期滤速分析

(b) 系统稳定后的滤速分析

图3-19 不同时期的渗滤分析

2.36×10^{-5}m/s，砾石的平均渗透系数为7.66×10^{-3}m/s，是粗砂渗透系数的324倍。在滤柱稳定阶段，砾石滤柱的滤速基本稳定在$500\sim600$mL/s，与运行初期差别不大，平均滤速为557mL/s，渗透系数为7.88×10^{-3}m/s。在每一个运行周期，系统运行5d，停止2d，粗砂滤柱在启动期滤速很低，小于1mL/s，在后期逐渐增大，呈线性增长关系，在不同的两个周期分别达到5.56mL/s和2.92mL/s，渗透系数为7.87×10^{-5}m/s和4.13×10^{-5}m/s，分别为砾石滤柱的1/100和1/190。

由此可得，在以1周为一个周期的时间里，粗砂滤柱的滤速与时间成正比，但以总体时间来计算，滤速与周期成反比。砾石滤柱的滤速变化不大，渗透系数与粗砂滤柱相比大了2个数量级。

在前面的分析中可知，砾石滤柱与粗砂滤柱对微污染水的水质净化效果相差不大，且渗透系数是粗砂滤柱的2个数量级以上，因此，选用砾石作为滤料更合理。

3.1.4 生态浮床/悬浮式人工湿地生态修复技术

3.1.4.1 技术原理

生态浮床（图3-20）是一种组合式水上植物定植浮床，其组装方便、组合形式多样，具有水体净化、景观美化效果。生态浮床底部悬挂的人工草具有以下优点：a.比表面积大、空隙率高，启动挂膜快，脱膜更新容易；b.能有效切割气泡，提高氧转移率和利用率；c.模拟天然水草形态，不易纳藏污泥，使用寿命长，耐高负荷性冲击，使水中的有机物得到高效处理。

传统植物浮床的净化效果目前已经得到普遍认可，但还存在系统中微生物数量及种类缺乏等缺陷。为了强化其对污染物的去除效果，就需要提高整个浮床系统的微生物数量，促进系统内硝化和反硝化的作用。筛选植物已不可能使净化效果有根本性的提高，因此必须在浮床的构造形式上有所突破。填料作为一种高效人工介质，是生物接触氧化法处理废水的核心部分，可大量富集微生物，形成高效生物膜净化区，其性能直接影响和制约着处理的效果。随着生物接触氧化法应用范围的逐渐扩大，填料的品种也不断更新换代。但目前国内生产的填料品种繁多，良莠不齐，因此，选择合适的填料对污染水体的修复具有重要的实际指导意义。本书在传统植物浮床的基础上，通过对水生植物、填料的合理构建，开发出一种悬浮湿地，并研究其对不同补水河道的净化效果。

图3-20 生态浮床

3.1.4.2　试验设计

（1）试验材料

植物在浮床技术中占主导作用，不同植物种类的生态浮床对污染物的去除有较大的差异。即使同一种植物，也会因为污水浓度、气候等条件的不同而产生不同的效果。本试验根据生态学原理及低成本的要求，结合已有研究成果选择耐污能力强、净化效果好、根系发达、景观效果好的植物构建传统植物浮床/悬浮式人工湿地（也称"悬浮湿地"），考察试验过程中植物对不同浓度再生水补水的适应及生长情况，研究不同植物组合浮床和悬浮式人工湿地对COD、TN、NH$_4^+$-N、TP等污染物的去除效果并进行评估。

品种选择遵循的原则：适宜北京水系水质条件生长的水生或陆生植物品种；根系发达、根茎分蘖繁殖能力强，即个体分株快；植物生长快、生长量大；植株优美，具有一定的观赏性。结合相关文献资料，考虑后期运行、维护、管理，浮岛植物选择风车草和美人蕉、千屈菜为生态浮床和悬浮式人工湿地种植植物。

本书的悬浮式人工湿地采用PVC（聚氯乙烯）管连续进出水，平均水深1.4m。试验浮床采用竹制框架结构，底部用竹子编好框架后，用细钢丝网铺底，网孔直径1.5cm，浮床最底部15cm铺聚氨酯活性炭过滤棉；聚氨酯活性炭过滤棉上部铺10cm厚的焦炭，聚氨酯活性炭泡沫由特种聚氨酯泡沫上载活性炭构成。风车草、千屈菜、美人蕉分别种植，种植密度为各6株/m^2。

生态浮床/悬浮式人工湿地装置内布设曝气系统，曝气装置选用管式微孔曝气头。微孔曝气头采用有机高分子塑料做骨架材料，经烧结而成，在烧结过程中采用特殊的造孔技术，形成适合曝气的微孔。聚塑微孔管曝气头孔隙率高，孔径80～100μm，形成的气泡直径多在1～3mm。为保证空气分布均匀，减少气泡碰撞后形成大气泡的概率，在聚塑微孔管内设置了空气分布器，使空气均匀地分布在聚塑微孔管内侧，形成气泡更小、更均匀，提高了氧利用率，使整体结构更加合理。

（2）试验方法与步骤

试验水源为引温济潮处理后的河水，设置两个水处理装置，分别为生态浮床和悬浮式人工湿地。两个装置共用进水系统，两者曝气条件、植物配置相同，试验前筛选优势植物。生态浮床的填料为床体下部悬挂的人工草生物填料，悬浮式人工湿地的填料为填充厚度15cm的聚氨酯活性炭过滤棉和厚度为10cm的焦炭。生态浮床和悬浮式人工湿地试验系统示意如图3-21所示。设计出水指标除TN外，基本达到地表水Ⅳ类标准。

本试验设定不同的曝气方式、补水周期、植被覆盖度以及对突发污染物的适应性，考察该条件下生态浮床和悬浮式人工湿地的水处理效果，进水水质见表3-10。系统运行4个月后，在植物覆盖度约为25%时进行了水样采集，考察生态浮床和悬浮式人工湿地对水净化试验物种的恢复效果。

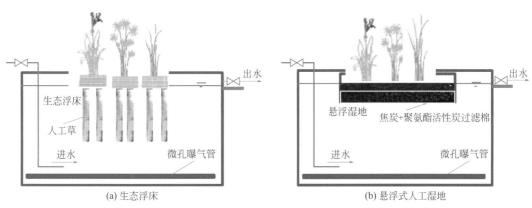

(a) 生态浮床
(b) 悬浮式人工湿地

图3-21　生态浮床和悬浮式人工湿地试验系统示意

表3-10　设计进水指标　　　　　　　　　　　　　　单位：mg/L

进水指标	COD	BOD$_5$	SS	TN	NH$_4^+$-N	TP
数值	41.2	10.3	43.8	5.51	0.28	0.53

（3）检测方法

① 水化学指标TN、TP、COD、BOD$_5$、NH$_4^+$-N、NO$_3^-$-N、NO$_2^-$-N和磷酸盐浓度测定方法参照《水和废水监测分析方法（第四版）》（中国环境科学出版社，2002）。

② 物理性指标，如水温、DO和电导率采用美国YSI便携式多参数水质分析仪测定。

③ 氮转化功能菌计数采用最大可能数法（most probable number，MPN）。

④ 水中细菌菌落总数测定采用稀释平板法。

⑤ 微生物种群结构多样性分析采用高通量测序方法，即依次通过基因组DNA提取，设计并合成引物接头，PCR扩增和产物纯化，PCR产物定量和均一化，MiSeq PE文库制备，MiSeq高通量测序来完成。

⑥ 着生藻类数量统计和物种鉴定采用镜检分类计数方法，具体如下：将1000mL水样加入50mL鲁哥氏液，静置沉淀48h后，移去上层水，浓缩到30mL，取0.1mL于浮游植物计数框中，盖上盖玻片，于显微镜40倍物镜下观察，取100个视野进行计数和辨认。

3.1.4.3　结果与分析

（1）高效曝气技术对水质净化效果研究

本试验旨在对生态浮床和悬浮式人工湿地反应池水力停留参数进行对比试验，其他运行对系统进行充氧强化的研究，应用高效曝气技术进行曝气充氧，该技术为新型微孔膜曝气器，以维持水体良好的充氧状态，提高处理效果。本试验中通过对生态浮床和悬浮式人工湿地充氧条件的调控，即对曝气时间、曝气量进行调整和试验对比，分析生态浮床和悬浮式人工湿地出水污染物去除效果，最终得出对生态浮床和悬浮式人工湿地系统深度处理技术进行充氧强化的最佳条件参数。

通过对比试验，确定水力停留时间（5d）不变的情况下，比较不同曝气强度（控制气水比分别为0、3、6）下，对污染物（COD、NH_4^+-N、TN、TP）的去除效果。将系统生态浮床内悬挂所选填料，分别控制气水比为0、3、6，水力负荷和停留时间等条件相同时，监测生态浮床和悬浮湿地水体中对各项污染物的去除效果，确定最佳曝气强度。试验控制条件见表3-11。

表3-11 曝气强度净化效果试验条件（控制气水比）

反应池	水力停留时间/d	填料	气水比			反应池水深/m
生态浮床	5	悬挂相应填料	0	3	6	1.4
悬浮湿地	5	—	0	3	6	1.4

试验周期，单组试验条件开展10～12d，本组试验周期为32d；主要监测指标为NH_4^+-N、COD、BOD、TN、TP、DO，频率为2d取一次样；取样点为生态浮床反应池进、出水口，悬浮湿地反应池进、出水口。其中几个具体试验指标如图3-22所示。

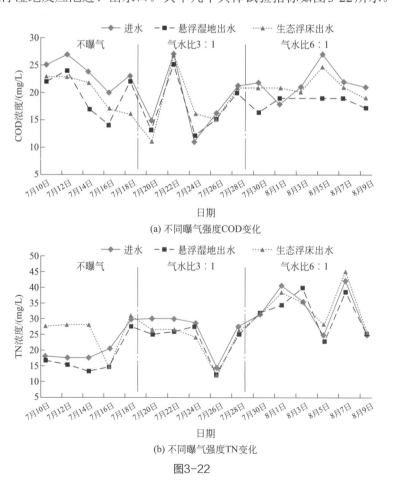

(a) 不同曝气强度COD变化

(b) 不同曝气强度TN变化

图3-22

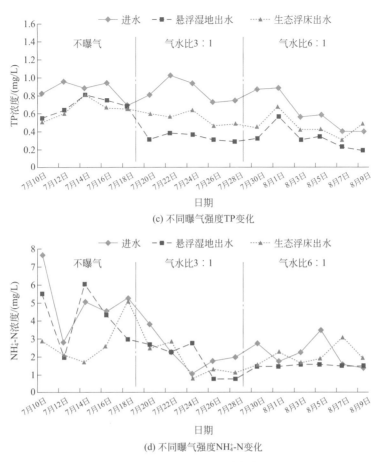

(c) 不同曝气强度TP变化

(d) 不同曝气强度NH₄⁺-N变化

图3-22　不同曝气强度各指标变化

　　由于试验期间进水相应指标都较低，COD指标进水平均只有20mg/L，不论采用何种曝气方式，基本上对COD没有去除效果，甚至还有反复的现象，但是曝气改善了植物繁密根系的呼吸作用，强化了其同化作用和根系微生物的氧化作用，通过好氧微生物的生长繁殖和新陈代谢作用将水中的有机物分解为H_2O和CO_2而被去除；TN的综合指标降低11%左右；NH_4^+-N的去除效果总体上要好些。气水比为3∶1时，TN的去除基本稳定，因为经过净化的再生水C/N比相对较低，即使含有一定量的有机物，这些有机物均属于难降解的有机物，所以虽然出现了良好的硝化作用，但是由于由硝化作用产生的硝态氮以及水中本身具有的硝态氮因为反硝化菌没有充足的、容易吸收的碳源导致硝酸盐的效果相对较差；TP的指标在气水比为3∶1时降低35%左右，分析认为TP的去除主要是通过植物和填料的吸附作用，相关研究指出，在曝气条件下，植物的根系丰富度和长度均优于不曝气条件。DO指标在不曝气时为3～4mg/L，气水比3∶1时能达到6～7mg/L，增大曝气对COD、TN和TP没有明显的去除效果，所以建议采用气水比3∶1就可以提高生态浮床和悬浮湿地的净化效果，并有助于维护生态浮床系统中水生生物的生长和稳定。

（2）不同补水周期对水质净化效果的研究

相同条件下（气水比3:1），模拟再生水区水域实际停留时间，分别调整生态浮床和悬浮湿地反应池补水量为126L/h（3d）和75.6L/h（5d）、37.8L/h（10d）时，通过对比不同水力负荷条件下受水池出水中各项污染物指标的变化情况，最终确定不同进水量、不同补水周期的装置适应性。试验运行参数见表3-12。

表3-12　生态浮床和悬浮湿地补水周期试验运行参数

反应池		进水量/（L/h）	停留时间/d	填料
生态浮床	①	126	3	半软性填料
	②	75.6	5	—
	③	37.8	10	—
悬浮湿地	①	126	3	—
	②	75.6	5	—
	③	37.8	10	—

试验周期，单组试验条件分别开展6d；主要监测指标为温度、pH值、NH_4^+-N、COD、BOD、TN、TP、DO，频率为1d取一次样；取样点为生态浮床反应池进、出水口，悬浮湿地反应池进、出水口。其中几个不同补水周期污染物去除指标如图3-23所示。

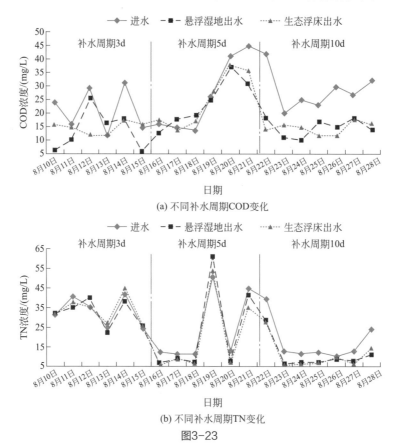

(a) 不同补水周期COD变化

(b) 不同补水周期TN变化

图3-23

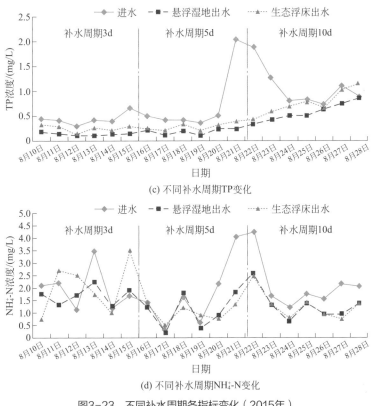

(c) 不同补水周期TP变化

(d) 不同补水周期NH₄⁺-N变化

图3-23 不同补水周期各指标变化（2015年）

悬浮湿地和生态浮床在不同的补水周期下都有一定的污染物去除效果。在补水周期为3d时，悬浮湿地和生态浮床对COD的平均去除率分别为32%、22%，对TN的去除率分别为11%、6%，对TP的去除率分别为69%、42%，对NH₄⁺-N的去除率分别为35%、25%；在补水周期为5d时，对COD的去除率分别为24%、13%，对TN的去除率分别为31%、27%，对TP的去除率分别为68%、51%，对NH₄⁺-N的去除率分别为32%、28%；在补水周期为10d时，对COD的去除率分别为45%、42%，对TN的去除率分别为38.7%、37.5%，对TP的去除率分别为32%、17%，对NH₄⁺-N的去除率分别为36.5%、35.8%。

因为进水变化较为剧烈，系统对COD的去除并不稳定。悬浮湿地及生态浮床对TN的去除率整体呈直线上升趋势，延长水体交换时间有利于TN的脱除、水生植物对氮的吸收以及水生动物对有机氮的滤食；同时，由于生态浮床下部和悬浮湿地的人工介质富集的硝化/反硝化菌和世代周期长，较长的水体交换时间必然伴随着水力停留时间的延长，有利于发挥其硝化/反硝化作用，即随着水体交换时间的延长，对TP的去除率呈升高趋势，但增幅减缓；有利于水生植物、介质对磷的吸收。悬浮湿地对TP的去除率稳定在30%以上，高于生态浮床；对NH₄⁺-N的去除率较为稳定，悬浮湿地和生态浮床都能达到35%左右。综合考虑不同补水周期对水中COD、TN、TP、NH₄⁺-N的去除率影响效果，当补水周期为10d时，悬浮湿地和生态浮床适应性相对最稳定，悬浮湿地略优于生态浮床。

（3）水质稳定效果研究

8月29日～9月8日，由于清洗膜组件及设备检修，对取水水质仅进行了简单的处理，因此进水的指标均较高，对本次试验来讲，可以认为是突发污染物进入而引起的一系列变化。具体结果如图3-24所示。

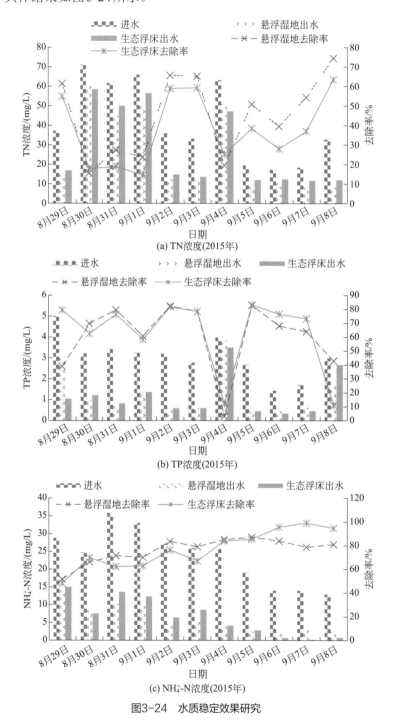

(a) TN浓度(2015年)

(b) TP浓度(2015年)

(c) NH₄⁺-N浓度(2015年)

图3-24　水质稳定效果研究

　　悬浮湿地及生态浮床在突发污染物时对污染物都有极强的去除效果，表现出对污染物极强的适应性；悬浮湿地及生态浮床COD的去除率分别为75%和73%，TN的去除率分别为45%和35%，TP的去除率分别为60%和56%，NH_4^+-N的去除率分别为76%和76%。可见，悬浮湿地及生态浮床均对污染物有良好的净化效果。

（4）不同覆盖度水质净化效果研究

　　生态浮床系统中，植物是污染物净化的主体，但其功能和吸收养分的范围是有限的，其处理效率还和浮床载体、植物、覆盖度等密切相关。因此通过探讨悬浮湿地和生态浮床的不同覆盖度对水质改善的效果可以了解不同污染物在不同覆盖度的变化规律，掌握适宜的悬浮湿地和生态浮床的覆盖度指标，为恢复再生水补给型河流及水体健康生态的系统提供科学依据。

　　由于本书研究涉及的再生水进水指标较低，进水COD浓度在15 ～ 30mg/L，绝大部分为难降解的有机物，再增大覆盖度对COD的去除基本上没有效果，并且随着覆盖度的增加，也阻碍了大气的复氧过程，如图3-25（a）所示。

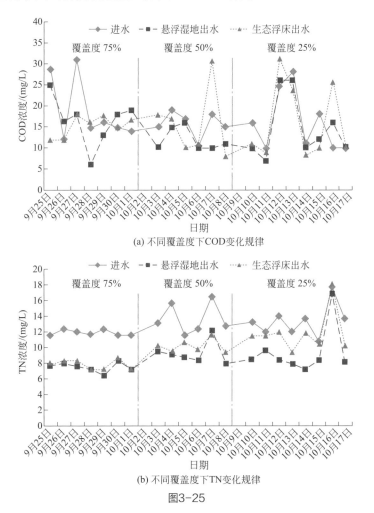

(a) 不同覆盖度下COD变化规律

(b) 不同覆盖度下TN变化规律

图3-25

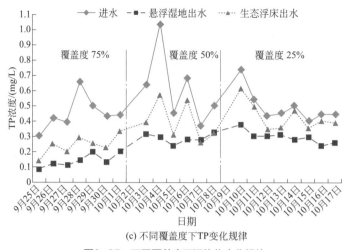

(c) 不同覆盖度下TP变化规律

图3-25　不同覆盖度下污染物变化规律

从图3-25（b）中可以看出各覆盖度的悬浮湿地和生态浮床对TN的去除率均达到较高的水平，且去除率与覆盖度成正相关，即植物的覆盖度越高TN的去除率越大，覆盖度为75%时悬浮湿地和生态浮床对TN的平均去除率分别达到36.7%、33.6%，覆盖度为50%时悬浮湿地和生态浮床对TN的平均去除率分别达到31.5%、24.4%，覆盖度为25%时悬浮湿地和生态浮床对TN的去除率分别达到30.7%、11.3%。高覆盖度可以有效提高TN的去除率，但分别来看，覆盖度从75%降低到25%，悬浮湿地对TN的去除率平均值均达到30%以上，但是生态浮床对TN的去除率急剧降低，25%的覆盖度只有11.3%的去除率。

从图3-25（c）中可以看出TP的去除规律总体上与TN相似，随着覆盖度的增加和植物的生长，各处理水体的TP浓度呈规律性降低，但是不同覆盖度处理之间的幅度各有不同，覆盖度为75%的悬浮湿地和生态浮床对TP的去除率分别达到68.1%和44.9%，覆盖度为50%的悬浮湿地和生态浮床对TP的去除率分别达到47.9%和33.2%，覆盖度为25%的悬浮湿地和生态浮床对TP的去除率分别达到39.2%和12.9%。说明高覆盖度可以有效提高TP的去除率。

日本研究者在霞浦湖进行的隔离水域试验发现，在生态浮床覆盖度只有25%的条件下，削减了94%的植物性浮游生物和50%的COD。单从控制TN、TP的要求来看，25%的覆盖度已经能够达到较好的污染物去除效果，但不同水质指标的表现略有差异。因此，如果为单一的悬浮湿地或生态浮床对河湖补水型再生水进行净化，应根据出水指标的要求制订相应的覆盖度指标。

（5）植物生长情况

研究期间，对植物生长情况进行了观测（图3-26），基本可以划分为三个阶段：移苗初期，即植物的适应期，大约15d，生长较为缓慢，三种植物除部分千屈菜枯萎死亡外，成活率达到90%以上；中期，为植物生长的茂盛期，植物对水体逐步适应，水中的营养物质供给植物生长所需，植物表现出较强的活性，植株明显增高增大，植株增多，根系发达；后期，为植株生长稳定期，随着植物生物量生长到一定程度，植株生长缓慢，叶片开始逐渐衰败。在植物生长茂盛时期，即使有突发污染物的进入，植物依然保持了很强的生长力，表现出很强的耐污性。从观测测量结果来看，试验悬浮湿地和生态浮床植物的苗壮程度、高度等指标远远高于潮白河受水区彩虹桥-减河闸段的浮床植物高度。表现出了悬浮湿地和生态浮床对再生水补水型水体极强的适应性，发挥着显著的生态修复作用。

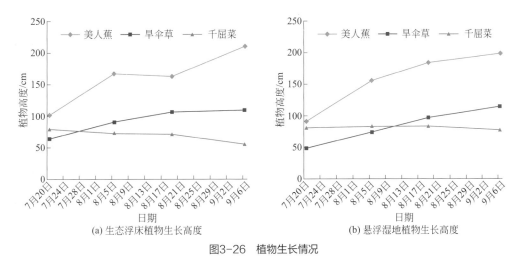

图3-26　植物生长情况

（6）悬浮湿地/生态浮床长期运行水质处理效果

经过进入冬季前长期运行，生态浮床和悬浮湿地不同深度水样的物理化学参数测定结果见表3-13，将处理装置水质与进水水质进行比较，得出以下结论：

① 进水浓度TN为5.51mg/L，生态浮床和悬浮湿地的TN浓度均较进水出现明显增加，生态浮床TN浓度为13.04～13.81mg/L，悬浮湿地TN浓度为13.76～16.15mg/L，且均随水深增加，浓度均出现增加的趋势。分析认为长期运行下，植物未进行及时刈割，残败植物组织进入水体是导致水体TN浓度增加的主要原因。

② 悬浮湿地三个水层的COD浓度小于进水，但生态浮床底层水中COD浓度高于进水，分析为系统长期运行，生态填料附着生物膜在曝气流扰动下脱落，沉积在系统底层，导致底层水中有机质含量较高。

③ 两个处理装置的NH_4^+-N浓度均较进水出现明显降低，尤其是悬浮湿地的NH_4^+-N浓度为0.11～0.19mg/L，低于生态浮床的NH_4^+-N浓度0.22～0.24mg/L。

④ 水中NO_3^--N浓度较高，生态浮床为10.66～10.86mg/L，悬浮湿地为12.13～12.34mg/L，NH_4^+-N向硝态氮转化的中间产物亚硝态氮浓度极低，说明在系统持续曝气下，水体中还原性含氮化合物已经被充分氧化，以氧化态硝态氮形式存在。

⑤ 富氧环境下，聚磷菌发挥作用，两个装置水中TP浓度明显低于进水。

表3-13　水样物理化学参数分析结果

水质理化指标	生态浮床-上	生态浮床-中	生态浮床-下	悬浮湿地-上	悬浮湿地-中	悬浮湿地-下
水温/℃	0	0.5	0.8	0	0.5	0.8
DO/(mg/L)	4.5	4.5	4.5	4.4	4	4
电导率/(μS/cm)	1456	1428	1445	1506	1491	1472
TN/(mg/L)	13.04	13.2	13.81	13.76	15.94	16.15
TP/(mg/L)	0.17	0.17	0.29	0.17	0.14	0.17
COD/(mg/L)	10	8	53	12	11	17
BOD_5/(mg/L)	0	0	0.1	0	0	0
NH_4^+-N/(mg/L)	0.24	0.22	0.24	0.19	0.11	0.14
NO_3^--N/(mg/L)	10.78	10.66	10.86	12.32	12.13	12.34
NO_2^--N/(mg/L)	0.008	0.0086	0.0054	0.0049	0.0046	0.005
磷酸盐/(mg/L)	0.13	0.12	0.08	0.11	0.1	0.11

（7）悬浮湿地/生态浮床对微生物物种恢复

1）微生物多样性分析

生态浮床的填料为半软性合成纤维，悬浮湿地的填料为焦炭和聚酯泡沫，附着微生物群落的多样性分析针对上述三种填料。经统计，填料合成纤维、焦炭和聚酯泡沫上附着的细菌群落种属数量分别为559种、512种、561种，门类数量分别为239种、224种、221种，将占比在前5名的菌种名称列于表3-14。生态浮床填料附着细菌主要是蓝细菌、硝化螺旋菌属、暖绳菌属和丛毛单胞菌属，蓝细菌所占比例为60.21%；悬浮湿地填料焦炭上附着细菌主要是蓝细菌、硝化螺旋菌属、暖绳菌属，其中蓝细菌所占比例为58.85%；悬浮湿地填料聚酯泡沫上附着细菌主要是芽单胞菌属、丛毛单胞菌属、反硝化功能菌和硝化功能菌，最高比例为芽单胞菌属，其占比为6.49%。

表3-14　三种填料附着细菌的主要种属列表

填料	序号	菌种名称	说明	百分比/%
生态浮床	1	*Cyanobacteria unclassified*	一种蓝细菌	14.21
	2	*Nitrospira uncultured organism*	硝化螺旋菌属	5.04
	3	*Cyanobacteria uncultured diatom*	一种蓝细菌	46
	4	*Caldilineaceae uncultured bacterium*	暖绳菌属	3.87
	5	*Comamonadaceae unclassified*	丛毛单胞菌属	2.14

续表

填料	序号	菌种名称	说明	百分比/%
悬浮湿地焦炭	1	*Cyanobacteria uncultured diatom*	一种蓝细菌	51.51
	2	*Cyanobacteria unclassified*	一种蓝细菌	4.97
	3	*Nitrospira uncultured organism*	硝化螺旋菌属	2.76
	4	*Caldilineaceae uncultured bacterium*	暖绳菌属	2.53
	5	*Cyanobacteria uncultured durinskia*	一种蓝细菌	2.37
悬浮湿地聚酯泡沫	1	*Gemmatimonadaceae uncultured alpha proteobacterium*	芽单胞菌属	3.64
	2	*Nitrospira unclassified*	芽单胞菌属	2.85
	3	*Comamonadaceae unclassified*	丛毛单胞菌属	2.71
	4	*Denitratisoma unclassified*	一种反硝化功能菌	2.58
	5	*Candidatus Nitrotoga uncultured bacterium*	硝化功能菌	2.27

三种填料上附着细菌种属差异不大，分析认为各填料上附着微生物主要来自进水，进水来源相同使得各反应器中细菌种属差异不大。但是，经比较可以发现，生态浮床和悬浮湿地填料上蓝细菌所占比例最大，尤其是悬浮湿地的焦炭上，比例高达50%以上。聚酯泡沫上附着微生物的优势菌种不明显，各菌种分布均匀度高于前两种填料。填料的质地、孔隙结构和微粒携带净电荷等多种因素均会对附着细菌产生选择性，形成不同种属细菌适宜的生存环境。

2）氮转化功能菌群分析

生态浮床和悬浮湿地水体的氮转化功能菌数量和细菌总数的测定结果见表3-15。总体而言，生态浮床和悬浮湿地氮转化菌和细菌总数差异不大，两者水中硝化菌数量显著高于反硝化菌。亚硝化细菌数量多有利于亚硝化反应，从而促进水中亚硝酸盐氮累积；亚硝化细菌和硝化细菌联合作用使得硝化反应发生，引起硝酸盐浓度累积；反硝化细菌数量多促进反硝化反应，使得水中硝酸盐氮还原生成氮气，从而脱离反应系统。系统中硝化细菌数量相对较多，结合化学氧化作用，促使水中硝态氮累积。

表3-15 水样中氮转化功能菌计数结果

样品名称	氨化细菌/（个/mL）	亚硝化细菌/（个/mL）	硝化细菌/（个/mL）	反硝化细菌/（个/mL）	细菌总数/（个/mL）
生态浮床-上	14000	900	1600	140	18600
生态浮床-中	14000	1200	1100	250	18500
生态浮床-下	14000	1500	1100	110	20500

续表

样品名称	氨化细菌/（个/mL）	亚硝化细菌/（个/mL）	硝化细菌/（个/mL）	反硝化细菌/（个/mL）	细菌总数/（个/mL）
悬浮湿地-上	14000	1000	1200	160	22400
悬浮湿地-中	14000	1400	1200	130	22200
悬浮湿地-下	14000	900	1200	110	19600

3）不同深度功能菌的分布

将无机型生物载体引入到传统的生态浮床中而组建的悬浮湿地，可以提高浮床系统中微生物量和生态浮床的辐射"场强"，使其净化效果得到提升。其作用原理是：通过无机型生物载体可以提高悬浮湿地系统的生物量、生物种类和生物场强，提高悬浮湿地的净化效果。而且悬浮湿地的无机填料可以避免冬季低温条件下因植物枯萎而出现的净化效果降低的情况，因为低温条件下生物载体上的微生物虽生物净化效果差，但是仍然有一定的净化效果。图3-27为悬浮湿地和生态浮床运行了一段时间后，在床体不同高度取样，用最大可能数法测定生态浮床和悬浮湿地不同深度功能菌的情况。

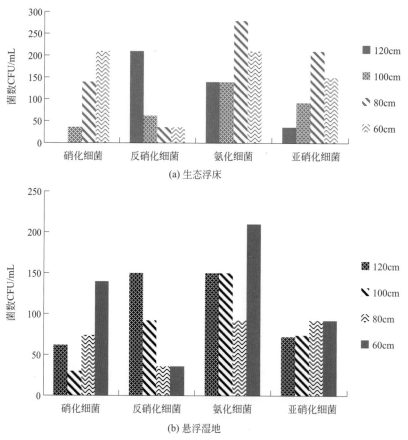

图3-27　生态浮床和悬浮湿地处理不同功能微生物的菌数

生态浮床和悬浮湿地不同处理、不同深度的氨化菌、亚硝化菌、硝化菌和反硝化菌细菌量有显著的差异，总体上，氨化菌、亚硝化菌、硝化菌在较浅处的菌数相对高，反硝化菌的菌数在深处菌数相对高，两种处理氨化菌的数量相对高。经过生态浮床处理后，硝化菌在60cm处的数量最高，120cm处硝化菌的数量很少，氨化菌和亚硝化菌的数量在80cm处相对较高，而反硝化菌在120cm处较高。经过悬浮湿地处理后，氨化菌、硝化菌在60cm处的数量最高，氨化菌的数量在80cm处相对较高，而生态浮床处理反硝化菌在120cm处较高。

图3-28为120cm处悬浮湿地和生态浮床不同处理的细菌总数和功能菌数量。总体效果上，悬浮湿地处理的菌数比生态浮床高56.07%，120cm处悬浮湿地和生态浮床的功能菌分别占细菌的11.85%和8.54%，悬浮湿地处理的氨化菌、亚硝化菌、硝化菌和反硝化菌数量比生态浮床高12.44%。悬浮湿地对群落微生物有着一定的恢复作用，略优于生态浮床。

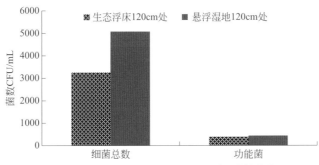

图3-28　不同处理120cm深度细菌总数和功能菌数量

4）不同填料对着生藻类物种恢复

① 着生藻类物种特征。生态浮床的半软性填料、悬浮湿地的焦炭和聚酯泡沫上附着的浮游植物数量见表3-16，将其数量进行对比，如图3-29所示。聚酯泡沫上附着的浮游植物数量最多，为5390.7906万个/L，生态浮床和湿地焦炭上附着的藻类数量差别不大。

表3-16　不同反应器介质上附着的浮游植物数量

附着介质	生态浮床	湿地焦炭	聚酯泡沫
浮游植物数量/（万个/L）	2764.508	2653.92768	5390.7906

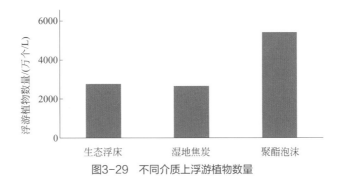

图3-29　不同介质上浮游植物数量

② 着生藻类生物多样性分析。水体中浮游植物的种类包括蓝藻门、硅藻门、绿藻门3个门的种类，蓝藻门的种类包括颤藻属1个属的种类，绿藻门的种类包括盘星藻属、栅藻属、小球藻属、弓形藻属4个属的种类，硅藻门的种类包括小环藻属、舟形藻属、针杆藻属、异极藻属、桥弯藻属、直链藻属、曲壳藻属、脆杆藻属8个属的种类。

生态浮床半软性填料、湿地焦炭和聚酯泡沫上附着的不同门类浮游植物数量见表3-17。不同介质上浮游植物优势种群表现出一定差异，以生态浮床填料为介质的藻类优势种群为硅藻门的舟形藻和异极藻，以湿地焦炭为介质的藻类优势种群为硅藻门的异极藻，以聚酯泡沫为介质的藻类优势种群为硅藻门的舟形藻。不同介质上各门类浮游植物数量如图3-30所示。

表3-17　不同介质上附着的不同门类浮游植物的总数　　单位：万个/L

藻类优势种群		介质		
		湿地焦炭	生态浮床	聚酯泡沫
蓝藻门	颤藻			
硅藻门	小环藻	663.48192	55.29016	55.29016
	舟形藻	27.64508	1326.96384	5003.75948
	针杆藻	27.64508	82.93524	
	异极藻	939.93272	1133.44828	331.74096
	桥弯藻	27.64508		
	直链藻	82.93524		
	曲壳藻		110.58032	
	脆杆藻		55.29016	
绿藻门	盘星藻	884.64256		
	栅藻			
	小球藻			
	弓形藻			
	合计	2653.92768	2764.508	5390.7906

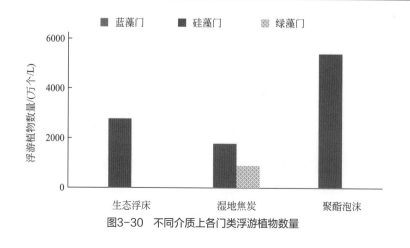

图3-30　不同介质上各门类浮游植物数量

3.1.5 辐射井循环净化技术

3.1.5.1 技术原理

辐射井是由一口大直径的集水井和自集水井内的任一高程和水平方向向含水层打进具有一定长度的多层、数根至数十根水平辐射集水管所组成。集水井又称竖井，是水平辐射集水管施工、集水和安装水泵将水排出井外的场所。辐射井、集水井井径一般为 2.5～6.0m。水平辐射管是用来汇集含水层地下水至竖井内，简称辐射管、水平管，由于这些水平辐射管分布成辐射状，故这种井称为辐射井。一般的辐射井结构如图3-31所示。

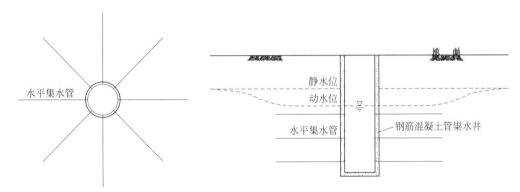

图3-31　辐射井示意图

辐射井技术防治回补河流的水体富营养化，工作原理就是利用土壤对污水进行净化，这个过程是十分复杂的，其中包括：物理过程中的过滤、吸附，化学反应与化学沉淀以及微生物的代谢作用下的有机物分解。土壤颗粒间的孔隙具有截留、滤除水中悬浮颗粒的性能，污水流经土壤，悬浮物被截留，污水得到净化。土壤颗粒的大小，颗粒间孔隙的形状和大小，孔隙的分布以及污水中悬浮颗粒的性质、多少与大小是影响土壤物理过滤净化效果的因素。

在非极性分子之间的力的作用下，土壤中黏土矿物颗粒能够吸附土壤中的中性分子。污水中的部分重金属离子在土壤胶体表面，因阳离子交换作用而被置换吸附并生成难溶性的物质，被固定在矿物的晶格中。

重金属离子与土壤中的无机胶体和有机胶体颗粒，由于螯合作用而形成螯合化合物；有机物与无机物的复合化而生成复合物，以类聚重金属离子与土壤颗粒之间进行阳离子交换而被转换吸附；某些有机物与土壤中重金属生成可吸性螯合物而固定在土壤矿物的晶格中。

重金属离子与土壤中的某些组分进行化学反应生成难溶性化合物而沉淀；如果调

整、改变土壤中的氧化还原电位，能够生成难溶性硫化物；改变pH值，能够生成金属氢氧化物；某些化学反应还能生成金属磷酸盐等物质而沉淀于土壤中。

在土壤中生存着种类繁多、数量巨大的土壤微生物，它们对土壤颗粒中的有机固体和溶解性有机物具有强大的降解与转化能力，这也是土壤具有强大的自净化能力的原因。

3.1.5.2　试验过程

分析辐射井对水质的净化效果，选取潮白河河岸辐射井，共4眼，分别为1号、2号、3号和4号。对潮白河辐射井的出水水质指标进行评价，主要选择NH_4^+-N、TN、TP、COD、BOD等水质指标。

（1）NH_4^+-N的去除效果分析

从图3-32中可以看出，4眼辐射井出水的NH_4^+-N值从小到大的顺序是：1号＜2号＜3号＜4号。大部分时间NH_4^+-N值在0.4～1.2mg/L。如以地表水环境质量标准限值来衡量，在整个观测周期内，除4号辐射井外，其他3眼辐射井出水的NH_4^+-N均满足地表水环境质量标准的Ⅳ类限值标准（1.5mg/L），2号辐射井出水NH_4^+-N值全部低于地表水环境质量标准的Ⅲ类限值标准，也就是说2号辐射井出水的NH_4^+-N值符合地表水环境质量的Ⅲ类限值标准。

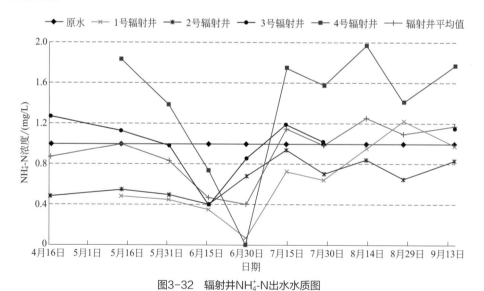

图3-32　辐射井NH_4^+-N出水水质图

分析4眼辐射井出水NH_4^+-N值区别较大的原因如下：

① 人为活动是NH_4^+-N的主要来源，由于辐射井布置在潮白河顺义的城区段，自此段蓄水后，此段便成为人们消遣娱乐首选之地，人为活动的增多带来的是污染水体氨氮

值的增加。

② 4眼辐射井出水的NH_4^+-N值从小到大的顺序是：1号 < 2号 < 3号 < 4号。其中1号辐射井与2号辐射井的NH_4^+-N值比较接近，而3号辐射井与4号辐射井的值比较接近。从辐射井水平管所在层的地质条件分析，1号辐射井与2号辐射井水平管所在层主要是粉细砂，而3号辐射井与4号辐射井水平管所在层主要以中砂为主，从出水量分析也能印证这种情况，所以分析得出这样的结论：辐射井水平管所在地下含水层的地质条件的不同也是造成NH_4^+-N值不同的原因之一。

（2）TN的去除效果分析

TN是指水中有机氮、NH_4^+-N、NO_2^--N、NO_3^--N的总称，TN量的增加主要导致微生物各藻类等水生植物大量繁殖，造成水体富营养化。TN是衡量水体水质的重要指标之一。从图3-33可以看出，辐射井出水相对于原水有一定的去除作用，平均去除率为60.4%，其中最高可达83.5%。若以地表水环境质量标准限值相比，1号与2号辐射井在大部分情况下可满足地表水环境质量标准的Ⅳ类限值标准，有时也能达到地表水环境质量标准的Ⅲ类限值标准。虽然土壤对净化水质有一定的作用，但是，辐射井以抽取浅层地下水为主，原水的水质情况直接影响到净化的效果。

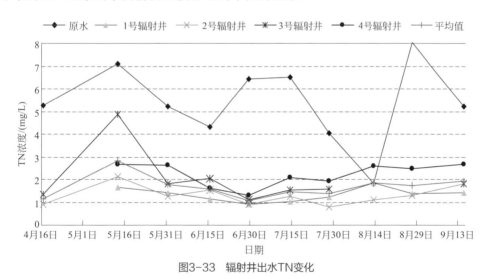

图3-33　辐射井出水TN变化

（3）TP的去除效果分析

磷是藻类生长速率的主要限制性元素，是影响水体富营养化的关键因素。从图3-34中可以看出，以辐射井所在位置的地质条件来看，辐射井对磷的去除率能够达到53%，4眼辐射井出水中的TP在0.3mg/L左右，能够达到地表水环境质量标准的Ⅳ类限值标准，满足北京市水体功能划分的功能要求。从各辐射井出水中磷的水平来看，4眼辐射井TP的水平是1号 < 2号 < 3号 < 4号，最高能够达到0.6mg/L，最低能够达到0.08mg/L。

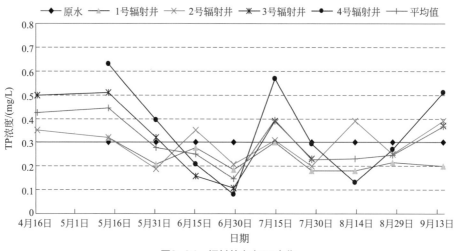

图3-34　辐射井出水TP变化

分析4眼辐射井TP变化较大的原因：在土地处理中磷的去除主要是通过土壤颗粒的吸附作用、化学沉淀反应、微生物同化作用和植物吸收作用来完成的，这些去除作用与基质紧密相关。从4眼辐射井TP的含量水平来看，其和氨氮值的排列是一样的，因此可以认定辐射井水平管所在地下含水层的地质条件的不同是造成TP值不同的原因。

（4）COD的去除效果分析

COD值是衡量水体有机物含量多少的指标，COD值越高就表明水体受有机污染越严重。从图3-35中可以看出，原水COD值在40～120mg/L，辐射井出水的COD值在10～70mg/L，去除率达到50.48%～90.14%；从平均水平来看，辐射井出水COD值约为30mg/L，能够达到地表水环境质量标准的Ⅳ类限值标准；从整个监测周期来分析，4眼辐射井出水COD变化受原水中COD值影响比较明显，它随着原水COD值的升高而升高，随着原水COD值的降低而降低。

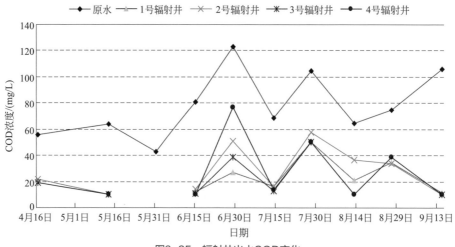

图3-35　辐射井出水COD变化

（5）BOD的去除效果分析

从图3-36中可以看出，原水的BOD值在5～17mg/L，而辐射井出水的BOD值在0.2～3mg/L，BOD的去除率在42.17%～95.57%；在整个监测周期原水BOD值平均约为11mg/L，而辐射井出水的BOD值平均约为2mg/L，平均去除率为83.70%。以地表水环境质量标准的限值来衡量，辐射井出水的BOD值完全能够达到地表水Ⅰ类标准。

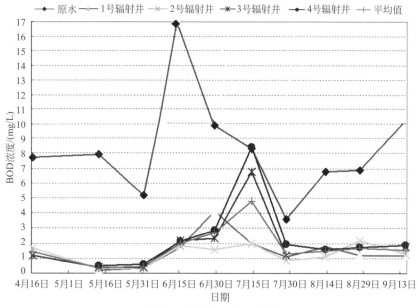

图3-36　辐射井出水BOD变化

（6）水温

适宜的水温是富营养化水体发生水华不可缺少的条件之一，北方地区出现水华藻种以蓝藻为主，适宜的水温在25～30℃。从图3-37中可以看出，在6～9月河水平均水

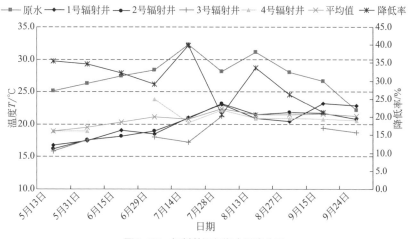

图3-37　辐射井运行期水温变化图

温在27.5℃，正是以蓝藻为主要藻种发生水华的最佳水温，而同期，辐射井出水水温平均在19.6℃，比河水水温低7～8℃，由此可知，辐射井的出水补充到河道，使适宜发生水华的原河水水温发生变化，具有抑制水华发生的作用。

3.2 回补区河道生物种群恢复技术

3.2.1 回补区河道鱼类种群恢复技术

本书分别于2014年10月和2015年10月在密云水库秋季鱼类集中捕捞季节进行了2次野外鱼类调查采样。2014年10月、2015年5月、2015年8月、2015年10月以及2016年7月在水库上游的潮河和白河进行了5次野外鱼类调查采样。

水库上游潮河、白河采样点的选取考虑到了代表性、整体性、具体性等原则，根据潮河和白河在北京境内的水文状况和地形地貌，每条河流从上游到下游各设置4个采样点，共8个采样点：潮河从上游到下游依次为营盘村（YPC）、小汤河下（XTHX）、仙居谷（XJG）、辛庄桥（XZQ）；白河从上游到下游依次为滨水公园（BSGY）、贾峪村（JYC）、沟口（GK）、黑龙潭下（HLTX）。各采样点的采样时间见表3-18，各采样点的地理与水文环境特征见表3-19，采样点分布如图3-38和图3-39所示。

表3-18 各采样点的采样时间

水域	采样点	采样时间				
		2014年10月	2015年5月	2015年8月	2015年10月	2016年7月
潮河	营盘村（YPC）		√	√	√	√
	小汤河下（XTHX）		√	√	√	√
	仙居谷（XJG）		√	√	√	√
	辛庄桥（XZQ）		√	√	√	√
白河	滨水公园（BSGY）			√	√	√
	贾峪村（JYC）	√	√	√	√	√
	沟口（GK）	√		√	√	√
	黑龙潭下（HLTX）	√	√	√	√	√
密云水库	密云水库（MYR）	√			√	

表3-19　潮河、白河各采样点的地理与水文环境特征

河流	采样点	海拔/m	平均水深/m	底质	水文特征
潮河	营盘村	234.2	0.20	黄色淤泥	水中有水草，流水急，上游为洗沙场
	小汤河下	167.0	0.30	砂石	两岸有水生植物，水中水草丰富、流水、水清澈
	仙居谷	250.7	0.10	大石块	水中有水草，水清但是搅动后为黑水且臭，水流缓慢
	辛庄桥	159.4	0.30	石块	石头多，流水、水中有水草
白河	滨水公园	257.5	0.20	砂石	流水，岸边有水生植物，水中水草丰富、水清澈
	贾峪村	187.5	0.15	小鹅卵石	流水，河面开阔，水清澈，水中有水草
	沟口	172.3	0.30	大石块	水中有水草，水清澈，水流缓慢
	黑龙潭下	135.3	0.25	大石块	水清澈，流水急，有水草

图3-38　潮河鱼类和大型底栖动物种类调查采样点分布

图3-39　白河鱼类和大型底栖动物种类调查
采样点分布

3.2.1.1　鱼类种类组成分析

通过分类鉴定，2014～2016年在北京密云水库及上游潮河、白河小流域共获得鱼类38种，分属于4目、10科，如表3-20、图3-40所示。其中鲤形目（Cypriniformes）鱼类种类最多，共计2科30种，占鱼类总种类数的78.95%；鲈形目（Perciformes）5科5种，占13.16%；鲇形目2科2种，占5.26%；鲑形目仅1个种，占2.63%。按科级进行统计分析，鲤科（Cyprinidae）鱼类种类最多，共计26种，占总种类数的68.42%；鳅科（Cobitidae）鱼类有4种，占总种类数的10.53%；其余8科的鱼类各1种，分别各占2.63%。结果表明，北京密云水库及上游潮河、白河小流域采样点的优势类群为鲤形目的鲤科鱼类。

表3-20 北京密云水库及上游潮河、白河采样点的鱼类物种组成

鱼类种类	潮河				白河				密云水库（MYR）
	营盘村（YPC）	小汤河下（XTHX）	仙居谷（XJG）	辛庄桥（XZQ）	黑龙潭下（HLTX）	贾峪村（JYC）	沟口（GK）	滨水公园（BSGY）	
鲑形目									
胡瓜鱼科									
池沼公鱼									85
鲤形目									
鲤科									
波鱼亚科									
马口鱼	14			2	4				2
雅罗鱼亚科									
草鱼									25
尖头鳄	12	1	86			1	66	10	
瓦氏雅罗鱼		3							
鮈亚科									
麦穗鱼	8	3	6	2	33	1	9	2	
黑鳍鳈		15		19	10	31	2	3	
棒花鱼	10	24		6	45	17	3	6	2
蛇鮈	44	1		1	17	12			
鲢亚科									
鲢									163
鳙									117
鱊亚科									
大鳍鱊				24	1		48		
兴凯鱊		1							
高体鳑鲏		2		8	14		29		3
彩石鳑鲏		7		14	28		25		
中华鳑鲏					11		107		
鲌亚科									
餐	135	143		33	116	76	20	79	66
团头鲂									7

续表

鱼类种类	潮河				白河				密云水库（MYR）
	营盘村（YPC）	小汤河下（XTHX）	仙居谷（XJG）	辛庄桥（XZQ）	黑龙潭下（HLTX）	贾峪村（JYC）	沟口（GK）	滨水公园（BSGY）	
三角鲂									1
翘嘴鲌									52
青梢红鲌									1
鲴亚科									
细鳞斜颌鲴						11	16		
银鲴						3			
黄尾鲴					12	19			78
鲤亚科									
鲤					1				9
镜鲤									1
鲫	7	5		11	3	50	4	7	59
鳅科									
北方须鳅	3	7	146	1		3		10	
中华花鳅		3	4			4		2	
泥鳅		8	3	27		11		3	
大鳞副泥鳅				4					
鲇形目									
鲿科									
黄颡鱼					1				2
鲇科									
鲇				2					
鲈形目									
鮨科									
鳜									1
沙塘鳢科									
小黄黝鱼				2	3	8	14	4	
虾虎鱼科									
斑尾刺虾虎鱼				1					
鳢科									
乌鳢				1	1				
刺鳅科									
刺鳅					1				

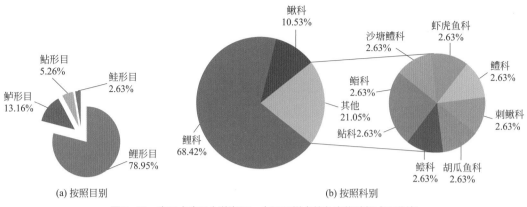

(a) 按照目别   (b) 按照科别

图3-40　密云水库及上游潮河、白河采样点的鱼类物种组成百分比

3.2.1.2　鱼类种群恢复实验

（1）实验装置

本实验中的鱼类围网采用大型钢制结构，长和宽均为2m，高2.5m。围网为尼龙材质，网目1.5cm。围网底部四边绑缚铁锁链，围网安置于所选点位后，底边下沉并与河床底部紧密贴合，防止鱼类逃逸。围网高出水面约0.5m，防止水位变动后网内鱼类逃逸。实验中鱼类定期采样网具为手抛网。

（2）技术原理

鱼类围网实验在选定的水体范围内（围网内部），观察测量实验鱼类的生存率、生长率、性腺发育和摄食等生物学特征。在保持实验鱼类生存生活环境与天然水体基本一致的前提下，方便定向采集鱼类样本，获得更详细的实验数据，并与围网水域的水质理化因子相关联，分析影响鱼类生长发育的关键性因子。最后，参考实验鱼类的生存和生长情况，为回补区鱼类特别是土著鱼类种群的重建恢复提出增殖放流方案。

本书所涉研究的目的是通过观测实验鱼类的生存率和生长、繁殖和摄食特征，为鱼类增殖放流方案和回补区鱼类种群重建恢复提供参考依据。研究内容是获取围网实验鱼类的生长、繁殖、摄食等生物学性状，分析其与回补区水质理化因子、水文环境等生境关键指标的关联性，分析影响不同食性、生活习性鱼类的关键因素，筛选出适于回补区生存繁殖的土著鱼类和水质调节鱼类，并向当地河道管理职能部门提出鱼类增殖放流具体方案。

（3）实验设计

1）实验材料

规格相同的鲫鱼、鲤鱼、团头鲂、蒙古鲌、鲶鱼、黄颡鱼、花鲢、白鲢等鱼类325尾，共257.5kg。其中鲫鱼、鲤鱼和团头鲂代表杂食性鱼类，生活在中层水体。花鲢和白鲢用于牧食藻类控制水质，生活在水体上层。剩余三种鱼类代表肉食性鱼类，用于调控鱼类种群，特别是野杂鱼的数量，同时鲶鱼和黄颡鱼代表水体底层生活鱼类。

2）实验仪器

奥林巴斯BX51显微镜、HACH SENSION2便携式pH/离子浓度计、HACH BOD测定仪。

3）实验方法与步骤

实验过程中定期采集各种鱼类样本，称重统计生长率。解剖观察性腺发育情况，检测前肠食物团，记录鱼类摄食情况。对食物团进行镜检，记录各种鱼类食物组成。目测记录鱼类性腺发育情况，计算鱼类繁殖投入采用成熟系数（GSI）表示，GSI = 卵巢重/体重×100%。监测鱼类围网区域水质理化因子，与鱼类生长指数进行相关性分析（PCA主成分分析）。生长率 = $(W_2-W_1)/W_1$，其中W_1为鱼类基础体重，W_2为鱼类生长后体重。

（4）检测方法

前肠食物充塞度一般分6级，用阿拉伯数字0～5表示。0级代表空肠管或肠管中有极少量食物；1级代表只部分肠管中有少量食物或食物占肠管的1/4；2级代表全部肠管有少量食物或食物占肠管的1/2；3级代表食物较多，充塞度中等，食物占肠管的3/4；4级代表食物多，充塞全部肠管；5级代表食物极多，肠管膨胀。

水质理化因子按照仪器操作说明进行。

（5）结果与分析

1）围网实验鱼类研究

2015年10月，A（5#）、B（3#）、C（2#）三个网箱共投放鱼类325尾，共257.5kg。各网箱投放实验鱼类数量见表3-21。

表3-21　2015年10月三个网箱实验鱼类投放统计　　　　　　　单位：尾

围网	白鲢	花鲢	鲫鱼	鲤鱼	蒙古鲌	黄颡鱼	团头鲂	鲶鱼
A	8	8	20	10	12	36	5	6
B	8	8	14	6	11	42	14	12
C	8	8	25	6	12	28	8	10
合计	24	24	59	22	35	106	27	28

经过为期90d的观察，花鲢死亡6尾，白鲢死亡9尾。其余6种鱼类未发现死亡个体。死亡鱼类经过解剖，未发现体内病变或寄生虫，但外表损伤比较严重，应该是在运输或投入围网过程中受到较严重损伤造成的死亡。

2015年11月下旬共解剖网箱内的实验鱼类49尾，占总投放量的15%。各种鱼类样本数见表3-22。从解剖鱼类前肠结果可以发现，围网内鱼类的秋冬季空胃率较高

（20% ～ 75%），摄食强度较低。其中团头鲂空胃率最高（75%）。摄食率最高的为肉食性鱼类：鲶鱼（80%）、黄颡鱼（50%）和蒙古鲌（43%）。六种鱼类秋冬季前肠充塞度见表3-23。

表3-22　2015年11月三个网箱解剖鱼类统计　　　　　　　　　　　　　　单位：尾

围网	鲫鱼	团头鲂	蒙古鲌	黄颡鱼	鲶鱼	鲤鱼
A	3	1	2	7	1	2
B	4	2	2	5	2	2
C	2	1	3	4	2	1
合计	9	4	7	16	5	5

表3-23　2015年11月六种鱼类秋冬季前肠充塞度统计

充塞度/级	鲫鱼	团头鲂	蒙古鲌	黄颡鱼	鲶鱼	鲤鱼
空胃	6	3	4	8	1	3
< 1	3	1	3	6	4	2
1 ～ 2	0	0	0	2	0	0

2016年4 ～ 7月，共解剖实验鱼类97尾，约占总投放量的29.8%。每种鱼类具体解剖数量见表3-24。根据前肠解剖结果，充塞度为1 ～ 2级的鱼类样本数30尾，占到了解剖样本总数的30.9%；充塞度大于0级小于1级的鱼类共45尾，占到了解剖样本总数的46.4%；前肠无食物团，空胃的鱼类共22尾，约占解剖样本总数的22.7%。比较这六种鱼类的空胃率，最高的是鲶鱼（30.8%），最低的是蒙古鲌（18.2%）。比较秋冬季和春夏季实验鱼类摄食强度，除鲶鱼差别较小外，其他5种鱼类的春夏季摄食强度明显高于秋冬季。六种鱼类春夏季前肠充塞度见表3-25。

表3-24　2016年4～7月三个网箱解剖鱼类统计　　　　　　　　　　　　　单位：尾

围网	鲤鱼	团头鲂	黄颡鱼	鲫鱼	蒙古鲌	鲶鱼
A	6	3	17	6	3	6
B	5	5	8	4	4	5
C	4	2	8	6	4	2
合计	15	10	33	16	11	13

表3-25　2016年4～7月六种鱼类春夏季前肠充塞度统计　　　　　　　　　单位：尾

充塞度/级	鲤鱼	团头鲂	黄颡鱼	鲫鱼	蒙古鲌	鲶鱼
空胃	3	2	8	3	2	4
< 1	8	6	15	7	4	5
1 ～ 2	3	2	10	6	5	4

根据食物团分析鉴定结果，鲶鱼、黄颡鱼、蒙古鲌等三种肉食性鱼类以水生昆虫、米虾等甲壳类和麦穗鱼、鰕虎鱼等为主要食物，偶尔以枝角类、桡足类和轮虫等生物为食。鲫鱼、鲤鱼和团头鲂等杂食性鱼类食物来源则更广泛，该河段内丰富的摇蚊幼虫等水生昆虫也为其提供了优质的动物性饵料。另外，在多种鱼肠道内均发现少量蓝藻，应为鱼类摄食活动中误食进入的，并非其食物。上述鱼类的饵料出现频率见表3-26。

表3-26　2016年4～7月六种鱼类饵料出现频率统计

鱼类名称	桡足类	枝角类	轮虫	小型鱼类	甲壳类	水生昆虫	寡毛类	碎屑	高等植物	丝状藻	浮游植物	蓝藻
鲫鱼	+	++++	++			++	+	++++	++	++	++	+++
团头鲂	+	++	+					+	++		+++	++
蒙古鲌	+	+		++	++	++			+			+
黄颡鱼	+	+		+++	+++	+++	+	++		+		
鲶鱼	+	+		+	+							
鲤鱼	+	+	++				+	++				+

注：+表示出现频率，+数量越多表示出现频率越高。

2015年10月～2016年5月，分3次取样分析实验围隔内鲤鱼、鲫鱼和黄颡鱼性腺发育状况。鲫鱼和鲤鱼的性腺成熟系数从10月直至翌年5月均呈上升趋势，与其繁殖季节相对应，如图3-41所示。围隔实验内的鲤鱼、鲫鱼性腺均能正常发育，推测其繁殖期在该水域内从5月下旬开始。围隔内黄颡鱼的卵径分布主要集中在0.5～1.2mm和1.3～2.0mm两个区域。卵径分布呈现出明显的双峰状，且两组卵径大小不同的卵粒所占比例几乎相同，如图3-42所示。初步判断围隔内黄颡鱼为分批性产卵模式。

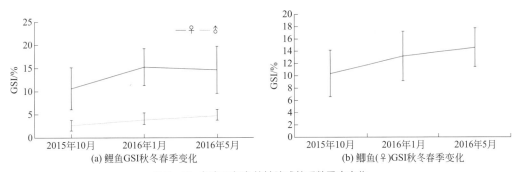

(a) 鲤鱼GSI秋冬春季变化　　(b) 鲫鱼(♀)GSI秋冬春季变化

图3-41　鲤鱼和鲫鱼的性腺成熟系数季度变化

2015年4～7月（90d），统计8种实验鱼类春夏季平均生长率，见表3-27。生长率最高的是底栖杂食性鱼类鲤鱼（15.1%），其次是底栖杂食性鱼类鲫鱼（10.2%）以及底栖肉食性鱼类鲶鱼（10.9%），生长率最低的是白鲢（4.2%）以及花鲢（5.1%）。

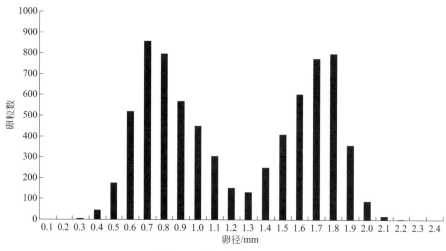

图3-42　黄颡鱼的卵径分布

表3-27　8种实验鱼类春夏季平均生长率

项目	白鲢	花鲢	鲤鱼	鲫鱼	团头鲂	黄颡鱼	蒙古鲌	鲶鱼
样本数	8	10	14	16	10	33	11	13
占样本百分比/%	53.3	55.6	63.6	27.1	37.0	31.1	31.4	46.4
生长率/%	4.2	5.1	15.1	10.2	6.7	8.3	6.6	10.9

2）鱼类生长与环境因子关联性分析

对围隔实验鱼类的生长率和不同河段水体溶解氧（DO）、总氮（TN）、总溶解固体（TDS）、酸碱度（pH值）、水深（m）、温度（T）做主成分分析（PCA）。主成分矩阵及得分系数如图3-43所示，其中主成分1主要为中上层鱼类，主成分2主要为底栖鱼类。

项目	主成分	
	1	2
溶解氧	.902	.255
总溶解固体	.880	−.224
水深	.093	.912
温度	.878	−.195
酸碱度	.925	−.252
总氮	.588	.488

(a) 主成分矩阵

项目	主成分	
	1	2
溶解氧	.253	.198
总溶解固体	.247	−.174
水深	.026	.708
温度	.246	−.152
酸碱度	.259	−.196
总氮	.165	.379

(b) 主成分得分系数矩阵

图3-43　主成分矩阵及得分系数

根据主成分相关性分析结果（图3-44），中上层鱼类生长指数与总氮、溶解氧、总溶解固体、温度和酸碱度主要相关。底栖鱼类主要与总氮和溶解氧相关。在回补区鱼类栖息环境中，关联度最好的理化因子分别为总氮和溶解氧浓度。

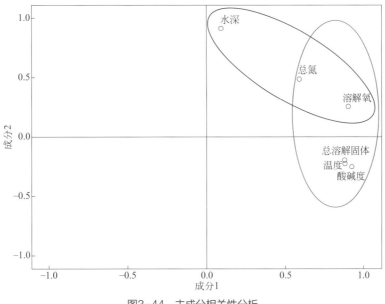

图3-44 主成分相关性分析

3）实验小结

鱼类围网实验结果表明，8种实验鱼类均可以较好地生存。其中，除表层滤食性鱼类花鲢和白鲢的生长率、生存率略低外，其他6种鱼类均可正常存活以及生长。另外，实验鱼类虽然未观察到繁殖或产卵，但是性腺发育基本正常，与相关文献结论无明显差异。回补区河道藻类、水生昆虫和小型野杂鱼类资源丰富，为围网实验的鱼类提供了良好的饵料基础，8种鱼类均可完成良好的摄食及生长。在相关水体理化因子中，中上层鱼类生长指数主要与总氮、溶解氧、总溶解固体、温度和酸碱度相关，底栖鱼类主要与总氮和溶解氧相关，其中关联度最好的理化因子分别为总氮和溶解氧浓度。

3.2.2 回补区大型底栖动物种类多样性与群落结构分析及水质评价

2014年8月，2015年4月、8月、10月，2016年7月、11月在密云水库8个采样点采集大型底栖动物样本共六次，对各采样点大型底栖动物的种类多样性、群落结构的时空特征进行了分析，并对密云水库水质进行了生物学初步评价。

2014年7月在水库上游白河的5个采样点采集大型底栖动物样品一次，2015年4月（春季）、8月（夏季）、10月（秋季）在潮河和白河的8个采样点采集样品三次，2016年7月在潮河、白河的8个采样点采集样品一次，对各采样点大型底栖动物的种类多样性、群落结构的时空特征进行了分析，并对潮河、白河采样点的水质进行了生物学初步评价。

3.2.2.1 2014年密云水库及白河大型底栖动物种类多样性与群落结构分析及水质评价

（1）密云水库

2014年8月在密云水库的8个采样点共采集到大型底栖动物18种，其中环节动物10种（55.6%），水生昆虫7种（38.9%），见表3-28。在8个采样点中，正颤蚓为优势种。密云水库大型底栖动物种类在8个采样点的分布不均匀，各采样点种类数的变化范围为2～7种。大型底栖动物种类数在深水区（1号、7号和8号采样点）相对较少。环节动物种类数一般多于水生昆虫种类数。

表3-28 2014年8月密云水库采样点的大型底栖动物种类及种类数

采样点编号	采样点	大型底栖动物种类	物种总数	环节动物	软体动物	水生昆虫
1	水九	奥特开水丝蚓、霍甫水丝蚓、正颤蚓、锥形颤蚓、平叉吻盲虫、橄榄前寡角摇蚊	6	5	0	1
2	潮河库区1	霍甫水丝蚓、正颤蚓、锥形颤蚓、橄榄前寡角摇蚊	4	3	0	1
3	潮河库区2	霍甫水丝蚓、正颤蚓、尾鳃蚓、苏氏尾鳃蚓、红前摇蚊、斯蒂齿斑摇蚊、刺铗长足摇蚊	7	4	0	3
4	金沟	奥特开水丝蚓、分齿恩非摇蚊、河蚬	3	1	1	1
5	库北	奥特开水丝蚓、霍甫水丝蚓、正颤蚓、刺铗长足摇蚊、塔马拟环足摇蚊	5	3	0	2
6	套里	奥特开水丝蚓、霍甫水丝蚓、正颤蚓、锥形颤蚓、双凸杆盲虫、步行多足摇蚊	6	5	0	1
7	库西	正颤蚓、锥形颤蚓、平叉吻盲虫、厚唇嫩丝蚓、橄榄前寡角摇蚊	5	4	0	1
8	白河电站	正颤蚓、锥形颤蚓	2	2	0	0
总计			18	10	1	7

2014年8月密云水库8个采样点大型底栖动物的Shannon-Weiner多样性指数（H'）和Margalef种类丰度指数（D）见表3-29。各采样点的Margalef种类丰度指数＜2.5，表明各采样点的底栖动物的种类和生境较为单一。总体上，底栖动物生物多样性指数（H'，D）在浅水区（3号、5号点）高于深水区（特别是8号点）。以Shannon-Weiner多样性指数进行水质初步评价，3号采样点处于轻度污染，1号、4号、5号、7号采样点处于中度污染，其余3个采样点处于重度污染。以Margalef种类丰度指数进行水质评价，

8个采样点处于重污染，显示水库污染较重，这与采样点的水体透明度、水色等实际情况相差较大，提示Margalef种类丰度指数不太适合深水水库的水质生物学评价。

表3-29　2014年8月密云水库采样点大型底栖动物的生物指数及水质评价

采样点编号	采样点	Shannon-Weiner多样性指数 H'	Margalef种类丰富度指数 D
1	水九	1.00（Ⅲ）	0.45（Ⅳ）
2	潮河库区1	0.39（Ⅳ）	0.26（Ⅳ）
3	潮河库区2	2.50（Ⅱ）	0.81（Ⅳ）
4	金沟	1.16（Ⅲ）	0.33（Ⅳ）
5	库北	1.33（Ⅲ）	0.48（Ⅳ）
6	套里	0.87（Ⅳ）	0.46（Ⅳ）
7	库西	1.35（Ⅲ）	0.36（Ⅳ）
8	白河电站	0.67（Ⅳ）	0.12（Ⅳ）

注：括号中的序号（Ⅰ～Ⅳ）表示水质等级。

（2）白河

2014年7月在白河5个采样点共采集到大型底栖动物40种，种类多样性丰富，其中水生昆虫最多有35种（87.5%），见表3-30。在白河5个采样点中，纹石蛾、扁蜉为优势种。白河大型底栖动物种类在5个采样点的分布不均匀，各采样点种类数的变化范围为8～20种。

表3-30　2014年7月白河采样点大型底栖动物的种类及种类数

采样点	大型底栖动物种类	物种总数	环节动物	软体动物	水生昆虫
白河2号桥	扁蛭、韦氏巴蛭、钩虾等	9	2	1	6
滨水公园	裸须摇蚊、蜉蝣幼虫、韦氏巴蛭、扁蜉、纹石蛾、扁蛭、小浮、河蚬、梨形环棱螺等	20	2	5	13
贾峪村	纹石蛾、扁蜉、石蛾幼虫、截口土蜗、卵萝卜螺等	8	0	2	6
沟口	纹石蛾、扁蜉、四鳃蜉、卵萝卜螺、橄榄前寡角摇蚊、蚋等	8	0	1	7
黑龙潭下	扁蜉、四鳃蜉、纹石蛾、凹缘箭蜓、蜉蝣幼虫、裸须摇蚊A种、圆顶珠蚌、椭圆萝卜螺、河蚬等	13	0	3	10
总计		40	2	8	30

2014年7月白河5个采样点大型底栖动物的Shannon-Weiner多样性指数 H' 和Margalef种类丰富度指数 D 见表3-31。各采样点的Margalef种类丰富度指数 $D < 2.5$，提

示各采样点底栖动物的种类、生境较为单一。滨水公园、黑龙潭下采样点的底栖动物生物多样性指数（H'，D）较高。以Shannon-Weiner多样性指数进行水质评价，滨水公园采样点处于清洁，沟口、黑龙潭下采样点为轻度污染，其余2个采样点处于中污染。以Margalef种类丰度指数进行水质评价，滨水公园采样点处于轻污染，黑龙潭下采样点为中污染，其余3个采样点处于重污染。

表3-31　2014年7月白河采样点大型底栖动物的生物指数及水质评价

采样点	Shannon-Weiner多样性指数H'	Margalef种类丰富度指数D
白河2号桥	1.62（Ⅲ）	0.85（Ⅳ）
滨水公园	3.90（Ⅰ）	2.05（Ⅱ）
贾峪村	1.87（Ⅲ）	0.73（Ⅳ）
沟口	2.22（Ⅱ）	0.93（Ⅳ）
黑龙潭下	2.60（Ⅱ）	1.57（Ⅲ）

注：括号中的序号（Ⅰ～Ⅳ）表示水质等级。

3.2.2.2　2015年密云水库及潮河、白河大型底栖动物种类多样性与群落结构分析及水质评价

（1）密云水库

2015年密云水库3次采样共采集到大型底栖动物15种，隶属2门2纲2科10属，其中环节动物门寡毛纲颤蚓科4种（27%），节肢动物门昆虫纲摇蚊科幼虫11种（73%），见表3-32。

1）底栖动物种类组成及分布

① 优势种及分布。

密云水库大型底栖动物年度优势种为正颤蚓（*Tubifex tubifex*）、红裸须摇蚊（*Propsilocerus akamusi*），两者皆为耐污种，优势度Y分别为0.459和0.121，正颤蚓优势度为红裸须摇蚊的3.8倍。红裸须摇蚊在8个采样点均有分布，正颤蚓在除5号点（库北）外的采样点都有分布。在8个采样点3次采集的48个样品中，红裸须摇蚊出现频率最高（35次），其次为正颤蚓（28次）。

2015年不同月份密云水库大型底栖动物的优势种不尽相同。2015年4月，采集的优势种有正颤蚓、奥特开水丝蚓（*Limnodrilus udekemianus*）、红裸须摇蚊3种，优势度Y分别为0.325、0.090和0.304；8月，正颤蚓为唯一优势种，优势度Y为0.603；10月，优势种有正颤蚓、红裸须摇蚊、绒铗长足摇蚊（*Tanypus villipennis*）、墨黑摇蚊4种，优势度Y分别为0.310、0.241、0.026和0.046。

表3-32　2015年密云水库大型底栖动物种类组成、优势度指数及分布

种类	优势度Y				分布采样点
	4月	8月	10月	年度	
环节动物门 annelida					
寡毛纲 oligochaeta 颤蚓科 Tubificidae					
正颤蚓 Tubifex tubifex	0.325	0.603	0.310	0.459	1、2、3、4、6、7、8
霍甫水丝蚓 Limnodrilus hoffmeisteri	0.020	0.003	0.005	0.008	2、3、5、6、8
奥特开水丝蚓 Limnodrilus udekemianus	0.090	0.001	0.001	0.015	1、2、3、5
苏氏尾鳃蚓 Branchiura sowerbyi	0.000	—	—	0.000	2、3
节肢动物门 arthropoda					
昆虫纲 isecta 摇蚊科 Chironomidae					
布真开氏摇蚊群B种 Eukiefferiella brehmi group sp.B	—	—	0.002	0.000	5
红裸须摇蚊 Propsilocerus akamusi	0.304	0.001	0.241	0.121	1、2、3、4、5、6、7、8
长足摇蚊属A种 Tanypus sp.A	0.000	0.000	—	0.000	4
绒铗长足摇蚊 Tanypus villipennis	—	—	0.026	0.002	2、3、4、6
刺铗长足摇蚊 Tanypus punctipennis	0.002	0.001	—	0.001	3、4、5、8
红前突摇蚊 Procladius chorvosu	0.002	0.001	0.019	0.005	2、3、4、5、6
花翅前突摇蚊 Procladius choreus	—	0.000	—	0.000	5
前突摇蚊属C种 Procladius sp.C	0.000	0.000	—	0.000	2、5
软铗小摇蚊 Microchironomus tener	0.014	0.001	0.008	0.008	2、3、4、5、6
分齿恩非摇蚊 Einfeldia dissidens	0.000	0.001	0.000	0.000	3、4
墨黑摇蚊 Chironomus anthracinus	0.002	0.002	0.046	0.010	2、3、4、5、6、8

注："—"表示当月未采集到该种类。

② 种类数的空间分布。

2015年密云水库大型底栖动物种类在8个采样点的分布不均匀，各采样点种类数的变化范围为2～11种，如图3-45所示。其中3号采样点大型底栖动物种类数最多（11种），其次是2号和5号采样点（均为10种），7号采样点最少（2种）。各采样点的大型底栖动物都由颤蚓科和摇蚊科种类组成，均未发现软体动物。大型底栖动物种类数在深水区（1号、7号和8号采样点）相对较少。除1号和7号采样点外，其余采样点的摇蚊科幼虫种类数多于颤蚓科种类数。

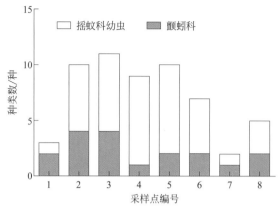

图3-45　2015年密云水库各采样点大型底栖动物种类

③ 种类数的季节变化。

2015年密云水库大型底栖动物种类数季节变化不大，4月、8月均为12种，10月较少，为10种。其中颤蚓科种类数4月为4种，8月和10月均为3种，摇蚊科幼虫种类数8月最多，为9种，4月次之，为8种，10月最少，为7种（见表3-33）。

表3-33　2015年密云水库大型底栖动物种类数的季节变化　　　　单位：种

时间	颤蚓科	摇蚊科幼虫	总计
2015年4月	4	8	12
2015年8月	3	9	12
2015年10月	3	7	10
年总计	4	11	15

2）底栖动物的群落多样性

① 生物指数的水平分布特征及水质评价。

基于2015年密云水库三次采样结果，计算出各采样点底栖动物的生物指数，见表3-34。底栖动物生物多样性指数值（H'，D，J和GBI）整体上在浅水区（3～5号点）高于深水区（特别是7号和8号点）；而底栖动物Wright指数和Carlander生物量指数整体上在浅水区（3～5号点）低于深水区。

以Shannon-Weiner多样性指数H'进行水质评价，2～5号采样点处于中污染，其余4个深水采样点处于重污染，显示水库污染较重；以Margalef种类丰富度指数D进行水质评价，3号、5号点处于中污染，其余6个采样点处于重污染，显示水库污染较重；以Pielou均匀度指数J进行水质评价，1～5号处于轻污染，7～8号深水点处于重污染，显示水库污染较轻；以Goodnight修正指数GBI进行水质评价，2～6号采样点处于中污染以下，其余3个深水点处于严重污染，显示水库污染较重；以Wright指数进行水质评价，1～5号采样点处于清洁或轻污染状态，6～8号深水点为中污染，显示水库污染较轻；以Carlander生物量指数评价水库的营养水平，除3号和4号采样点为贫营养型外，其余采样点都接近中营养型，显示密云水库整体为中营养型。

表3-34　2015年密云水库各采样点的底栖动物生物指数均值及其水质评价

采样点	生物指数及水质评价					
	H'	D	J	GBI	Wright	Carlander
1	0.71±0.39（Ⅳ）	0.22±0.06（Ⅳ）	0.60±0.36（Ⅱ）	0.19±0.21（Ⅴ）	939±715（Ⅱ）	2.2±1.1（贫-中）
2	1.47±0.81（Ⅲ）	0.69±0.44（Ⅳ）	0.70±0.19（Ⅱ）	0.45±0.46（Ⅲ）	699±794（Ⅱ）	3.0±3.2（中）
3	1.83±0.28（Ⅲ）	1.02±0.24（Ⅲ）	0.69±0.10（Ⅱ）	0.72±0.19（Ⅱ）	197±204（Ⅱ）	1.1±0.7（贫）
4	1.70±0.33（Ⅲ）	0.95±0.43（Ⅳ）	0.72±0.11（Ⅱ）	0.99±0.02（Ⅰ）	5±9（Ⅰ）	1.7±1.7（贫）
5	1.62±0.40（Ⅲ）	1.02±0.64（Ⅲ）	0.76±0.14（Ⅱ）	0.92±0.14（Ⅰ）	80±139（Ⅰ）	2.1±2.8（贫-中）
6	0.93±0.76（Ⅳ）	0.41±0.26（Ⅳ）	0.46±0.33（Ⅲ）	0.40±0.39（Ⅲ）	1893±1527（Ⅲ）	6.7±3.1（中-富）
7	0.13±0.10（Ⅳ）	0.13±0.02（Ⅳ）	0.13±0.10（Ⅳ）	0.02±0.02（Ⅴ）	3667±3176（Ⅲ）	4.2±3.6（中）
8	0.13±0.09（Ⅳ）	0.29±0.14（Ⅳ）	0.08±0.05（Ⅳ）	0.02±0.01（Ⅴ）	3712±3533（Ⅲ）	3.7±3.9（中）

注：生物指数采用Mean+SD表示，括号中的序号（Ⅰ～Ⅴ）表示水质等级，"贫、中、富"表示营养类型。

② 生物指数的季节变化及水质评价。

2015年密云水库大型底栖动物生物指数在各月份的平均值见表3-35，Shannon-Weiner多样性指数H'平均值8月最低为0.92；Margalef种类丰富度指数D平均值10月最低为0.51；Pielou均匀度指数J—8月最低为0.46；Goodnight修正指数GBI—8月最低为0.33；Wright指数在8月值最高；Carlander生物量指数在4月值最低。

表3-35　密云水库2015年三个月的底栖动物生物多样性指数均值及其水质评价

月份	H'	D	J	GBI	Wright	Carlander
4月	1.13±0.66（Ⅲ）	0.59±0.37（Ⅳ）	0.50±0.21（Ⅱ）	0.43±0.34（Ⅲ）	9983±0.4（Ⅱ）	3.83±0.4（中）
8月	0.92±0.94（Ⅳ）	0.68±0.63（Ⅳ）	0.46±0.39（Ⅲ）	0.33±0.46（Ⅳ）	2424±0.46（Ⅲ）	2.74±0.4（中）
10月	1.15±0.77（Ⅲ）	0.51±0.36（Ⅳ）	0.58±0.33（Ⅱ）	0.64±0.43（Ⅱ）	7754±0.4（Ⅱ）	2.74±0.4（中）

注：数据采用Mean+SD表示，括号中的序号（Ⅱ～Ⅳ）表示水质等级，"中"表示营养类型。

（2）潮河、白河

1）底栖动物种类组成及分布

2015年4月、8月、10月在密云水库上游的潮河和白河小流域共采集到大型底栖动物56种，隶属3门5纲36科54属，其中水生昆虫39种（占69.6%），寡毛类8种（占14.3%），软体动物8种（占14.3%），其他动物1种（占1.8%）。

潮河有大型底栖动物33种，隶属3门5纲21科，其中水生昆虫19种（占57.6%），软体动物7种（占21.2%），寡毛类6种（占18.2%），其他动物1种（占3.0%）。白河有大型底栖动物42种，隶属3门5纲29科，其中水生昆虫29种（占69.0%），软体动物6种（占14.3%），寡毛类5种（占11.9%），其他动物2种（占4.8%）。

潮河、白河采样点共有的大型底栖动物有18种，其中包括水生昆虫10种，软体动物5种，寡毛类3种。从种类组成上看，这两条河流都是水生昆虫种类较多，在软体动物和寡毛类上差别不大。白河大型底栖动物比潮河更为丰富，种类组成差异主要在水生昆虫上（图3-46），白河水生昆虫种类更加丰富且EPT种类（蜉蝣目、毛翅目）所占比例更高。寡毛类和水生昆虫在潮河采样点均有分布，软体动物和水生昆虫在白河采样点均有分布（表3-36和表3-37）。

(a) 潮河 　　　　　　　　　　　(b) 白河

图3-46　2015年潮河与白河水生昆虫的组成

① 优势种及分布。

2015年潮河、白河采样点大型底栖动物的优势度及分布见表3-36和表3-37。由表3-36可知，潮河大型底栖动物年度优势种为蜉蝣（*Ephemera* sp.）、泽蛭（*Helobdella* sp.）、斯蒂齿斑摇蚊（*Stictochironomus sticticus*）、耳萝卜螺（*Radix auricularia*）、中华圆田螺（*Cipangopaludina cathayensis*），优势度分别为0.248、0.029、0.025、0.039和0.022；其优势种的季节变化：4月为奥特开水丝蚓（*Limnodrilus udekemianus*）、耳萝卜螺、长方拟枝角摇蚊（*Paracladopelma undine*）、蜉蝣，8月为泽蛭、中华圆田螺、耳萝卜螺、斯蒂齿斑摇蚊、蜉蝣，10月为苏氏尾鳃蚓（*Branchiura sowerbyi*）、泽蛭、中华圆田螺、蜉蝣、匙指虾（*Atyidae* sp.）。由表3-37可知，白河大型底栖动物年度优势种为蜉蝣、纹石蛾（*Hydropsychidae* sp.）、耳萝卜螺、中华圆田螺，优势度分别为0.072、0.028、0.024和0.027；其优势种的季节变化：4月为小云多足摇蚊（*Polypedilum nubeculosum*）、德永雕翅摇蚊（*Giyptendipes tokunagai*）、蜉蝣，8月为中华圆田螺、耳萝卜螺、斯蒂齿斑摇蚊、似动蜉（*Cinygmula* sp.）、纹石蛾，10月为特氏直突摇蚊（*Orthocladius thienemanni*）、蜉蝣、扁蜉（*Ecdyurus* sp.）、原石蛾（*Rhyacophila* sp.）、角石蛾（*Stenopsychidae* sp.）。

河流大型底栖动物优势种在不同月份不尽相同，其中蜉蝣是潮河、白河最为主要的优势类群。8个采样点共有46个样品，其中蜉蝣在潮河、白河（除滨水公园外）的各采样点均有分布，出现频率最高（42次），其次是耳萝卜螺和中华圆田螺，在潮河、白河8个采样点中有5个采样点出现，频率均为30次。

表3-36　2015年潮河大型底栖动物种类组成、优势度及分布

种类	优势度 *Y*				分布采样点
	4月	8月	10月	年度	
环节动物					
寡毛纲					
颤蚓科					
正颤蚓	—	—	0.010	0.001	营盘村
奥特开水丝蚓	0.025	—	—	0.002	小汤河
苏氏尾鳃蚓	0.008	0.019	0.022	0.019	小汤河
仙女虫科					
平叉吻盲虫	—	0.001	—	0.000	营盘村
扁蛭科					
泽蛭	0.017	0.022	0.057	0.029	辛庄桥、仙居谷
扁蛭	0.002	0.001	—	0.001	小汤河、辛庄桥
软体动物					
腹足纲					
圆田螺科					
中华圆田螺	0.011	0.028	0.025	0.022	小汤河、辛庄桥
螺科					
光滑狭口螺	0.007	—	—	0.001	辛庄桥
椎实螺科					
耳萝卜螺	0.025	0.055	0.019	0.039	辛庄桥、小汤河
扁卷螺科					
大脐圆扁螺	—	0.001	—	0.000	小汤河
双壳纲					
蚬科					

续表

种类	优势度Y				分布采样点
	4月	8月	10月	年度	
河蚬	—	0.001	0.016	0.002	辛庄桥、小汤河
闪蚬	0.009	0.006	—	0.004	辛庄桥、小汤河
珠蚌科					
圆顶珠蚌	—	0.001	—	0.000	小汤河
节肢动物					
昆虫纲					
双翅目					
斯蒂齿斑摇蚊	—	0.143	—	0.025	小汤河、仙居谷
小云多足摇蚊	—	0.013	—	0.002	辛庄桥、仙居谷、营盘村
白间摇蚊	0.008	—	—	0.001	小汤河
墨黑摇蚊	—	0.001	—	0.000	营盘村
绿倒毛摇蚊	—	—	0.016	0.001	仙居谷
长方拟枝角摇蚊	0.058	—	—	0.005	仙居谷
黑施密摇蚊	—	—	0.011	0.001	小汤河
绒铗长足摇蚊	—	0.001	—	0.000	营盘村
斑点流粗腹摇蚊	0.001	—	—	0.000	仙居谷
蚋科幼虫	—	—	0.006	0.000	营盘村
蠓科幼虫	0.002	—	—	0.000	辛庄桥
毛蠓科	0.001	—	—	0.000	小汤河
蜉蝣目					
四节蜉	—	0.001	—	0.000	营盘村
蜉蝣	0.260	0.226	0.217	0.248	辛庄桥、小汤河、仙居谷、营盘村
毛翅目					
纹石蛾	0.005	—	0.006	0.002	辛庄桥、小汤河
蜻蜓目					
蜻科	—	0.001	—	0.000	仙居谷
箭蜓	—	0.001	0.002	0.000	小汤河、仙居谷
河蟌科	—	0.001	—	0.000	仙居谷
蟌科	—	0.001	—	0.000	辛庄桥
软甲纲					
十足目					
匙指虾科	—	0.003	0.134	0.019	辛庄桥、小汤河

注：河流中部分大型底栖动物种类只鉴定到科或属；"—"表示当月未采集到该种类。

表3-37　2015年白河大型底栖动物种类组成、优势度及分布

种类	优势度Y				分布采样点
	4月	8月	10月	年度	
环节动物					
寡毛纲					
颤蚓科					
正颤蚓	0.005	—	—	0.000	沟口
霍甫水丝蚓	—	0.009	—	0.002	沟口
苏氏尾鳃蚓	—	—	0.006	0.000	滨水公园
扁蛭科					
扁蛭	—	0.001	—	0.000	滨水公园
石蛭科					
苇氏巴蛭	—	0.002	—	0.000	滨水公园
软体动物					
腹足纲					
黑螺科					
放逸短沟蜷	—	0.017	—	0.004	滨水公园
圆田螺科					
中华圆田螺	—	0.084	0.017	0.027	沟口、滨水公园、贾峪村
扁卷螺科					
大脐圆扁螺	—	0.002	0.003	0.001	滨水公园、黑龙潭下
椎实螺科					
耳萝卜螺	0.016	0.022	0.017	0.024	滨水公园、黑龙潭下、贾峪村
双壳纲					
蚬科					
闪蚬	—	0.008	—	0.001	滨水公园、黑龙潭下
河蚬	—	—	0.003	0.001	黑龙潭下
节肢动物					
昆虫纲					
双翅目					
白间摇蚊	0.008	—	—	0.001	黑龙潭下
小云多足摇蚊	0.098	—	—	0.006	贾峪村
德永雕翅摇蚊	0.089	0.001	—	0.012	沟口
盖氏特突摇蚊	—	0.002	—	0.001	滨水公园
绿倒毛摇蚊	—	—	0.006	0.000	沟口
斯蒂齿斑摇蚊	—	0.028	—	0.003	沟口、滨水公园

续表

种类	优势度 Y				分布采样点
	4月	8月	10月	年度	
弯拟摇蚊	—	0.001	—	0.000	沟口
斑点流粗腹摇蚊	0.005	—	—	0.000	贾峪村
特氏直突摇蚊	—	—	0.063	0.004	滨水公园
直突摇蚊属 A 种	—	0.005	0.006	0.003	贾峪村、滨水公园
蠓科幼虫	—	0.005	—	0.001	贾峪村
蚋科幼虫	—	0.005	—	0.001	滨水公园、贾峪村
蝇科	0.003	—	—	0.000	贾峪村
朝大蚊	—	0.003	0.003	0.001	滨水公园、贾峪村
蜉蝣目					
蜉蝣	0.317	0.016	0.063	0.072	沟口、黑龙潭下、贾峪村
二尾蜉	—	0.009	—	0.002	贾峪村
似动蜉	—	0.023	—	0.005	滨水公园
扁蜉	—	0.016	0.031	0.011	贾峪村
细赏蜉	—	0.005	—	0.001	黑龙潭下
花翅蜉	—	0.008	—	0.002	滨水公园
花鳃蜉	—	0.002	—	0.001	贾峪村
毛翅目					
原石蛾	—	—	0.037	0.002	贾峪村
纹石蛾	—	0.128	—	0.028	滨水公园、贾峪村
角石蛾	—	—	0.031	0.002	贾峪村
鞘翅目					
长角泥甲科幼虫	—	0.008	—	0.001	滨水公园、贾峪村
蜻蜓目					
虎蜻	0.003	—	—	0.000	沟口
箭蜓	—	—	0.014	0.001	沟口
半翅目					
划蝽科稚虫	—	0.002	—	0.001	滨水公园
广翅目					
鱼蛉科幼虫	—	0.008	—	0.001	滨水公园、贾峪村
直翅目					
蟋蟀	—	0.001	—	0.000	滨水公园
软甲纲					
十足目					
匙指虾	—	0.001	—	0.000	滨水公园

注：河流中部分大型底栖动物种类只鉴定到科或属；"—"表示当月未采集到该种类。

② 种类数的空间分布。

2015年潮河、白河各采样点大型底栖动物种类分布存在差异，如图3-47所示。

潮河各采样点种类数的变化范围为9～17种，其中小汤河大型底栖动物种类数最多（17种），其次是辛庄桥（13种）和仙居谷（10种），营盘村最少（9种）。环节动物在潮河各采样点均有分布，但数量较少，营盘村和小汤河较多均为3种，仙居谷最少为1种；软体动物仅在小汤河和辛庄桥有分布，分别为6种和5种；节肢动物在潮河各采样点种类数中均占优，其中仙居谷数量最多为9种，营盘村最少为6种。在潮河中下游大型底栖动物种类数较多，上游则较少。

白河各采样点种类数的变化范围为7～22种，其中滨水公园大型底栖动物种类数最多（22种），其次是贾峪村（18种）和沟口（10种），黑龙潭下最少（7种）。环节动物仅在白河沟口和滨水公园有分布，分别为2种和3种；软体动物在白河各采样点均有分布，其中滨水公园种类数最多为5种，沟口最少为1种；节肢动物在白河（除黑龙潭下）各采样点种类数占优，其中贾峪村和滨水公园数量较多，分别为16种和14种，在黑龙潭下最少为3种。在白河中上游大型底栖动物种类数较多，下游则较少。

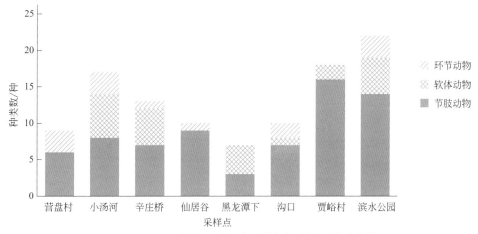

图3-47　2015年潮河、白河各采样点大型底栖动物种类数

③ 种类数的季节变化。

2015年潮河大型底栖动物种类数季节变化表现为8月（21种）＞4月（15种）＞10月（13种）。其中环节动物种类数季节变化不大，4月和8月均为4种，10月为3种；软体动物在8月最多为6种，4月次之，为4种，10月最少，为3种；节肢动物在8月最多，为11种，4月和10月较少，均为7种［图3-48（a）］。

2015年白河大型底栖动物种类数季节变化表现为8月（29种）＞10月（14种）＞4月（9种）。其中环节动物种类数在4月和10月较少均为1种，8月较多为3种；软体动物在8月最多为5种，10月次之为4种，4月最少为1种；节肢动物在8月最多，为21种，10月次之，为9种，4月最少，为7种［图3-48（b）］。

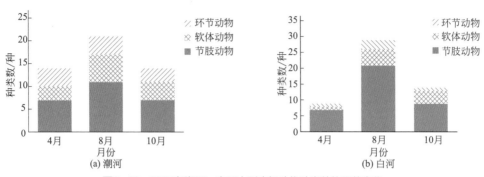

图3-48 2015年潮河、白河大型底栖动物种类数的季节变化

2）底栖动物群落多样性

① 生物多样性指数的水平分布特征及水质评价。基于2015年潮河、白河三次采样结果，计算出各采样点的大型底栖动物生物多样性指数年平均值，列于表3-38。潮河大型底栖动物Shannon-Weiner多样性指数 H'、Margalef种类丰富度指数 D、Pielou均匀度指数 J 的年平均值分别为1.85、1.10、0.72，水质评价分别为中污染（Ⅲ）、中污染（Ⅲ）、轻污染（Ⅱ），综合评价为轻-偏中污染（Ⅱ～Ⅲ）。三种生物多样性指数变化范围为Shannon-Weiner多样性指数1.32（营盘村）～2.39（小汤河），Margalef种类丰富度指数0.71（仙居谷）～1.33（小汤河），Pielou均匀度指数0.61（营盘村）～0.79（小汤河）。

白河大型底栖动物Shannon-Weiner多样性指数 H'、Margalef种类丰富度指数 D、Pielou均匀度指数 J 的年平均值分别为1.68、1.18、0.74，综合评价为轻-偏中污染（Ⅱ～Ⅲ）。三种生物多样性指数变化范围为Shannon-Weiner多样性指数1.19（黑龙潭下）～2.18（贾峪村），Margalef种类丰富度指数0.99（沟口）～1.71（滨水公园），Pielou均匀度指数0.59（滨水公园）～0.84（黑龙潭下）。

整体上，2015年潮河、白河大型底栖动物三种生物多样性指数年平均值相近，两者水质评价结果也相同，综合评价均为中-偏轻污染（Ⅲ～Ⅱ）。在空间分布上，潮河三种生物多样性指数在中下游较高，上游较低；白河三种生物多样性指数在中上游较高，下游较低。

表3-38 2015年潮河、白河各采样点底栖动物生物多样性指数年平均值及水质评价

采样水域	采样点	H'	D	J
潮河	营盘村	1.32（Ⅲ）	1.11（Ⅲ）	0.61（Ⅱ）
	小汤河	2.39（Ⅱ）	1.33（Ⅲ）	0.79（Ⅱ）
	辛庄桥	2.11（Ⅱ）	1.24（Ⅲ）	0.77（Ⅱ）
	仙居谷	1.58（Ⅲ）	0.71（Ⅳ）	0.73（Ⅱ）
	年均值	1.85（Ⅲ）	1.10（Ⅲ）	0.72（Ⅱ）

采样水域	采样点	H'	D	J
白河	黑龙潭下	1.19（Ⅲ）	1.03（Ⅲ）	0.84（Ⅰ）
	沟口	1.65（Ⅲ）	0.99（Ⅳ）	0.75（Ⅱ）
	贾峪村	2.18（Ⅱ）	1.34（Ⅲ）	0.74（Ⅱ）
	滨水公园	1.98（Ⅲ）	1.71（Ⅲ）	0.59（Ⅲ）
	年均值	1.68（Ⅲ）	1.18（Ⅲ）	0.74（Ⅱ）

注：括号中的序号（Ⅰ～Ⅳ）表示水质评价等级。

② 生物多样性指数的季节变化及水质评价。

2015年潮河、白河三个采样月份大型底栖动物的生物多样性指数平均值及水质评价见表3-39。从表中可以看出，潮河、白河三种生物多样性指数（H'，D，J）均是在8月最高，10月次之，4月最低。

表3-39 2015年潮河、白河三个月份底栖动物的生物多样性指数平均值及水质评价

采样水域	采样时间	H'	D	J
潮河	4月	1.53（Ⅲ）	0.81（Ⅳ）	0.58（Ⅲ）
	8月	2.05（Ⅱ）	1.45（Ⅲ）	0.75（Ⅱ）
	10月	1.98（Ⅲ）	1.04（Ⅲ）	0.84（Ⅰ）
白河	4月	1.16（Ⅲ）	0.61（Ⅳ）	0.67（Ⅱ）
	8月	2.37（Ⅱ）	1.70（Ⅲ）	0.80（Ⅰ）
	10月	1.51（Ⅲ）	1.22（Ⅲ）	0.74（Ⅱ）

注：括号中的序号（Ⅰ～Ⅳ）表示水质评价结果。

3.2.2.3 2016年密云水库及潮河、白河大型底栖动物种类多样性与群落结构分析及水质评价

（1）密云水库

1）底栖动物种类组成及分布

2016年7月在密云水库8个采样点采集大型底栖动物7种，其中环节动物寡毛类2种，节肢动物摇蚊幼虫5种（表3-40）。2016年11月在密云水库8个采样点采集大型底栖动物5种，其中环节动物寡毛类1种，节肢动物摇蚊幼虫4种（表3-41）。7月各采样点的环节动物种类数为0～1种，水生昆虫种类为0～4种；各采样点底栖动物物种总数为1～4种。11月各采样点的环节动物种类数为0～1种，水生昆虫种类数为0～2种；各采样点底栖动物物种总数为1～3种（表3-42）。

表3-40　2016年7月密云水库各采样点的大型底栖动物种类及分布

种类	水九	潮河库区1	潮河库区2	金沟	库北	套里	库西	白河电站
正颤蚓	+	+	+				+	+
霍甫水丝蚓				+		+		
刺铗长足摇蚊			+		+			
软铗小摇蚊			+		+	+		
红前突摇蚊					+			
墨黑摇蚊				+	+			
红裸须摇蚊						+		

注：+表示此处有分布，下同。

表3-41　2016年11月密云水库各采样点的大型底栖动物种类及分布

种类	水九	潮河库区1	潮河库区2	金沟	库北	套里	库西	白河电站
正颤蚓	+	+			+	+	+	+
红裸须摇蚊	+	+	+	+		+		
绒铗长足摇蚊	+		+					
红前突摇蚊					+			
墨黑摇蚊				+		+		

表3-42　2016年7月、11月密云水库采样点的大型底栖动物的种类数　　单位：种

采样点编号	采样点	物种总数		环节动物		节肢动物	
		7月	11月	7月	11月	7月	11月
1	水九	1	3	1	1	0	2
2	潮河库区1	1	2	1	1	0	1
3	潮河库区2	3	2	1	0	2	2
4	金沟	2	2	1	0	1	2
5	库北	4	2	0	1	4	1
6	套里	2	3	1	1	1	2
7	库西	2	2	1	1	1	1
8	白河电站	1	1	1	1	0	0
总计		7	5	2	1	5	4

2016年7月和11月在密云水库8个采样点共采集大型底栖动物8种，11月底栖动物种类数比7月减少2种。7月份密云水库底栖动物的优势种为正颤蚓，11月份的底栖动物优势种为正颤蚓和红裸须摇蚊（表3-40～表3-42）。

2）底栖动物的生物多样性指数

对 2016 年 7 月和 11 月密云水库 8 个采样点大型底栖动物 3 个生物多样性指数进行了计算（表 3-43）。各采样点的 Margalef 种类丰富度指数 $D < 1.0$，提示密云水库各采样点的底栖动物的种类和生境较为单一。

2016 年 7 月密云水库各采样点的 Shannon-Weiner 多样性指数 H' 变化范围为 0.00～1.81，Margalef 种类丰富度指数 D 变化范围为 0.00～0.90，Pielou 均匀度指数 J 变化范围为 0.00～0.91（表 3-43）。总体上，7 月浅水区（3 号、4 号、5 号点）底栖动物生物多样性指数（H'，D，J）高于深水区。三个深水区采样点的生物多样性指数为 0，是由采集的底栖动物种类单一引起的。

表3-43　2016年7月、11月密云水库采样点大型底栖动物生物指数及水质评价

采样点编号	采样点	Shannon-Weiner 多样性指数 H'		Margalef 种类丰富度指数 D		Pielou 均匀度指数 J	
		7月	11月	7月	11月	7月	11月
1	水九	0.00	1.11（Ⅲ）	0.00	0.36（Ⅳ）	0.00	0.70（Ⅱ）
2	潮河库区1	0.00	0.92（Ⅳ）	0.00	0.39（Ⅳ）	0.00	0.92（Ⅰ）
3	潮河库区2	0.98（Ⅳ）	0.59（Ⅳ）	0.65（Ⅳ）	0.36（Ⅳ）	0.62（Ⅱ）	0.59（Ⅱ）
4	金沟	0.50（Ⅳ）	0.35（Ⅳ）	0.46（Ⅳ）	0.26（Ⅳ）	0.50（Ⅲ）	0.35（Ⅲ）
5	库北	1.81（Ⅲ）	0.65（Ⅳ）	0.90（Ⅳ）	0.39（Ⅳ）	0.91（Ⅰ）	0.65（Ⅱ）
6	套里	0.21（Ⅳ）	0.99（Ⅳ）	0.20（Ⅳ）	0.32（Ⅳ）	0.21（Ⅳ）	0.62（Ⅱ）
7	库西	0.41（Ⅳ）	0.29（Ⅳ）	0.28（Ⅳ）	0.17（Ⅳ）	0.41（Ⅲ）	0.29（Ⅳ）
8	白河电站	0.00	0.00	0.00	0.00	0.00	0.00

注：括号中的序号（Ⅰ～Ⅳ）表示水质等级。

2016 年 11 月密云水库各采样点的 Shannon-Weiner 多样性指数 H'、Margalef 种类丰富度指数 D 和 Pielou 均匀度指数 J 的变化范围分别为 0.00～1.11、0.00～0.39 和 0.00～0.92（表 3-43）。11 月两个水深区采样点（1 号、2 号点）的底栖动物生物多样性指数（H'、D、J）与 7 月相比明显增大。

以 Shannon-Weiner 多样性指数 H' 和 Margalef 种类丰富度指数 D 初步进行水质生物学评价，显示密云水库各采样点的水质处于中污染-重污染水平。而采用 Pielou 均匀度指数 J 进行水质生物学评价，显示 7 月 3 号、4 号、5 号点处于清洁-中污染水平，11 月 1～6 号采样点处于清洁-中污染水平（表 3-43）。Pielou 均匀度指数 J 对密云水库的评价结果较为接近实际情况，而 Shannon-Weiner 多样性指数 H' 和 Margalef 种类丰富度指数 D 水质评价结果与采样点的水体透明度等实际情况相差较大，提示 Margalef 种类丰富度指数 D 不太适合深水水库水质生物学评价。

（2）潮河、白河

1）底栖动物种类组成及分布

2016年7月在潮河、白河8个采样点共采集到大型底栖动物19种，其中，节肢动物（水生昆虫）13种（占68.4%），软体动物4种（占21.1%），环节动物2种（占10.5%）（表3-44和表3-45）。

在潮河4个采样点采集到大型底栖动物12种，其中环节动物2种，软体动物4种，节肢动物6种。潮河各采样点的节肢动物（水生昆虫）种类为1～5种，仅在仙居谷采集到2种环节动物，在辛庄桥、小汤河分别采集到3种和2种软体动物；各采样点的大型底栖动物物种总数为2～7种。在白河4个采样点采集到大型底栖动物14种，其中环节动物1种，软体动物4种，节肢动物9种。白河各采样点的软体动物种类为1～3种，节肢动物（水生昆虫）种类为3～5种，仅在滨水公园采集到环节动物1种；各采样点的大型底栖动物物种总数为4～8种。2016年7月白河的底栖动物优势种为蜉蝣和河蚬，潮河的底栖动物优势种为蜉蝣。

表3-44　2016年7月潮河、白河各采样点的大型底栖动物种类及分布

种类	白河				潮河			
	滨水公园	贾峪村	沟口	黑龙潭下	营盘村	小汤河	辛庄桥	仙居谷
扁蛭								+
泽蛭	+							+
白间摇蚊						+		
特氏直突摇蚊	+							
弯拟摇蚊			+					
斯蒂齿斑摇蚊			+					
绿倒毛摇蚊								+
朝大蚊属				+		+		
扁蜉					+	+		
蜉蝣	+	+	+	+	+	+	+	+
纹石蛾						+		
角石蛾	+	+						
长角泥甲科幼虫				+				
箭蜓		+		+				
鱼蛉科幼虫	+			+				
中华圆田螺	+	+				+	+	
耳萝卜螺			+				+	
放逸短沟蜷	+					+		
河蚬	+	+		+			+	

注："+"表示此处有分布。

表3-45　2016年7月潮河、白河采样点的大型底栖动物的种类数

采样水域	采样点	物种总数/种	环节动物/种	软体动物/种	节肢动物/种
白河	滨水公园	8	1	3	4
	贾峪村	5	0	2	3
	沟口	4	0	1	3
	黑龙潭下	6	0	1	5
	小计	14	1	4	9
潮河	营盘村	2	0	0	2
	小汤河	7	0	2	5
	辛庄桥	4	0	3	1
	仙居谷	4	2	0	2
	小计	12	2	4	6
总计		19	2	4	13

2）底栖动物的生物多样性指数

对2016年7月潮河、白河8个采样点的大型底栖动物三个生物多样性指数进行了计算（表3-46）。除了白河的滨水公园、黑龙潭下，以及潮河的小汤河、辛庄桥4个采样点的Margalef种类丰富度指数D大于1.0外，其余采样点的Margalef种类丰富度指数D均小于1.0，表明潮河、白河各采样点的底栖动物的种类和生境较为单一。

2016年7月白河各采样点的Shannon-Weiner多样性指数H'变化范围为1.17～2.51，Margalef种类丰富度指数D变化范围为0.68～1.50，Pielou均匀度指数J变化范围为0.58～0.91。白河的滨水公园、黑龙潭下采样点的底栖动物生物多样性指数（H'、D、J）较高。

表3-46　2016年7月潮河、白河采样点大型底栖动物生物多样性指数及水质评价

采样水域	采样地点	Shannon-Weiner 多样性指数H'	Margalef 种类丰富度指数D	Pielou 均匀度指数J
白河	滨水公园	2.51（Ⅱ）	1.50（Ⅲ）	0.84（Ⅰ）
	贾峪村	1.65（Ⅲ）	0.77（Ⅳ）	0.71（Ⅱ）
	沟口	1.17（Ⅲ）	0.68（Ⅳ）	0.58（Ⅱ）
	黑龙潭下	2.35（Ⅱ）	1.14（Ⅲ）	0.91（Ⅰ）
潮河	营盘村	0.47（Ⅳ）	0.30（Ⅳ）	0.47（Ⅲ）
	小汤河下	1.35（Ⅲ）	1.23（Ⅲ）	0.48（Ⅲ）
	辛庄桥	1.68（Ⅲ）	1.22（Ⅲ）	0.84（Ⅰ）
	仙居谷	1.63（Ⅲ）	0.95（Ⅳ）	0.82（Ⅰ）

注：括号中的序号（Ⅰ～Ⅳ）表示水质等级。

潮河各采样点的Shannon-Weiner多样性指数H'、Margalef种类丰富度指数D和Pielou均匀度指数J范围分别为0.47～1.68、0.30～1.23和0.47～0.84。潮河的营盘村采样点的底栖动物生物多样性指数（H'、D、J）较低，其余三个采样点的底栖动物生物多样性指数较高。

以Shannon-Weiner多样性指数H'进行水质初步评价，滨水公园、黑龙潭下采样点处于轻度污染，营盘村采样点为重污染，其余5个采样点处于中污染。以Margalef种类丰富度指数D进行水质评价，辛庄桥采样点处于中污染，其余4个采样点处于重污染。以Pielou均匀度指数J进行水质评价，滨水公园、黑龙潭下、辛庄桥、仙居谷4个采样点为清洁，另外两个白河采样点为轻污染，两个潮河采样点为中污染。

3.3 回补区在线水质安全监测预警技术

3.3.1 基于水生脊椎动物响应的在线生物预警技术

本书所涉及的研究目的是优化基于水生脊椎动物（鱼）响应的生物在线监测预警技术与设备，突破多层水生脊椎动物生物行为响应传感器构建和毒性响应差异化模式解析的关键技术，实现毒性污染的多重高灵敏生物预警。研究重点是开发更灵敏、更精确的多层水生脊椎动物生物行为响应传感器，对微弱行为信号灵敏准确捕捉解析，提高传感器灵敏度，精确采集微弱生物行为信号，提高传感器抗外界干扰能力，提高传感器短时间内对低浓度污染物的检测灵敏度；构建污染物质预警模型和数据库以及水生脊椎动物回避行为反应与水体典型污染物毒性总量之间剂量-效应关系等关键技术；按照毒理学实验规范提供"平行""阳性""阴性"和"剂量-效应关系"设计设备并进行数据分析，进而有效避免生物预警中经常出现的"假阳性"问题。

3.3.1.1 水生脊椎动物生物行为响应传感器改进

（1）检测到微弱行为电信号，提高灵敏度

如图3-49中每个的腔体中安装至少一组电极，电极采用与腔体平行的216不锈钢镀铬且每组电极由相对设置的两对电极组成。每层腔体中一对电极接矩形脉冲交变电流

（此为发射信号的电极），从而在腔体内形成一个低压高频电场。可使电场完全布满整个传感器腔体，检测到微弱高频电信号。

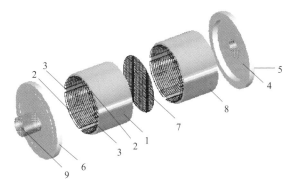

图3-49　生物行为传感器设计

1，8—生物行为传感器（简称传感器）上层与下层透明壳体；2—不锈钢网状电极-发射电极；
3—不锈钢网状电极-接收电极；4，6—传感器上下封闭盖体；5，9—传感器进出水连接接头；
7—传感器上下层中间隔网

（2）外界干扰排除，行为解析更加准确

如图3-50中两层腔体串联，在腔体的下层不放受试生物，在此阶段传感器低压电场发生变化以后，接受信号电极感应电场变化，记为$E1$；在腔体下层放受试生物，当受试生物在传感器的运动导致低压电场发生变化后，与此对应的接受信号电极感受电场的变化，记为$E2$；$E2$和$E1$经水质在线安全预警系统处理以后的差值即是受试生物的运动行为变化，可有效排除外界噪声以及电流信号对生物行为电信号的干扰。

通过灵敏度提高、外界干扰排除等改进手段，可有效提高短时间内水质安全生物预

图3-50　双层生物行为响应传感器

警系统对低浓度污染物的检测灵敏度。

3.3.1.2 风险污染物暴露下生物行为变化规律研究

选择10种以上特征污染物进行鱼的行为毒性响应关系试验，建立特征污染物对标准鱼种的毒性响应曲线。确定经过筛选的特征污染物对受试鱼的压力阈值，建立受试鱼行为响应时间与环境内污染物浓度之间的关系。将环境压力下受试鱼行为变化模型和算法整合到生物毒性监测预警设备中，进一步发展和优化研究针对突发性污染事故的生物毒性在线监测预警技术。

（1）基本原理

采用水质安全生物预警系统结合影响阈值研究特征污染物变化对生物行为的影响，构建特征污染物对生物行为影响的模型数据库；基于不同污染物暴露下生物行为变化特点，根据可能影响水体生物行为的水体物理参数，研究这些参数变化幅度与受试生物行为变化之间的关系；完成多种特征污染物对标准鱼种的毒性响应曲线、行为压力阈值确定及其理化指标特征性变化：a. 生物行为分类学基础和行为解析；b. 不同类型污染物暴露下生物行为变化的反应阈值。

（2）不同类型污染物暴露下生物行为变化规律研究

通过研究各种不同种类及不同浓度有毒污染物对青鳉鱼行为变化规律，得出一套阈值模型库作为水质多参数智能解析软件数据库。构建不同污染作用机制的环境胁迫下生物行为变化模型，结合水生生物的行为生态学变化规律研究，对受试生物在一定时间内的行为变化进行分解，并根据某一具体的行为反应所表现出的特征性变化，对采集到的生物行为信号进行实时分析。分别研究不同类型污染物与受试生物行为变化之间的关系，得出受试生物对不同污染物暴露下的行为响应的变化规律和环境胁迫阈值模型、不同浓度下受试生物行为响应时间以及不同暴露时间受试生物行为响应浓度。

以特征风险有机污染物、重金属类为例来优化研究不同类型的有毒污染物影响下生物行为的变化规律。在生物行为在线监测和分析基础上，构建生物行为变化的逐级胁迫阈值模型，为结合生物行为变化分析水质状况提供分析依据。以污染物对受试生物的急性毒性48h半数致死剂量（48h-LC50）作为实验中污染物的毒性单位（TU）。TU可作为不同浓度污染物导致环境胁迫的基本毒性评估标准，用于BEWs生物安全预警系统的信号分析。实验采用污染物的48h流水暴露，设置4～5组暴露浓度梯度（0.1～10TU），得出结论如下。

1）空白情况下青鳉鱼行为变化规律

受试生物（青鳉鱼）的行为强度变化与光照周期相关：暴露时间8h和32h为黑暗阶段，青鳉鱼行为强度较低；暴露时间20h和40h为光照阶段，青鳉鱼行为强度较高。对照组中，受试生物（青鳉鱼）行为强度变化的产生原因可能源于受试生物行为变化的内在节律，即生物钟现象。

2）有机磷污染物暴露下青鳉鱼行为变化规律

在青鳉鱼行为强度变化结果中，青鳉鱼行为强度基本维持在0.7左右，但其最大值位于0.8左右，最小值位于0.5左右，尤其在暴露时间8h左右和32h左右，青鳉鱼行为强度比20h左右和40h左右明显降低。在暴露组中，随着暴露浓度的逐渐升高，青鳉鱼行为强度会明显降低。在较高浓度（5.0TU、10TU）暴露中，青鳉鱼行为强度变化在经历一个逐渐降低过程以后逐渐趋于0。而在此过程中，存在明显的行为调节：在未完全丧失行为能力之前，青鳉鱼行为强度变化最明显的是在大约暴露20h，出现一次明显的行为恢复过程，该过程产生的主要原因可能是基于生物行为节律的生物内在行为调解。在较低浓度（1.0TU和0.1TU）暴露中，青鳉鱼行为变化主要以调整为主，并且其调整过程基本符合对照组内青鳉鱼的行为过程，具有明显的内在节律性。但是，该浓度组中青鳉鱼的行为强度在暴露后期出现明显的降低，该现象与对照组相比较，行为强度差异明显。

3）氨基甲酸酯农药暴露下青鳉鱼行为变化规律

青鳉鱼行为强度变化与氨基甲酸酯农药之间表现出明显的剂量-效应关系。在48h暴露过程中，两种药物对青鳉行为的影响基本相同，随着氨基甲酸酯农药浓度的不断增加，行为强度变化逐渐强烈：仪器监测48h的平均行为强度随着浓度升高逐渐增强，当增大到一定程度时行为强度会逐渐减弱，直到降为0。在暴露组中，随着暴露浓度的逐渐升高，青鳉鱼行为强度会明显降低。在较高浓度暴露中，青鳉鱼行为强度变化在经历一个逐渐降低过程以后逐渐趋于0。在较低浓度暴露中，青鳉鱼行为变化主要以调整为主，并且其调整过程基本符合对照组内青鳉鱼的行为过程，具有明显内在节律性。但是，该浓度组中青鳉鱼的行为强度在暴露后期出现明显的降低，该现象与对照组相比较，行为强度差异明显。

4）除草剂暴露下青鳉鱼行为变化规律

青鳉鱼行为强度变化与除草剂之间表现出明显的剂量-效应关系。在较高浓度（1.0TU、5.0TU和10TU）暴露中，青鳉鱼行为强度变化在经历一个逐渐降低过程以后逐渐趋于0。而在此过程中，青鳉鱼的行为强度基本上是逐渐降低的，没有明显的行为调解（行为强度回复）过程，与青鳉鱼在有机磷污染物暴露中的行为强度变化是不同的。上述行为变化的差异性主要归因于不同污染物的毒性效应作用机制不同导致的细胞和器官损伤，这是青鳉鱼行为强度逐渐降低而没有出现行为调解的主要原因。在较低浓度（0.1TU）暴露中，青鳉鱼行为变化主要以调整为主，并且其调整过程基本符合对照组内青鳉鱼的行为过程，具有明显内在节律性。这个浓度组出现行为调解过程的原因可能是低浓度的环境污染物导致细胞和器官损伤形成环境胁迫，以通过行为调解对抗环境胁迫对自己的损伤，但是并未超过受试生物启动行为调节机制的阈值。

5）三氯酚暴露下青鳉鱼行为变化规律

青鳉鱼行为强度变化与三氯酚之间表现出明显的剂量-效应关系。在较高浓度暴露中，青鳉鱼行为强度变化在经历一个逐渐降低过程以后逐渐趋于0。而在此过程中，青鳉鱼行为强度基本上是逐渐降低的，没有明显的行为调解过程，与青鳉鱼在有机磷污染物暴露中的行为强度变化是不同的。上述行为变化的差异性主要归因于不同污染物的毒性效应作用机制不同导致的细胞和器官损伤，这是青鳉鱼行为强度逐渐降低而没有出现行为调解的主要原因。

6）重金属暴露下青鳉鱼行为变化规律

在重金属铅离子暴露过程中，青鳉鱼行为强度变化与污染物之间表现出明显的剂量-效应关系。在较高浓度暴露中，青鳉鱼的行为强度基本上是逐渐降低的，青鳉鱼没有明显的行为调解（行为强度回复）过程，而且重金属累积效应下的青鳉鱼行为反应要明显滞于有机磷、氨基甲酸酯等神经性有毒污染物作用下的反应。

7）六价铬暴露下青鳉鱼的行为响应

在重金属六价铬暴露过程中，青鳉鱼行为强度变化与污染物之间表现出明显的剂量-效应关系。可以看到六价铬具有较低的急性毒性。在较高浓度暴露中，青鳉鱼的行为强度基本上是逐渐降低的，青鳉鱼没有明显的行为调解（行为强度回复）过程，而且重金属累积效应下的青鳉鱼行为反应要明显滞于有机磷、氨基甲酸酯等神经性有毒污染物作用下的反应。

3.3.1.3 基于风险污染物的生物检测技术的算法模型构建优化

结合特征风险污染物，建立受试生物-青鳉鱼行为响应模式与水环境内污染物浓度之间的关系。利用如下算法进行模型构建。

（1）信号预处理模块

对于采集的原始信号，由于背景干扰等因素的影响，信号中包含一定的噪声，这些噪声对后续的分析、识别影响较大。需要进行信号增强及去噪，以消除噪声及冗余信息的影响。拟采用小波软阈值法去除噪声。小波去噪基本原理是：噪声的小波系数会随着尺度的增加而减小，因此通过寻找合适的阈值，将小于阈值的小波系数置为0，大于阈值的小波系数予以保留，然后用这些调整后的小波系数进行重构，就可以获得去除噪声后的信号。其步骤如下：对原始信号做5级小波分解，得到一组小波系数；对小波系数进行软阈值处理，阈值取为$\sigma\sqrt{2\lg N}$；用软阈值处理后的小波系数进行重构。

（2）异常信号剔除模块

由于受到非水质变化以外的干扰因素以及鱼本身的生活习性影响，鱼的游动具有随机性。需要将这些随机游动导致的信号波动与由水质变化导致的信号波动分开，将由随机游动导致的信号波动当成异常信号剔除。拟采取如下方法：对数据做PCA降维处理，并取前10个主成分；求取降维后的数据之间的马氏距离，并求一个平均距离；对于马氏距离大于1.5倍平均值的信号，认为是异常样本点，需删除。

（3）特征提取模块

信号中包含的信息较多，但是哪些信息真正能反应水质的变化，需要进一步实验确认。通过特征提取，能直接提取出信号中跟水质安全密切相关的特征。拟采用信号自适应分解算法，从原始信号中分解出跟水质变化相关的特征，并寻找这些特征跟水质变化之间的联系。

（4）特征信息建模

对于从信号中提取的特征，需要建立模型，以确定这些特征跟水质的联系，如水质安全与否、水中某些物质的含量等。拟采取支持向量机（SVM）、AdaBoost等算法进行建模。支持向量机是建立在统计学习理论的VC维理论和结构风险最小化原则基础上的一种通用的机器学习算法，其判别函数是核函数在所有样本上的线性组合。根据有限的样本信息，支持向量机在模型的复杂性和学习能力之间寻求最佳折中，取得了很好的推广能力，被广泛应用到模式识别的各领域。AdaBoost算法是一种构建准确分类器的学习算法，它将一族弱学习算法通过一定规则融合成为一个强学习算法，从而通过样本训练得到一个识别准确率高的强分类器。训练过程，对原始信号及其特征向量进行建模，并保存模型参数，供下一步调用。

（5）模式识别模块

在预测过程中，对于新采集的水质信号，根据上一步建立的模型，判断当前水质的状况，并给出相应的分析结果，如水质是否安全，某种物质的含量是否超标，等等。如所采集的信号跟模型相差较大，则给出数据异常的警示，用户可根据该警示对数据采集硬件系统做进一步检查。

（6）Matlab算法C转换模块

所有这些算法的试验阶段采用Matlab编程。但是这些算法最终嵌入到软件中，需要将其转换成C++或者C代码，这样有利于提高软件的处理速度，否则会产生严重的滞后现象。比如一个信号被发现异常，如果采用Matlab来检测可能花1s，如果用Matcom转换得来的C/C++代码可能需要6s才能解决，而如果使用纯C/C++代码可能0.1s就可以解决。也就是说从发现异常到最后报警，所需要的时间将会大不一样。而将Matlab转换为C/C++是一件工作量非常大的事情，可能会占用整个软件开发周期，或者更长。

水生生物（鱼）在遭遇水污染时自发产生回避行为响应，其运动行为变化与水体典型污染物毒性总量之间存在良好的剂量-效应关系，低压高频电信号传感技术能够连续实时监测生物行为，通过毒性传感器监测水生生物（鱼）行为强度变化，结合生物毒性数据模型、环境胁迫阈值模型、生物毒性行为解析模型，实现对水质在线连续实时生物监测和预警。将环境压力下青鳉鱼行为变化模型结合相关模型算法整合到在线生物毒性监测预警设备中，进一步发展针对密云水库的突发性污染事故的在线生物毒性监测预警技术和设备。

3.3.2　富营养化生物监测预警技术

以富营养化有毒水华的快速监测预警为目标，以生物荧光分析技术为基础，开发藻密度、叶绿素a在线实时监测技术；以温度、光照、风速、溶解氧、TP、TN、NH_4^+-N、藻密度、叶绿素a等相关硬件参数为基础，针对影响富营养化三大因子[即物理因子（包括温度、光照、风速等水文、气候、气象等条件）、化学因子（如营养盐氮磷、pH值、溶解氧等）、生物因子（主要是蓝藻本身的生理生态特征，如气囊、色素体、胶鞘、藻毒素等）]的因素，建立相应的生物预警分析模型，集成开发富营养化在线实时监测预警技术。

从群落水平及多营养级生物交互作用模式出发，结合受水区水质水文条件特征，研究调水引起的环境不均匀性对受水区水生态系统初级生产力的非生物扰动和生物作用影响机制，构建受水区富营养化初级生产力预警模型；构建产毒藻密度与微囊藻毒素关系模型，预测水体中溶解性藻毒素的残留浓度；结合在受水区多藻类在线模拟系统的试验校正，实现受水区藻类群落密度、藻种分类组成、产毒藻密度及微囊藻毒素等多指标的在线监测预警。

藻类作为湖泊生态系统的一个重要组成部分和主要的初级生产者之一，其对湖泊生态系统的物质和能量的循环起着重要作用，对水体营养系统具有重要的调节作用。本书所涉及的研究基于湖泊藻类（包括浮游藻类和水底附着藻类）生物量模拟预测的计算方法构建在外来干扰（有毒物质排放、其他人为活动）情况下富营养化初级生产力预警模型。

3.3.2.1　藻类的生物量模拟预测

藻类的生物量以干重来表示，对浮游藻类用g/m^3作单位，水底附着藻类用g/m^2作单位，生物量被看作是藻类负载量（尤其是从上游流下的浮游植物）、光合作用、呼吸作用损失、排泄或光呼吸损失、非捕食性死亡、牧食或捕食性死亡、脱落及冲失损失的函数。其中浮游藻类也易于沉降，考虑湖泊系统的分层，从一层到另一层的紊流扩散也会影响浮游藻类的生物量。

① 浮游藻类生物量的计算方法：

$$\frac{\mathrm{d}B_浮}{\mathrm{d}T}=L_负+P_光-R_呼-E_排-M_非-P_捕\pm S_沉-W_冲+W_流\pm T_紊+D_脱+S_脱 \tag{3-6}$$

式中　$\dfrac{\mathrm{d}B_浮}{\mathrm{d}T}$——模型设定的时段内浮游藻类的生物量变化，g/(m³·d)或g/(m²·d)；

$L_负$——藻类的负载量，g/(m³·d)或g/(m²·d)；

$P_光$——光合速率，g/(m³·d)或g/(m²·d)；

$R_呼$——呼吸作用损失，g/(m³·d)或g/(m²·d)；

$E_排$——排泄或光呼吸，g/(m³·d)或g/(m²·d)；

$M_非$——非捕食性死亡，g/(m³·d)或g/(m²·d)；

$P_捕$——捕食性死亡，g/(m³·d)或g/(m²·d)；

$S_沉$——各分层之间以及沉积层向底部之间沉降过程中损失或获得的量，g/(m³·d)；

$W_冲$——流向下游的冲失量，g/(m³·d)；

$W_流$——上游流下的负载量，g/(m³·d)；

$T_紊$——紊流扩散，g/(m³·d)；

$D_脱$——扩散脱落量，g/(m²·d)；

$S_脱$——脱落的损失量，g/(m²·d)。

② 附着藻类生物量的计算方法：

$$\frac{\mathrm{d}B_附}{\mathrm{d}T}=L_负+P_光-R_呼-E_排-M_非-P_捕-S_脱 \tag{3-7}$$

式中　$\dfrac{\mathrm{d}B_附}{\mathrm{d}T}$——模型设定的时段内附着藻类的生物量变化，g/(m³·d)或g/(m²·d)。

3.3.2.2　光合作用的模拟与初级生产力的预测

光合作用的模拟通过一个最大观测值乘以多种因素的衰减因子，这种最大光合作用的减少是由有毒污染物、次最适光照、温度、水流以及营养物等影响因子造成的。模拟计算如下：

$$P = P_{\max}P_初 BS_盐 \tag{3-8}$$

式中　P——光合作用模拟值；

$P_{\max}$——最大光合速率，d⁻¹；

$P_初$——初级生产力影响；

$S_{盐}$——盐度的影响；

B——藻类生物量，g/m^2。

其中对浮游藻类初级生产力影响的预测采用以下算法：

$$P_{初} = L_{光}N_{营}T_{适}F_{减} \tag{3-9}$$

式中　$L_{光}$——光照的影响；

$N_{营}$——营养物的影响；

$T_{适}$——次最适温度的影响；

$F_{减}$——有毒污染物对光合作用的减少因子。

对附着藻类初级生产力限制的预测：附着植物根据可利用的基质还有附加的影响，包括湖泊沿岸区域的底部面积、可利用的大型水生植物的表面积等。

$$P_{初} = L_{光}N_{营}V_{流}T_{适}F_{减}(F_{透} + S_{表}B_{总}) \tag{3-10}$$

式中　$V_{流}$——水流（对附着植物）的影响；

$F_{减}$——透光带所占的面积分量；

$S_{表}$——大型水生植物附着藻类的表面积转换，$0.12m^2/g$；

$B_{总}$——湖泊生态系统中大型水生植物的总生物量，g/m^2。

这里使用多个影响因子相乘的形式表明这些影响因子是独立的。尽管有些学者已经显示了因子间的相互作用，但是光凭这些数据不足以概括整个藻类植物的变化过程，所以我们在模型中使用简单的乘积形式。

① 光照影响。

因为光合作用需要在光照的条件下才能发生，所以在模型中光是一个非常重要的限制性变量，尤其在对不同光需求的植物间的相互竞争进行控制时。光照通过每日平均辐射量而被具体化，日平均辐射可被作为光周期或者是有太阳光时间的倍数。

② 营养物的影响。

藻类植物能够通过代间传递摄取和储存丰富的营养物质。如果藻类的藻华时间较短，营养在细胞内的存储可以忽略不计，并且可以假定为恒定的化学计量关系。因此，模型对营养物影响的模拟使用胞外营养物的浓度进行计算。

对于单个营养物的影响（限制），可以假设为饱和动力学过程：

磷：

$$P_L = \frac{P_{溶}}{P_{溶} + P_k} \tag{3-11}$$

氮：

$$N_{\text{L}}=\frac{N_溶}{N_溶+N_{\text{k}}} \tag{3-12}$$

碳：

$$C_{\text{L}}=\frac{C_溶}{C_溶+C_{\text{k}}} \tag{3-13}$$

式中　$P_溶$——可利用的溶解态磷，g/m^3；

P_{k}——磷的半饱和常数，g/m^3；

$N_溶$——可利用的溶解态氮，g/m^3；

N_{k}——氮的半饱和常数，g/m^3；

$C_溶$——可利用的可溶性无机碳，g/m^3；

C_{k}——无机碳的半饱和常数，g/m^3。

对于产毒素藻（蓝藻），如果溶解态氮的浓度小于氮势（KN）值的1/2，则设定氮限制为1.0来控制蓝藻的固氮过程，否则就认为氮固定是不可行的。

采用最小限制营养物，使用Monod方程对每一营养物进行预测评估，在特定的时期内，最小限制营养物计算公式为：

$$N=\min\left(P_{\text{L}}N_{\text{L}}C_{\text{L}}\right) \tag{3-14}$$

3.3.2.3　关键水环境过程的模型模拟

非捕食性藻类死亡：非捕食性藻类死亡是对有毒化学物质和不利条件的一种反映。在不利条件下，大多数浮游植物会在水体中直接腐烂，而不是沉积。水体中营养元素的快速矿化可能会导致连续性藻类水华，非生境的突然变化可能会导致藻类群落的崩溃等。对藻类植物来说，环境胁迫引起的不利变化，包括由有毒化学物质、高温、营养和光照影响引起的死亡。

沉降：浮游藻类的沉降可在层与层之间发生，也可在湖底部沉积层内部之间发生。浮游藻类的沉降过程被看作是生理学状态的函数。基于野外观察和水体运动平衡效应，没有胁迫的浮游藻类被认为以一定的速率下沉。由较大的排水量引起的紊流，也可阻碍浮游植物的沉降过程。当浮游植物受到有毒物质、次最适光照、次最适营养和次最适温度的胁迫时，对沉降过程的计算用指数增长来进行模拟。

冲失与脱落：浮游藻类容易漂向下游，所以在水力停留时间较短的湖泊和水库中，这可能会是浮游藻类的一个重要的减少因素，甚至会消除浮游藻类的整个种群。附着藻类的生物量通常展示出先累积增加后因脱落而引起的急剧下降过程。由于次最适条件和水流拉力作用于暴露生物量，自然脱落被看作是衰老的函数。随着生物量和水流速度的增加，脱落拉力也会增加。另外次最适光照、营养和温度引起的细胞衰老，也

会造成脱落。由于河床和流动条件的差异，可能需要进一步校正密云水库研究位点的脱落临界力。

3.3.2.4 叶绿素a模拟分析

模型将不直接模拟叶绿素a的变化过程。

对于浮游藻类，以浮游藻类生物量转变为叶绿素a的近似值，通过浮游藻类生物量计算总叶绿素a值的方法如下：

$$Chla=\left(\frac{\sum Biomass_{BlGr} \cdot CToOrg}{45} + \frac{\sum Biomass_{others} \cdot CToOrg}{28}\right) \times 100 \qquad (3-15)$$

式中　　　$Chla$ ——以生物量表示的叶绿素a近似值，μg/L；

　　$Biomass_{BlGr}$ ——蓝藻的生物量，mg/L；

　$Biomass_{others}$ ——除蓝藻以外的其他藻类的生物量，mg/L；

　　$CToOrg$ ——碳与生物量的比率，0.526。

对于附着藻类，总叶绿素a通过灰烬干重的线性转换来进行计算：

$$P = 5A$$

式中　P ——附着藻类的叶绿素a含量，mg/m²；

　　A ——灰烬干重，g/m²。

3.3.3　生物-化学监测参数综合集成的在线水质安全监测预警技术体系

根据通用集成模块化系统框架，设计生物-化学集成设备硬件架构体系。将本书所涉及的研究研发改进的基于水生脊椎动物（鱼）响应的生物毒性和富营养化生物监测预警技术与pH值、温度、浊度、电导率、溶解氧等理化在线预警监测设备单元，采用分布嵌入式模块化及总线技术构建成生物毒性触发层和监测层等预警监测单元设备结合的多参数综合集成硬件平台。同时通过对采配水控制、水样恒温预处理、进样分配、电路分配及接口控制等硬件的统一设计开发，采用 N 合一机柜式模块外观结构设计整体机柜以及防火、防水、防风等硬件辅助模块，提高集成硬件设备的模块化、通用性及安全性。综合集成系统模块化体系如图3-51所示。

系统从各类有毒污染物对水生脊椎动物（鱼）的生物行为响应出发，结合常规5个水质参数（pH值、温度、浊度、电导率、溶解氧）变化，对生物行为影响的污染物风险预警模型和数据库，在化学-生物-生态响应模型构建基础上，集成各预警模块开发污染物生物预警检测系统。

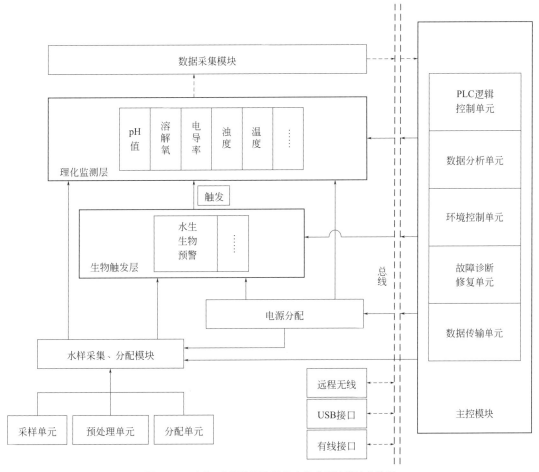

图3-51 生物-化学监测参数综合集成系统模块化体系

系统以预警模式和监测模式两种模式同时运行，具有实时在线生物毒性、特征污染物和常规指标监测功能，能根据智能化区分一般污染和有毒物质引起的污染，判断污染物种类，实现对不同等级不同类型事件的有效区分和应对，根据污染事件的类型和程度形成应急处置预案，提供决策支持。

系统由触发层、监测层、智能分析层等三部分组成：触发层由常规5项参数水质监测设备及生物毒性在线监测预警设备组成，实现24h实时连续监测。该层为智能化集成系统的核心单元，负责整个系统的模式切换及系统运行状态管理。监测层由水质常规监测设备构成，该层为系统的主要数据采集模块，负责全系统除常规5项参数及生物毒性在线监测之外的数据采集，可定时监测和事故预警被触发监测。当水体突发性污染事故发生时，系统触发层的生物毒性和常规5项参数的监测会发生预警，即时启动监测层，提取多参数分析单元的实时监测数据。智能分析层由数据分析系统和逻辑判断系统组成，其主要功能是数据分析、污染类型判断、系统运行状态切换、智能化水质在线监测系统管理。智能分析层调用生物毒性、常规5项参数和多参数监测数据智能化关联生物毒性与理化参数，进行智能化解析判断。所有理化参数均可定时周期监测，实现生物毒性预警和超标报警双重监测预警。

系统软件界面设计前卫、简洁、美观、实用，功能全面且操作方便，适合监测技术人员和领导解读，数据库具备管理、分析、查询和二次开发功能。系统采配水控制、水样恒温预处理、试剂进样分配、电路分配及接口控制等硬件采用 N 合一机柜式模块外观结构设计整体机柜以及防火、防水、防风等硬件辅助模块，提高集成硬件设备的模块化、通用性及安全性。水质取样方式设计合理，实现24h连续采样，不影响水质参数的检测结果，在恶劣气候下可稳定运行；每个监测过程前对监测仪表自动进行校准，监测后对系统内部管路进行反吹清洗以及抑制藻类在系统内生长；监测水质数据准确度和精密度满足要求，与实验室同步监测数据在允许误差范围内。系统具有可靠的防雷、防冻、防盗、防潮等保护措施，废液排放安全处理，避免二次污染。远程数据中心可以实时连续采集现场数据，同时对这些数据进行统一管理、分析和发布，也可对现场设备及仪表进行控制，友好界面更便于用户使用。在线预警监测数据能储存于在线集成硬件系统和远程数据中心，并能进行检查、统计、显示及打印。系统可存储数据及设备的各种运行状态，在线预警监测数据的备份支持在线硬盘对硬盘镜像备份功能，硬盘备份应具有热拔插功能。系统能够判断故障部位和原因，具备自动运行、断电、断水自动保护和恢复功能，反向控制功能维护检查状态测试，便于例行维修和应急故障处理等功能。系统可保证仪器及时完成试剂自排空功能后处于待机状态3h。

3.4 小结

① 通过植被配置模式优选出：毛白杨＋紫丁香＋荨草、臭椿＋刺槐＋狼尾草、柳树＋丁香＋蒿、油松＋臭椿＋狼尾草四种植被配置模式，缓冲带的最小宽度值为13.2m，株行距为3.5m。

② 阿科曼生态基在试验中期有一定的增加水体溶解氧的作用，有利于增强好氧微

生物对污染物的去除效果，其作用主要基于吸附、沉降等原理，在应用过程中，布置方式、布置位置、布置量等均会影响TP的去除效果；人工草对叶绿素a的去除效果优于阿科曼生态基；两种载体的大孔中附着了较大数量的微生物，有利于去除有机物和氮磷物质。

③ 人工滤井水质净化技术通过渗滤介质及介质上生长的微生物对水中有机物质的过滤截留、吸附与分解作用，实现对水中氮磷等污染物的净化过程。选用砾石作为人工滤井循环净化系统的滤料更合适。

④ 悬浮式人工湿地具有组装方便、组合形式多样、净化水体、美化景观等特点。悬浮式人工湿地底部悬挂高比表面积的人工草，可模拟天然水草形态，使用寿命长，耐高负荷性冲击，使水中的污染物得到高效处理。

⑤ 辐射井技术可以有效防止富营养化水体水华的发生。在潮白河实验条件下，辐射井出水可完全达到地表水环境质量Ⅳ类水体，大部分时间可达到地表水环境质量Ⅲ类水体。辐射井出水相对于原河水污染物的TN的去除率在60.4%～83.5%，TP的去除率在53%以上。辐射井出水水温平均低于河水7～8℃，对抑制水华的发生有促进作用。

⑥ 在以土著鱼类为主的鱼类围网实验中，绝大部分鱼类生长和性腺发育良好，回补区水生生物资源满足了不同实验鱼类的饵料需求，本书提出以土著鱼类增殖放流为核心手段的回补区鱼类恢复方案。放流鱼类以杂食性鱼类为主，调控小型野杂鱼类的肉食性鱼类为辅，搭配适量滤食性鱼类牧食浮游生物调控水质。后期调查结果表明，通过增殖放流回补区内已形成稳定优势种群的三种鱼类为鲫鱼、鲤鱼和白鲢，另外蒙古鲌等9种鱼类的种群规模初步得到恢复。

⑦ 开发了更灵敏、更精确的多层水生脊椎动物生物行为响应传感器，并结合特征风险污染物暴露实验，建立了受试生物-青鳉鱼行为响应模式与水环境内污染物浓度之间的关系，进一步发展和优化研究出针对突发性污染事故的生物毒性在线监测预警技术。

⑧ 从群落水平及多营养级生物交互作用模式出发，结合受水区水质水文条件特征，研究调水引起的环境不均匀性对受水区水生态系统初级生产力的非生物扰动和生物作用影响机制，构建了受水区富营养化初级生产力预警模型；构建产毒藻密度与微囊藻毒素关系模型，预测水体中溶解性藻毒素的残留浓度；结合在受水区多藻类在线模拟系统的试验校正，实现受水区藻类群落密度、藻种分类组成、产毒藻密度及微囊藻毒素等多指标的在线监测预警。

⑨ 在污染物风险预警模型和数据库的基础上，结合常规理化水质参数、有毒有害污染物等在线监测设备获取相应水质参数改变，建立其与污染性质、程度之间的关系并进行智能化解析判断，从而建立生物毒性的智能化解析判断软件。同时利用本书研发改进的基于水生脊椎动物（鱼）响应的生物毒性和富营养化生物监测预警技术与pH值、温

度、浊度、电导率、溶解氧等理化在线预警监测设备单元，采用分布嵌入式模块化及总线技术构建成生物毒性触发层和监测层等预警监测单元设备结合的多参数综合集成硬件平台。系统从各类有毒污染物对水生脊椎动物（鱼）的生物行为响应出发，结合常规5项水质参数（pH值、温度、浊度、电导率、溶解氧）变化，对生物行为影响的污染物风险预警模型和数据库，在化学-生物-生态响应模型构建基础上，集成各预警模块开发污染物生物预警监测技术，构建了密云水库基于生物预警技术的智能化多参数综合集成水质在线监测预警系统。

第
4
章

地下水回补区污染
风险源识别

4.1 地下水回补区污染风险源调查

依据资料收集、调研确定，研究区内地下水污染风险源类型主要包括工业污染源、再生水污染源、畜禽养殖污染源、加油站、垃圾填埋场、农业污染源和入河排污口七类。调查共涉及密云开发区、怀柔雁栖开发区2项工业面源调查，172家工业点源企业调查，密云、怀柔再生水厂出水以及湿地处理系统出水回灌三项再生水项目调查，鸡、鸭、牛、猪、羊5类56家养殖场调查，34家加油站及46家填埋场调查，顺义区（81.2万亩）（1亩 = 666.67m²）、密云（14.4万亩）和怀柔（13.8万亩）农业面源化肥使用情况以及16个排污口的地下水潜在风险源清单及相关数据调查。

研究区内七类地下水污染风险源类型，可以概括为点源、面源和线源。工业点源污染风险源对地下水造成污染的风险因子主要以COD、BOD、NH_4^+-N等常规污染物为主，部分卫生行业的点源排放会涉及病菌、放射性废水和抗生素。农业、畜禽和垃圾填埋场等面源污染风险源对地下水造成污染的风险因子主要包括典型的持久性有机污染物、Cl^-、SO_4^{2-}、三氮、BOD、TOC和悬浮固体等。再生水线状污染风险源对沿线地下水影响较大的风险因子主要为硝酸盐和NH_4^+-N。研究区内地下水污染因子主要是NH_4^+-N、硝酸盐和邻苯二甲酸二正丁酯，最大超标倍数分别为15.9倍、1.11倍和9.57倍。顺式-1,2-二氯乙烯、三氯乙烯、四氯乙烯、三氯甲烷（氯仿）、总石油烃（TPH）、邻苯二甲酸双（2-乙基己基）酯、邻苯二甲酸二甲酯等组分为地下水潜在污染因子，在今后的水质监测中应重点关注这些组分。

4.1.1 工业污染源

潮白河流域回补区内工业污染源分为点源和面源两种，面源空间分布如图4-1所示，点源空间分布如图4-2所示。

4.1.1.1 工业面源

回补区内工业面源主要分布在密云开发区和怀柔雁栖开发区。

图4-1　研究区内工业污染面源分布图

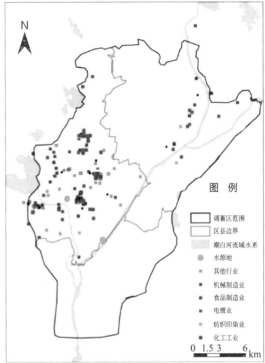

图4-2　研究区内工业污染点源分布图

密云开发区是以现代汽车、福田汽车、北汽控股为代表的零部件产业基地，以信息产业部十二所、京东方电子集团为代表的电子信息产业基地，以伊利、太子奶、宏宝莱等为代表的生物食品产业为主导的工业园区，规划面积12.5km²。开发区内的主要污染物为NO_3^--N。

怀柔雁栖开发区以电子信息科技、食品饮料、包装印刷、生物医药研发为主；凤翔园以食品饮料、服装加工和汽车零配件为主；经纬园的主导产业为汽车销售、包装印刷、服装加工和新型建材。截至2010年完成招商项目企业个数1239个。开发区内主要存在的污染物三氯乙烯，属于有机物类污染风险因子。

4.1.1.2　工业点源

调查统计表明，回补区内工业污水调查共涉及172家企业，各行业的企业空间分布图如图4-2所示，数目及行业排污量见表4-1。

从表4-1可以看出，在7类重污染行业中，化工工业、机械制造业和食品制造业无论是涉及企业个数，还是污水排放量，均占据较大的比例，这3项污水占所调查的工业污水总量的81.6%。制革业、造纸业、纺织印染业和电镀业所占的比例较小，只占工业污水总量的13.1%，但这些工业类型污水的污染物浓度极高，对人体健康和生态环境具有严重危害，也应引起政府管理部门的足够重视。

表4-1　各类行业的工业污水排放情况

行业名称	调查点个数	污水排放量/×10⁸t	占比/%
化工	31	52.333	13.7
机械	39	94.86	24.9
食品	36	164.194	43.0
纺织	7	36.59	9.7
电镀	2	13.12	3.4
造纸	—	—	
制革	—	—	
其他	57	20.311	5.3
合计	172	381.408	—

4.1.2　再生水污染源

回补区的河道再生水来自污水处理厂出水，再生水中盐分、三氮浓度相对较高，在再生水入渗进入地下水过程中，可能会引起地下水污染或导致地下水中相应化学组分的浓度升高。尤其是再生水中含有雌激素等特征有机组分，可能会影响地下水水质。

回补区内密云区、怀柔区、顺义区的再生水利用河段分布如下。

① 密云区再生水利用段：2006年建设密云再生水厂，再生水出水进入白河河道，在潮汇大桥橡胶坝形成白河、潮河再生水利用区。2012年，在潮汇大桥下游实施密云区森林公园，将再生水利用区向潮白河区域拓展，在森林公园南侧建设橡胶坝形成再生水利用区。密云再生水厂出水全部进入河道，利用河段长度11km，年入河排放量为 $9.2 \times 10^6 m^3$。

② 怀柔区再生水利用段：2007年，怀柔再生水厂建成，再生水全部进入怀河河道，形成再生水利用区，再生水利用区下游至怀河3号橡胶坝。怀柔再生水厂出水全面进入河道，利用河段长度为9km，年进入河排放量为 $1.7 \times 10^7 m^3$。

③ 引温济潮工程利用段：自2007年11月起，一期调水工程实施，再生水开始引入潮白河。河道受水区北起向阳闸，南至河南村橡胶坝，长度7km，年调水量 $1.8 \times 10^7 m^3$。受MBR膜通量和冬季低温影响，再生水深度处理规模远没有达到设计规模，实际运行中每年的10月至次年的3月再生水实际处理量仅为 $2.5 \times 10^4 \sim 4 \times 10^4 m^3/d$，每年的4~10月再生水处理量为 $5 \times 10^4 \sim 8 \times 10^4 m^3/d$，潮白河再生水引水量见表4-2。2012年，引温济潮二期工程实施，将再生水调入河南村橡胶坝下游至苏庄橡胶坝，自减河入口到苏庄橡胶坝的河道利用长度为15km。一、二期工程的总调水量为 $2.6 \times 10^7 m^3$。

表4-2　潮白河再生水引水量　　　　　　　　　单位：×10⁴m³

年份	2007	2008	2009	2010	2011	2012	2013	2014	2015	2016	合计
引水量	200	1807	1812	1422	1686	2941	2614	2517	2725	2374	20098

④ 牛栏山橡胶坝下游再生水利用段：2006年，在牛栏山橡胶坝下游右堤建设了牛栏山生活小区污水和牛栏山酒厂污水处理湿地。湿地处理系统总占地面积约13.19hm²，总处理规模为7500m³/d，包括Ⅰ号和Ⅱ号两处湿地，Ⅰ号湿地即用于处理牛栏山酒厂生产污水，Ⅱ号湿地即用于处理牛栏山小区生活污水。其中Ⅰ号湿地设计规模为5500m³/d，Ⅱ号湿地设计规模为2000m³/d。牛栏山酒厂污水经圆形管涵进入湿地，生活小区污水经方形管涵进入湿地。湿地处理系统主要由引水渠、生物稳定塘、表流湿地和蓄水塘等组成。

4.1.3　畜禽养殖污染源

根据调查统计，调蓄区内的畜禽养殖类型包括鸡、鸭、牛、猪、羊五类，养殖场总数为56家，空间分布如图4-3所示。各区的畜禽种类及其养殖场数目和存栏数、出栏数见表4-3。

图4-3　研究区内畜禽养殖污染源分布图

表4-3 研究区规模化畜禽养殖场数目及其分布

区县	养鸡场数/个	出栏数/万只	养牛场数/个	出栏数/万头	养鸭场数/个	出栏数/万只	养羊场数/个	出栏数/万头	养猪场数/个	出栏数/万头	养殖场数目/个
怀柔	1	160	16	0.34	2	22	3	0.23	8	0.97	30
密云	3	180	2	0	—	—	—	—	1	0.1	6
顺义	3	180	2	0	—	—	—	—	1	0.1	6
合计	7	520	20	0.34	2	22	3	0.23	10	1.17	42

4.1.4 加油站

随着北京城市的发展和汽车工业市场的扩大，近十余年来，北京市的加油站也在蓬勃发展，加油站建设正由城区转向外围区县。北京市的加油站主要隶属于中国石油化工集团公司（简称中石化集团）和中国石油天然气集团有限公司（简称中石油集团）。据调查，调蓄区范围内共有34家加油站，2家中石化油库。其中，隶属于中石化的加油站有32家，属于中石油的加油站2家。具体分布情况如图4-4所示。

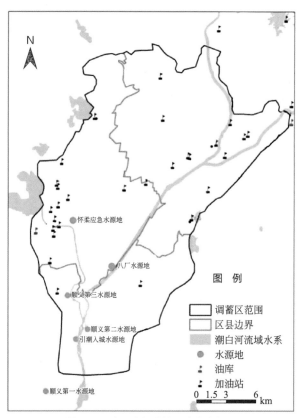

图4-4 研究区内加油站及油库分布图

4.1.5 垃圾填埋场污染源

本次调查按照垃圾类型将垃圾填埋场垃圾分为生活垃圾、工业垃圾、建筑垃圾和混合垃圾四种。从各类型垃圾占据的比例看，北京市范围内生活垃圾占总垃圾量的53%，比例最大，这与北京市近年来人口的增加和居民生活水平的不断提高有着密切的联系。其次是建筑垃圾、工业垃圾和混合垃圾，比例分别为22%、16%和9%。

调蓄区内垃圾填埋场共46处，其中做过防渗处理的垃圾填埋场7处，其他39处均未做防渗处理。正规垃圾填埋场主要消纳生活垃圾，空间分布如图4-5所示。

因不同类型的垃圾对地下水环境的影响程度差异较大，将未防渗垃圾填埋堆放场按照垃圾类型进行统计，统计结果见表4-4。

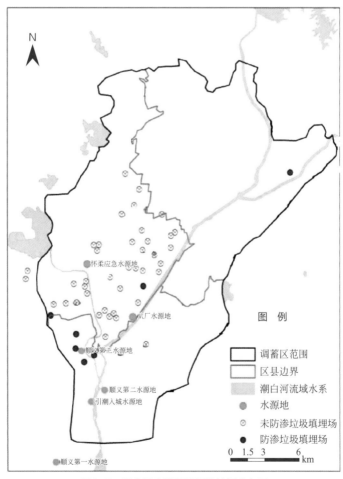

图4-5　研究区内垃圾填埋堆放场分布图

表4-4　各类型垃圾填埋场垃圾量统计表　　　　单位：×10⁴t

垃圾填埋场类型	生活垃圾	工业垃圾	建筑垃圾	混合垃圾	合计
防渗垃圾填埋场	50.583	—	—	0.045	50.628
未防渗垃圾填埋场	4.305	—	—	0.932	5.237
合计	54.888	—	—	0.977	55.865

4.1.6　农业污染源

北京市平原区的农田面积共有383万亩，其中，顺义区的农田面积最大，为81.2万亩，占平原区总面积的21.2%；其次为密云（14.4万亩）和怀柔（13.8万亩）。

为统一对比各区的化肥施用量，将各区的化肥农药施用量进行亩平均（表4-5和表4-6），由此可以看出，顺义、密云、怀柔的亩平均化肥施用量较小，小于100kg。各区农田的种植作物比例不同是引起亩平均化肥施用量不同的主要原因。从表4-6来看，农药亩平均施用量由大到小依次为密云、怀柔和顺义。

表4-5　平原区各区亩平化肥施用量

区县	化肥总量/×10⁴t	亩平均施用量/（kg/亩）
顺义	6.4	96
密云	0.9	63
怀柔	0.6	43

注：1亩≈666.67m²，下同。

表4-6　各区农田农药施用量及亩平施用量

区县	农田面积/万亩	农药施用总量/t	亩平均施用量/（kg/亩）
怀柔	13.8	73.3	0.53
顺义	81.2	153.2	0.19
密云	14.4	92.3	0.64

4.1.7　入河排污口

2015年调查了入河排污口的空间分布、排水类型、排放规律、主要污染物浓度及排放量等情况（表4-7），其中主要污染物浓度及排放量仅针对连续排放或入河湖废污水量大于1×10⁴t/a的间歇性排水口而言。入河排水口污染物数据来自2015年3～4月水质监测数据。

研究区内共有排污口16个，其中工业排污口2个，生活污水口4个，污水厂退水口4个，其余均为混合废水排放口。入河排污口的空间分布如图4-6所示。排污量较大的是几个污水厂退水口，风险因子包括COD_{Cr}、NH_4^+-N、TP和TN。

图4-6 研究区入河排污口分布图

4.2 地下水潜在污染源风险因子识别

从不同行业排放的污染物对地下水造成的危害、持久性、生物富集、内分泌干扰、环境检出率等方面，定性分析不同行业生产对地下水的影响水平。在此基础上，按照污染物产生的行业类型，以《国民经济行业分类》（GB/T 4754—2011）为依据，经过查阅相关文献与调查，确定不同地下水潜在污染源可能带来的风险因子，结果见表4-8。

表4-7 2015年研究区内入河排污口调查数据表

序号	区名	主要排水单位	排水口类型	排水分类	排放规律	口门类型	排水量/×10⁴t	pH值	水温/°C	COD$_{Cr}$/t	NH$_4^+$-N/t	TP/t	TN/t
1	顺义	牛栏山第一中学	排污口	生活污水	连续	明渠	231.79	7.40	2.3	1127.19	172.22	11.96	205.37
2	顺义	潮白水泥构件厂	排污口	混合废水	间断	暗管	3.01	8.50	13.0	3.37	0.55	0.06	0.77
3	怀柔	梭草村渔场	排污口	混合废水	间断	涵管	2.00	8.80	19.8	0.78	0.02	0.02	1.36
4	顺义	华宇顺城建材中心	排污口	工业废水	连续	暗管	2.93	7.50	13.0	0.85	0.10	0.06	0.77
5	顺义	高各庄村	排污口	生活污水	连续	明渠	503.95	7.40	3.7	210.15	376.95	5.90	412.74
6	怀柔	四季屯村委会	排污口	混合废水	间断	涵管	1.00	7.70	19.2	2.24	0.44	0.04	0.78
7	顺义	朝东伟业水泥厂	排污口	工业废水	连续	暗管	3.21	8.10	14.0	9.63	1.80	0.17	2.41
8	怀柔	北年丰村委会	排污口	混合废水	间断	涵管	1.00	5.00	25.1	32.21	0.57	0.12	1.84
9	怀柔	污水厂退水口	污水厂退水口	污水厂退水	连续	涵管	1915.87	7.88	15.0	364.02	28.74	3.68	264.39
10	怀柔	黄吉营村委会	排污口	混合废水	间断	涵管	1.00	7.40	15.5	1.20	0.09	0.09	0.70
11	怀柔	陈各庄	排污口	混合废水	连续	涵管	1.00	8.20	16.1	0.28	0.18	0.01	0.90
12	密云	檀州污水处理厂	污水厂退水口	污水厂退水	间断	涵管	249.00	7.82	17.0	90.39	16.83	0.55	88.40
13	密云	檀州污水处理厂	污水厂退水口	污水厂退水	间断	涵管	1000.00	7.82	17.0	363.00	67.60	2.20	355.00
14	怀柔	龙各庄	排污口	生活污水	连续	涵管	1.00	8.30	19.1	0.38	0.14	0.01	0.67
15	怀柔	明山仙村	排污口	混合废水	间断	涵管	1.00	7.50	16.3	3.55	0.30	0.00	0.89
16	密云	溪翁庄污水处理厂	污水厂退水口	污水厂退水	间断	涵管	49.00	7.46	16.6	12.15	2.25	0.75	13.18

表4-8 不同行业产生的地下水潜在污染源风险因子

项目类别		源类型	对地下水影响	风险因子种类
水利	灌区工程、再生水灌区	线源、面源		硝酸盐、NH₄-N
农业及其服务业	谷物种植	面源	■	NH₄-N、NO₃-N、NO₂-N、TP、TN、农药（常用农药包括：呋喃丹和苯去津、己唑醇和残杀威、对硫磷、乐果、除草醚、敌百虫、敌敌畏、对菌畜、百菌清、苯嘧磺隆、丙溴磷、2,4-滴、敌菌丹、地乐酚、敌鼠胺、丁草胺、甲萘威、磷胺、阿维菌素、灭幼脲、敌蚜螨、百虫咪、氯丹、草甘膦、艾氏剂、灭蚁灵、七氯、2,6-二氯-4-硝基苯胺）
	豆类、油料和薯类种植			
	棉、麻、糖和烟草种植			
	蔬菜、水果种植			
畜牧业	牲畜饲养、家禽饲养	点源	■	COD、BOD、NH₄-N、TP、TN
加油站	加油站、油库	点源	■	COD、NH₄-N、石油类、挥发酚、多环芳烃、汞、镉
生活垃圾填埋场		面源	■	COD、BOD、NH₄-N
高尔夫场地		面源	○	农药
工业园区		面源	■	有机物（三氯乙烯）、重金属、硝酸盐
化学原料及化学制品制造	基本化学原料制造、化学肥料制造、化学农药制造、化学染料制造、合成染料制造、助剂制造、其他有机化学产品制造、有机化工原料及中间体制造、合成材料制造、合成树脂及其他高分子材料制造、生物化工、专用化学品制造、感光材料制品制造、磁性记录材料制造、日用化学品制造	点源	■	COD、As、Pb、Hg、Cd、NH₄-N、六价铬、石油类、挥发酚、TP、氰化物、苯胺、丙烯腈、二噁英、1,4-二氯苯、三氯甲烷、四氯化碳、1,2-二氯乙烷、氯苯、苯乙烯、2,4-二硝基甲苯、甲苯、乙苯、对二氯苯、萘、芴蒽、六六六、γ-六六六、苯、二氯苯、苯胺、苯并[a]芘、2,4-二氯苯酚、邻苯二氯苯、六氯苯酚、邻苯二甲酸二丁酯
电镀		点源	■	COD、NH₄-N、氰化物、磷酸盐、氟化物、Ni、Cd、Hg、Cu、六价铬、Pb、石油类
造纸及纸制品	纸浆制造、造纸（含废造纸）	点源	○	BOD₅、COD、挥发酚、NH₄-N
皮革、毛皮、羽绒	制革	点源	■	BOD₅、COD、SS、油脂、单宁、酚、六价铬、硫化物、氯化钠、铬化合物
（通用、专用）机械制造	交通运输设备、专用设备、电气机械及器材、武器装备、仪器仪表及文化办公用机械	点源	○	COD、NH₄-N、石油类、Pb、Cr、Hg、Cd、Cu、Ni、Fe、Co、Tl、Be、1,1-
	普通机械	点源		三氯乙烷

续表

项目类别		源类型	对地下水影响	风险因子种类
医疗仪器设备及器械制造		点源	○	COD、NH$_4^+$-N、石油类
电气机械和器材制造业	电机制造，输配电及控制设备制造、电力器具制造、照明器具制造	点源	○	COD、NH$_4^+$-N、石油类
	电池制造	点源	○	COD、石油类、挥发酚、氰化物、Hg、Cd、Cr、总砷、总铅、Ni、Zn、Mn、Ag
纺织	含洗毛、染整、脱胶工段的纺织项目，有蚕蛹废水、有精炼废水等的丝绸项目	点源	○或■	BOD、COD、SS
食品加工		点源	○	BOD、COD、NH$_4^+$-N、石油类
其他	其他机械、机械半成品加工、组装		○	COD、石油类
	生活垃圾（含餐厨废弃物）集中处置		■	
	危险废物（含医疗废物）集中处置及综合利用		■	
	一般工业固体废物（含污泥）集中处置	点源	■	COD、NH$_4^+$-N、石油类、TP、Pb、Cr、Hg、Cd、氰化物、BOD、病菌、放射性废水、抗生素（磺胺类）
	污染场地治理修复工程		■	
	有毒、有害及危险品的仓储物流配送（不含油库、气库、煤炭储存）		■	
	废旧资源（含生物质）加工、再生利用		○	
	医药制造		○	COD、NH$_4^+$-N、石油类、TP、二氯甲烷
	橡胶制品		○	COD、石油类
	塑料制品		○	COD、NH$_4^+$-N、苯乙烯、邻苯二甲酸二酯

注：○表示可能存在污染；■表示可能对地下水有危害，存在毒害污染物。

4.2.1　点源特征污染物及排放特征

　　研究区内的工业点源排出废物的污染最严重，污染的种类最多，主要来自化学反应不完全所产生的废料、副反应所产生的废料以及冷却水所含的污染物等。对水质污染的污染物主要是酸碱类污染物、氰化物、酚类有毒金属及其化合物、砷及其化合物、有机氧化物等。如机械厂的电镀车间，镀件冲洗水中常含有氰和铬等毒物；城市点源污染物种类相对较简单，主要以COD、BOD、NH_4^+-N等常规污染物为主，部分卫生行业的点源排放会涉及病菌、放射性废水和抗生素。

4.2.2　面源特征污染物及排放特征

　　研究区内的面源污染具有分散性和隐蔽性的特点，且特征污染物排放主要受面源影响。农业活动过程中人们常使用化肥、农药促进农作物的生长，也有使用废污水灌溉农作物，从而降低生产成本。一些常效农药如DDT、六六六等有机氯农药（OCPs）化学性稳定，不易降解和代谢，具有远距离迁移、高毒性和脂溶性高等特点，属于典型的持久性有机污染物。常用的化肥有氮肥、磷肥、钾肥等。土壤中这些残余的肥料、有机氯将随下渗水一起淋滤渗入地下水中，引起地下水污染。高尔夫球场面源特征污染物也主要以化肥、农药为主。

　　而城市的生活垃圾填埋场，由于生活垃圾含有较多硫酸盐、氯化物、氨、细菌混杂物和腐败的有机质，这些废物在生物降解和雨水淋滤的作用下，产生Cl^-、SO_4^{2-}、NH_4^+、BOD、TOC和悬浮固体含量高的淋滤液，并产生CO_2和CH_4。这些垃圾的随意堆放，最终以污水形式补给，经过长期腐烂及大气降水淋滤，臭水、脏水、有害元素直接下渗到地下水中造成污染。

4.2.3　线源特征污染物及排放特征

　　研究区内线源污染主要是再生水回灌到河道。再生水入渗回补地下水的地点主要位于拦蓄再生水橡胶坝的下游，再生水越过橡胶坝在未防渗的河道入渗回补地下水。对沿线地下水影响较大的特征污染物主要为硝酸盐和NH_4^+-N。

4.3 地下水污染因子确定

在地下水污染风险源调查与风险因子识别的基础上，为进一步明确研究区地下水污染因子种类和浓度，2016年5月23～26日开展了浅层地下水水样采集工作，并进行测试分析。本次野外工作共采集地下水水样21个，采样位置如图4-7所示。测试组分包括三氮（NO_3^-、NH_4^+、NO_2^-），64种VOC，115种SVOC，13种重金属（Sb、As、Be、Cd、Cr、Cu、Pb、Hg、Ni、Se、Ag、Ti和Zn），有机氯农药类，PCBs（总量），TPH。部分测试结果见表4-9。

图4-7 野外地下水采样位置图

表4-9 地下水水样分析测试结果

分类	三氮			重金属		苯酚类	酞酸酯类						TPH			卤代脂肪族化合物				三卤代甲烷
组分 单位	亚硝酸盐(以氮计)/(mg/L)	NH₄⁺-N(以氮计)/(mg/L)	硝酸盐(以氮计)/(mg/L)	铜/(μg/L)	锌/(μg/L)	3-甲基苯酚 & 4-甲基苯酚/(μg/L)	邻苯二甲酸二甲酯/(μg/L)	邻苯二甲酸二乙酯/(μg/L)	邻苯二甲酸二正丁酯/(μg/L)	邻苯二甲酸丁苄酯/(μg/L)	邻苯二甲酸二正辛酯/(μg/L)	邻苯二甲酸双(2-乙基己基)酯/(μg/L)	C10~C14/(μg/L)	C15~C28/(μg/L)	C29~C36/(μg/L)	氯甲烷/(μg/L)	顺式-1,2-二氯乙烯/(μg/L)	三氯乙烯/(μg/L)	四氯乙烯/(μg/L)	三氯甲烷(氯仿)/(μg/L)
标准	0.02ᵃ	0.2ᵃ	20ᵃ	1000ᵃ	1000ᵃ	—	—	300ᵇ	3ᵇ	—	8ᵇ	—	600ᶜ			—	50ᵇ	70ᵇ	40ᵇ	60ᵇ
MY-G-47	<0.01	0.30	21.0	<10	112	<1.0	<1.0	<1.0	<1.0	<1.0	<1.0	<5	<50	<100	<50	<5	<0.5	<0.5	1.2	<0.5
MY-G-46	<0.01	0.38	2.80	<10	<10	<1.0	<1.0	<1.0	<1.0	<1.0	<1.0	<5	<50	<100	<50	<5	<0.5	<0.5	<0.5	0.5
MY-G-45	<0.01	0.68	31.1	<10	157	<1.0	<1.0	<1.0	<1.0	<1.0	<1.0	<5	<50	<100	<50	<5	<0.5	<0.5	<0.5	1.6
MY-G-51	0.01	0.15	8.25	<10	125	<1.0	<1.0	<1.0	<1.0	<1.0	<1.0	<5	<50	<100	<50	<5	<0.5	<0.5	<0.5	<0.5
MY-G-54	<0.01	0.32	9.12	<10	58	<1.0	<1.0	<1.0	<1.0	<1.0	<1.0	<5	<50	<100	<50	18	<0.5	<0.5	<0.5	<0.5
HR-G-69	<0.01	0.20	15.4	<10	206	<1.0	<1.0	<1.0	<1.0	<1.0	<1.0	<5	<50	<100	<50	<5	<0.5	<0.5	<0.5	<0.5
HR-G-70	<0.01	0.24	20.2	<10	230	<1.0	7.0	<1.0	31.7	<1.0	<1.0	<5	<50	<100	<50	<5	1.5	10.0	<0.5	1.0
HR-G-71	<0.01	0.24	19.1	<10	189	<1.0	<1.0	<1.0	6.4	<1.0	<1.0	<5	<50	<100	<50	<5	0.7	13.8	<0.5	<0.5
HR-G-383	<0.01	0.36	42.1	<10	110	<1.0	<1.0	<1.0	<1.0	<1.0	<1.0	<5	<50	<100	<50	<5	<0.5	<0.5	<0.5	<0.5
HR-G-74	<0.01	0.72	2.86	<10	20	<1.0	<1.0	<1.0	<1.0	<1.0	<1.0	<5	<50	<100	<50	<5	<0.5	<0.5	<0.5	1.2
MY-G-39	<0.01	2.31	25.3	<10	178	<1.0	<1.0	<1.0	<1.0	<1.0	<1.0	<5	<50	<100	<50	12	<0.5	<0.5	<0.5	<0.5
MY-G-41	<0.01	3.34	21.3	<10	458	<1.0	<1.0	<1.0	<1.0	<1.0	<1.0	72	<50	140	<50	<5	<0.5	<0.5	<0.5	<0.5
MY-G-44	<0.01	3.38	15.1	<10	326	<1.0	<1.0	<1.0	<1.0	<1.0	<1.0	<5	<50	<100	<50	<5	<0.5	<0.5	<0.5	<0.5

续表

分类	三氮			重金属		苯酚类	酞酸酯类					TPH				卤代脂肪族化合物			三卤代甲烷
组分/单位	亚硝酸盐(以氮计)/(mg/L)	NH_4^+-N(以氮计)/(mg/L)	硝酸盐(以氮计)/(mg/L)	铜/(μg/L)	锌/(μg/L)	3-甲基苯酚&4-甲基苯酚/(μg/L)	邻苯二甲酸二甲酯/(μg/L)	邻苯二甲酸二乙酯/(μg/L)	邻苯二甲酸二正丁酯/(μg/L)	邻苯二甲酸二正辛酯/(μg/L)	邻苯二甲酸双(2-乙基己基)酯/(μg/L)	C10~C14/(μg/L)	C15~C28/(μg/L)	C29~C36/(μg/L)	氯甲烷/(μg/L)	顺式-1,2-二氯乙烯/(μg/L)	三氯乙烯/(μg/L)	四氯乙烯/(μg/L)	三氯甲烷(氯仿)/(μg/L)
标准	0.02[a]	0.2[a]	20[a]	1000[a]	1000[a]	—	—	300[b]	3[b]	8[b]	—	600[c]			—	50[b]	70[b]	40[b]	60[b]
MY-G-49	<0.01	1.80	21.1	<10	198	<1.0	<1.0	<1.0	<1.0	<1.0	10	<50	<100	<50	<5	<0.5	<0.5	<0.5	<0.5
MY-G-50	<0.01	0.81	19.4	<10	242	<1.0	<1.0	<1.0	<1.0	<1.0	<5	<50	<100	<50	<5	<0.5	<0.5	<0.5	<0.5
MY-G-385	<0.01	1.50	18.1	<10	456	<1.0	<1.0	<1.0	<1.0	<1.0	<5	<50	<100	<50	<5	<0.5	<0.5	32.5	<0.5
MY-G-384	<0.01	0.30	14.2	<10	185	<1.0	<1.0	<1.0	<1.0	<1.0	<5	<50	<100	<50	<5	<0.5	<0.5	<0.5	<0.5
SY-G-204	<0.01	0.97	3.86	<10	71	<1.0	<1.0	<1.0	<1.0	<1.0	<5	<50	<100	<50	<5	<0.5	<0.5	<0.5	<0.5
SY-G-208	<0.01	1.06	2.87	<10	35	<1.0	<1.0	<1.0	<1.0	<1.0	<5	<50	<100	<50	<5	<0.5	<0.5	<0.5	<0.5
SY-G-495	<0.01	0.06	31.2	<10	49	<1.0	<1.0	<1.0	13.5	<1.0	<5	<50	<100	<50	<5	<0.5	<0.5	<0.5	<0.5
SY-G-493	<0.01	0.10	24.6	<10	156	<1.0	<1.0	<1.0	<1.0	<1.0	<5	<50	<100	<50	<5	<0.5	<0.5	<0.5	<0.5
地下水检出率/%	4.76	100	100	0	90.48	0	4.76	0	14.29	0	14.29	0	4.76	0	9.52	9.52	9.52	9.52	14.29
地下水超标率/%	0	80.95	42.86	0	0	0	0	0	14.29	0	0	0	0	0	0	0	0	0	0

a为《地下水质量标准》(GB/T 14848—2017)；b为《生活饮用水卫生标准》(GB 5749—2006)；c为《荷兰土壤与地下水环境质量标准》。

经统计，研究区内地下水组分的检出率和超标率如图4-8所示。

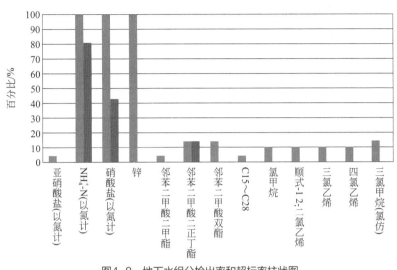

图4-8　地下水组分检出率和超标率柱状图

从图4-8可知，地下水污染因子主要是NH_4^+-N、硝酸盐氮和邻苯二甲酸二正丁酯，最大超标倍数分别为15.9倍、1.11倍和9.57倍。除此之外，本次调查发现顺式-1,2-二氯乙烯、三氯乙烯、四氯乙烯、三氯甲烷（氯仿）、TPH（C15～C28）、邻苯二甲酸双（2-乙基己基）酯、邻苯二甲酸二甲酯等组分虽然检出，但没有可对比的水质标准。这些组分应该是来自人类活动影响，仅通过这一次采样测试分析不能排除这些组分为污染因子，因此在今后的水质监测中应重点关注这些组分。

4.4　小结

① 查明了潮白河流域水资源调蓄区内地下水的污染源和风险源的空间分布和主要污染源的排放强度。研究区内地下水污染风险源类型主要包括工业污染源、再生水污染源、畜禽养殖污染源、加油站、垃圾填埋场、农业污染源和入河排污口七类，可以概括为点源、面源和线源。工业面源主要为密云开发区（电子信息和生物食品等）和怀柔雁栖开发区（电子科技、生物医药和包装印刷等），调蓄区内的172家企业中，化工工业、机械制造和食品制造业产生的工业污水占工业污水总量的81.6%；再生水利用河段对沿线地下水影响较大的风险因子主要为硝酸盐和NH_4^+-N，是调蓄区内的主要污染源，其中，密云再生水利用河段长11km，年入河排放量为$9.2 \times 10^6 m^3$，怀柔再生水利用河段长9km，年入河排放量为$1.7 \times 10^7 m^3$，引温济潮工程潮白河利用河段长15km，年引水量

$2.6\times10^7 m^3$，牛栏山橡胶坝下游右堤湿地的年污水处理规模为$2.74\times10^6 m^3$；调蓄区内畜禽养殖场56家；加油站34处；密怀顺农田面积109.4万亩，化肥平均施用量为72 kg/亩，农业平均施用量为0.29kg/亩；除密云、怀柔再生水厂入河排放口外，调蓄区内其他入河排污口14个，年入河排放量为$1.05\times10^7 t$。

② 建立了不同行业产生的地下水潜在污染源风险因子清单，主要包括不同行业类别，地下水潜在污染源类型，对地下水影响程度及风险因子种类。

③ 研究区内地下水污染因子主要是NH_4^+-N、硝酸盐和邻苯二甲酸二正丁酯，最大超标倍数分别为15.9倍、1.11倍和9.57倍。顺式-1,2-二氯乙烯、三氯乙烯、四氯乙烯、三氯甲烷（氯仿）、TPH、邻苯二甲酸双（2-乙基己基）酯、邻苯二甲酸二甲酯等组分为地下水潜在污染因子，在今后的水质监测中应重点关注这些组分。

第 5 章

回补条件下地下水
环境效应

5.1 再生水回补对地下水环境的影响效应

密怀顺三地的再生水厂出水进入河道形成景观后，只有三个去向：一是滞留于河道形成河道生态环境；二是水面蒸发；三是入渗回补地下水。河道再生水入渗量计算公式为

$$Q_{入渗}＝Q_{排入}-Q_{蒸发}-Q_{河道蓄水}$$

式中　　$Q_{入渗}$——再生水入渗量，m^3；

　　　　$Q_{排入}$——排入河道中的再生水量，m^3；

　　　　$Q_{蒸发}$——河道中再生水的蒸发量，m^3；

　　　　$Q_{河道蓄水}$——橡胶坝拦蓄形成河道景观的水量，m^3。

河道再生水入渗既有正面影响也有负面影响，正面影响体现在可以补充日益亏损的地下水资源；负面影响在于再生水中含有众多的污染物，可能威胁水源区的地下水水质和城市供水安全。

5.1.1 再生水河道回补入渗量

（1）密云区再生水入渗量

密云区再生水利用河道分布于潮汇大桥上游的白河、潮河及其下游的潮白河，河道利用面积为2.03km²（见图5-1）。由于气候变化，密云区的水面蒸发量变化剧烈。自20世纪80年代至2001年，密云区的多年平均水面蒸发量为978.5mm。自2002年以来大幅降低，多年平均蒸发量为628.6mm。经计算，2007年以来，河道的年平均水面蒸发量为$1.276×10^6 m^3$。景观河道的平均深度为1.2m，河道蓄水量为$2.436×10^6 m^3$。自2007年至2014年的8年时间里，再生水排放量为$7.36×10^7 m^3$。根据水均衡，年均入渗回补地下水的再生水量为$7.62×10^6 m^3$。密云平原区为单一潜水含水层，含水层介质为砂卵砾石，渗透性极好。为形成潮河、白河的河道景观以及潮汇大桥下游的滨河森林公园水面景观，在河道底部进行了土工膜防渗。因此，再

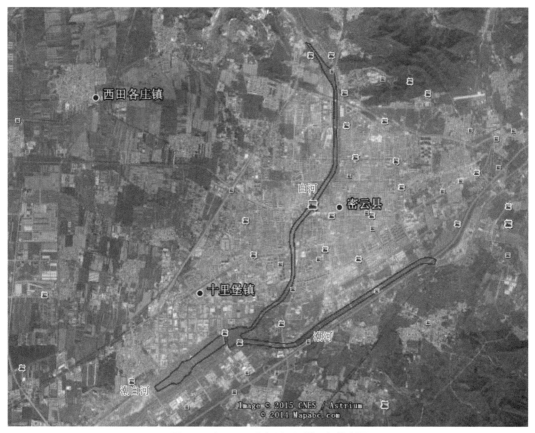

图5-1 密云区再生水利用河道局部放大图

生水入渗回补地下水的地点主要位于拦蓄再生水橡胶坝的下游，再生水越过橡胶坝在未防渗的河道入渗回补地下水。

（2）怀柔区再生水入渗量

怀柔区再生水利用河道分布于怀河 3 号橡胶坝的上游区域及其下游的部分河道，河道利用面积为1.17km^2（见图5-2）。怀柔平原区紧邻密云平原区，水面蒸发量与密云区差不多，多年平均蒸发量为628.6mm。经计算，2007 年以来，河道的年平均水面蒸发量为7.35×10^{5}m^3。景观河道的平均深度为1.0m，河道蓄水量为1.17×10^{6}m^3。2007 ～ 2014 年的 8 年时间里，再生水排放量为1.36×10^{8}m^3。根据水均衡，年均入渗回补地下水的再生水量为1.612×10^{7}m^3。怀柔平原区的河道底部岩性为砂砾石，入渗能力也较强。为形成怀河的河道景观，同样在河道底部进行了土工膜防渗。因此，再生水入渗回补地下水的地点主要位于 3 号橡胶坝下游，再生水越过橡胶坝在下游未防渗的河道入渗回补地下水。

（3）引温济潮工程受水区入渗量

引温济潮一期工程自 2007 年年底实施，日设计处理能力为1.0×10^{5}m^3。河道受水区

图5-2　怀柔区再生水河道利用局部放大图

包括减河、自向阳闸至河南村橡胶坝的潮白河河道以及向阳闸上游河道，受水区面积为5.27km²。二期工程自2012年实施，日设计处理能力达到2.0×10⁵m³。受水区在一期工程的基础上向下游延伸，受水河道自河南村橡胶坝至苏庄橡胶坝，河道受水面积为4.36km²，引温济潮工程的总受水面积为9.63km²。如图5-3所示。

根据顺义区的多年水面蒸发量资料，近年来顺义区的水面蒸发量年均为875.6mm，经过计算，一期工程受水区的年均蒸发量为$4.614×10^6m^3$。引温济潮工程河道蓄水平均深度为1.5m，一期工程的蓄水量为$7.905×10^6m^3$。根据调水量资料，一期工程自2007年至2011年的引水量为$6.927×10^7m^3$。为此，一期工程受水区再生水的年均入渗回补地下水的水量为$1.0727×10^7m^3$，入渗强度为0.56cm/d。2012年二期工程实施后，潮白河总受水区面积为9.63km²，水面总蒸发量为$8.432×10^6m^3$，二期河道受水区蓄水量为$6.54×10^6m^3$。二期工程实施后（2012～2014年）引水量为$7.973×10^7m^3$。根据水均衡，可计算出总受水区年均河道再生水入渗量为$1.5965×10^7m^3$。由此可以得出，二期工程受水区（河南村橡胶坝-苏庄橡胶坝）再生水年均入渗回补地下水的水量为$5.24×10^6m^3$，入渗强度为0.33cm/d。根据一期工程受水区和二期工程受水区的入渗强度数值，一期工程受水区的入渗强度是二期工程受水区的1.7倍。根据上述计算，引温济潮工程受水区年均入渗回补地下水的水量为$1.597×10^7m^3$。

图5-3 顺义区再生水利用河道局部放大图

（4）湿地及其排放口入渗回补量

2014年度在枯水期和丰水期分别测量了两处湿地进水口的进水量和出水量。根据丰水期和枯水期的湿地进水、出水的水量，可计算出湿地入渗回补地下水的水量。根据水量测试数据和水均衡方法，可估算出每年在湿地中消耗的水量，即进水量与出水量的差值。经计算，两污水进水口的年均水量为 $2.048 \times 10^6 m^3$，出水量为 $1.548 \times 10^6 m^3$，在湿地中消耗的水量为 $5.0 \times 10^5 m^3$。经测量，湿地水面面积为 $89185 m^2$，年水面蒸发量参考顺义区，为875.6mm，年蒸发量为 $7.8 \times 10^4 m^3$。因此，湿地对地下水的入渗回补量为 $4.22 \times 10^5 m^3$，入渗强度为0.013m/d。

湿地出水进入潮白河河道后，首先进入北部以土工布防渗的坑塘，然后溢出流入南部未防渗的两坑塘，自然入渗回补地下水。河道中三处坑塘的面积为 $43521 m^2$，年水面蒸发量以875.6mm计，年蒸发量为 $3.8 \times 10^4 m^3$。根据前述，每年进入潮白河河道的水量为 $1.548 \times 10^6 m^3$，因此渗漏回补地下水的量为 $1.51 \times 10^6 m^3/a$。因北部坑塘以土工布防渗，渗漏量可忽略不计。南部未防渗的两处坑塘面积为 $29884 m^2$，因此，南部两处坑塘的入渗补给强度为0.14m/d。

综上，湿地对地下水的渗漏回补量为 $4.22 \times 10^5 m^3/a$，河道坑塘对地下水的渗漏回补量为 $1.51 \times 10^6 m^3/a$，湿地及其出水对地下水的渗漏回补总量为 $1.932 \times 10^6 m^3/a$。

5.1.2 再生水回补入渗对地下水环境的影响

为查明潮白河流域内的四处再生水利用河段对地下水环境的影响，采用室内试验和野外监测两种方法分析评价再生水回补入渗对地下水环境的影响。由于潮白河牛栏山橡胶坝以北为密怀顺冲积扇段，是良好的地下水水库，第四系地层结构主要为单层砂卵砾石，采集土样较为困难，以实测数据分析其对地下水环境影响效应。牛栏山橡胶坝以南为密怀顺冲积平原段，第四系岩性表现为粉质黏土与砂互层，土样易于采集，以室内试验与野外实测分析再生水回补入渗对地下水环境的影响。

5.1.2.1 冲洪积扇段密云区、怀柔区再生水回补入渗对地下水环境影响

（1）密云区、怀柔区再生水出水水质状况

本次研究采集了怀柔区再生水厂、密云区再生水厂的出水水样，分析了再生水中的无机化学组分。再生水厂的原水主要为生活污水，检测结果表明：再生水中的重金属等含量很低，盐分较高，其中的Na^+、Cl^-浓度高，Na^+平均浓度为140mg/L，Cl^-浓度为150mg/L；SO_4^{2-}浓度为94mg/L；硬度较低，均值300mg/L；总溶解固体750mg/L，pH值为7.6～7.9。BOD_5一般小于2mg/L，COD_{Mn}均值7mg/L。

两再生水厂出水中的TN（总氮）、NO_3^--N（硝酸盐氮）、NO_2^--N（亚硝酸盐氮）、NH_4^+-N（氨氮）的差异较大。怀柔区再生水的TN在10mg/L以上，最高值达到23.3mg/L；NO_3^--N浓度介于5.1～13.2mg/L，均值8.4mg/L；NH_4^+-N浓度小于0.7mg/L；NO_2^--N浓度为0.003～0.66mg/L，均值0.22mg/L。密云区再生水的TN、NO_3^--N浓度显著高于怀柔区再生水，TN浓度为59.6～89.6mg/L，均值67.6mg/L；NO_3^--N浓度为35.9～83.0mg/L，均值57.5mg/L。其NH_4^+-N、NO_2^--N浓度显著低于怀柔区再生水，NH_4^+-N浓度低于0.93mg/L，均值0.26mg/L；NO_2^--N浓度（以mg/L计）多在10^{-2}数量级。

（2）密云区、怀柔区再生水利用河道水质状况

为查明密云区再生水利用段和怀柔区再生水利用段的水质状况，分别选取密云区潮汇大桥处和怀柔区怀河3号橡胶坝，监测河水水质。水质测试指标32项，包括pH值、NH_4^+-N、高锰酸盐指数、Cl^-、硫酸盐、NO_3^--N、总硬度、总溶解固体、F^-、NO_2^--N、K、Na、Ca、Mg、CO_3^{2-}、HCO_3^-、Mn、Fe、As、挥发酚、阴离子表面活性剂、TP、TN、Al、Ba、叶绿素a、溶解氧、BOD_5、嗅和味、浑浊度、色度、TOC。

1）密云段再生水利用河道水质状况

密云区再生水利用段潮汇大桥处的河水水质浓度监测数据见表5-1。

表5-1　密云区再生水利用段河水水质浓度及其质量类别　单位：mg/L (pH值除外)

序号	水质指标	最小值	最大值	均值	地表水质量类别	与《地下水质量标准》的对比类别
1	pH 值	7.93	9.48	8.79	满足标准	I
2	NH_4^+-N	0.08	24.00	5.78	劣 V	V
3	高锰酸盐指数	7.58	14.30	11.16	V	V
4	F^-	0.31	0.85	0.53	I	I
5	NO_2^--N	0.004	3.890	1.019	—	V
6	As	0.0002	0.0050	0.0027	I	I
7	挥发酚	0.001	0.003	0.002	I	III
8	阴离子表面活性剂	0.05	0.22	0.13	I	III
9	TP	0.28	45.10	4.65	劣 V	—
10	TN	0.72	79.10	42.59	劣 V	—
11	溶解氧	7.30	14.00	10.99	I	—
12	BOD_5	3.40	13.00	6.90	V	—
13	Cl^-	56.40	191.00	145.74	—	II
14	硫酸盐	61.40	186.00	85.09	—	II
15	NO_3^--N	5.90	58.60	32.22	—	V
16	总硬度	162.0	387.0	276.2	—	II
17	总溶解固体	333.0	1050.0	793.8	—	III
18	K^+	10.3	27.5	22.9	—	—
19	Na^+	42.5	165.0	131.1	—	—
20	Ca^{2+}	34.0	89.9	66.5	—	—
21	Mg^{2+}	16.0	34.3	27.9	—	—
22	HCO_3^-	104.0	381.0	215.0	—	—
23	Mn	0.001	0.072	0.019	—	I
24	Fe	0.005	0.837	0.089	—	I
25	Al	0.04	0.04	0.04	—	—
26	Ba	0.01	0.06	0.03	—	II
27	叶绿素 a	16.0	209.0	107.0	—	—
28	TOC	0.90	10.70	7.03	—	—

按照《地表水环境质量标准》（GB 3838—2002），以水质浓度均值作为依据，河水中的NH_4^+-N、TP、TN质量均为劣V类，高锰酸盐指数和BOD_5为V类，其余指标如F^-、As、挥发酚、阴离子表面活性剂和溶解氧等为I类。pH值均值为8.79，满足地表水环境质量标准的要求。根据河水水质检测数据，河道再生水中的NH_4^+-N浓度表现出枯水期浓度高（2mg/L以上），而丰水期浓度低（< 1mg/L），既与枯水期气温较低处理效果较差有关，也与丰水期的降雨稀释有关。从水质检测数据看，密云再生水利用段的河水水质很差。

2）怀柔段再生水利用河道水质状况

怀柔段怀河河道3号橡胶坝前水质监测数据见表5-2，按照《地表水环境质量标准》（GB 3838—2002），以水质浓度均值作为依据，河水中的NH_4^+-N、阴离子表面活性剂、TP和TN为劣V类；BOD_5为V类；高锰酸盐指数为IV类；F^-、As、挥发酚和溶解氧为I类。pH值为7.51 ~ 9.18，均值为8.03，满足质量标准规定的限值。

表5-2　怀柔段再生水利用河水水质监测数据及其质量类别　单位：mg/L（pH值除外）

序号	水质指标	最小值	最大值	均值	地表水质量类别	地下水质量类别
1	pH值	7.51	9.18	8.03	满足标准	I
2	NH_4^+-N	0.09	14.30	4.30	劣V	V
3	高锰酸盐指数	5.76	16.90	9.13	IV	IV
4	F^-	0.59	1.41	0.98	I	I
5	As	0.0002	0.0080	0.0029	I	I
6	挥发酚	0.001	0.004	0.002	I	III
7	阴离子表面活性剂	0.06	1.08	0.32	劣V	V
8	TP	0.05	1.77	0.78	劣V	—
9	TN	4.38	20.70	10.64	劣V	—
10	溶解氧	0.56	21.40	7.51	I	—
11	BOD_5	2.60	22.50	7.77	V	—
12	NO_3^--N	0.003	0.444	0.155	—	V
13	Cl^-	92.00	184.00	146.00	—	II
14	硫酸盐	47.90	143.00	78.90	—	II
15	NO_2^--N	0.03	10.00	3.05	—	II
16	总硬度	151.5	329.0	249.2	—	II
17	总溶解固体	546.0	836.0	643.0	—	III
18	K^+	12.4	20.6	16.2	—	—
19	Na^+	84.8	149.0	117.9	—	—
20	Ca^{2+}	34.0	76.3	61.4	—	—

续表

序号	水质指标	最小值	最大值	均值	地表水质量类别	地下水质量类别
21	Mg^{2+}	16.1	39.1	26.9	—	—
22	HCO_3^-	116.4	416.0	284.9	—	—
23	Mn	0.008	0.180	0.037	—	Ⅰ
24	Fe	0.005	0.479	0.139	—	Ⅱ
25	Al	0.04	0.04	0.04	—	—
26	Ba	0.03	0.07	0.05	—	Ⅱ
27	叶绿素a	15.4	270.0	64.4	—	—
28	TOC	8.60	9.10	8.85	—	—

（3）密云区再生水回补入渗对地下水环境的影响

根据密云区再生水利用河道的水质监测数据，河水水质与《地下水质量标准》（GB/T 14848—2017）中的类别限值相比，河水中的NH_4^+-N、高锰酸盐指数、NO_2^--N、NO_3^--N均为Ⅴ类，对地下水水质构成威胁。

2013年，为了在潮汇大桥下游建设密云区森林公园，再生水利用河道向潮汇大桥下延伸了2km，河道底部做防渗，再生水越过森林公园下游拦蓄橡胶坝后在河床自然入渗回补地下水，相当于再生水入渗点向下游推进了2km，对地下水水质影响程度增强。

1）地下水质量类别

再生水与地下水水质的最大差异，表现为再生水中的K^+、Na^+和Cl^-浓度很高，密云区再生水中的三者浓度均值分别为16.2mg/L、117.9mg/L和146mg/L。为查明再生水回补入渗对地下水环境的影响，选取森林公园拦蓄河道潮白河右堤路边的MY2号监测井的水质监测数据，分析再生水回补入渗对地下水的影响程度，见表5-3。根据该监测井2009～2016年的水质监测数据，地下水中的K^+浓度均值为10.7mg/L，Na^+浓度均值为100.8mg/L，Cl^-浓度均值为128.8mg/L。显然，再生水入渗对地下水环境的影响极为显著。受再生水回补入渗影响，NO_3^--N浓度均值为22.9mg/L，属地下水质量的Ⅳ类；NO_2^--N浓度均值为0.027mg/L，为Ⅳ类；NH_4^+-N浓度均值为6.0mg/L，为Ⅴ类；Mn为Ⅴ类；其余指标均低于地下水质量Ⅲ类标准限值。

表5-3　密云区MY2号监测井地下水水质浓度及地下水质量类别　单位：mg/L（pH值除外）

序号	水质指标	最小值	最大值	均值	地下水质量类别
1	K^+	6.77	13	10.7	—
2	Na^+	47.6	131	100.8	—
3	Ca^{2+}	52.5	120	80.5	—
4	Mg^{2+}	19.5	38.7	27.5	—
5	Cl^-	93.8	168	128.8	Ⅱ

续表

序号	水质指标	最小值	最大值	均值	地下水质量类别
6	SO_4^{2-}	26.6	121	83.8	II
7	HCO_3^-	200	314	263.3	—
8	pH 值	6.88	7.76	7.1	I
9	NO_3^--N	9.89	26	22.9	IV
10	NO_2^--N	0.005	0.058	0.027	IV
11	NH_4^+-N	1.11	10.8	6.0	V
12	Fe	0.031	0.78	0.26	III
13	Mn	0.64	5.19	3.71	V
14	Al	0.04	0.15	0.07	—
15	Ba	0.031	0.44	0.32	III
16	As	0.001	0.001	0.001	I
17	F^-	0.16	0.36	0.24	I
18	挥发酚	0.001	0.003	0.0013	III
19	高锰酸盐指数	1.18	3.07	2.08	III
20	阴离子合成洗涤剂	0.05	0.083	0.06	I
21	总硬度	203	478	308.3	III
22	总溶解固体	536	829	704.0	III

2）地下水水质历时变化

根据MY2的地下水水质监测数据，可绘制出三氮等指标的水质浓度历时变化曲线，如图5-4所示。从图中可以看出，NO_3^--N浓度随时间推移呈上升特征，但在后期稳定，高出III类标准限值20mg/L；在大部分监测时刻，NO_2^--N浓度超出III类标准限值0.02mg/L，并有升高的变化趋势；NH_4^+-N浓度远超III类标准限值0.2mg/L，但2016年浓度显著低于2010年的浓度，这是因为再生水中的NH_4^+-N浓度在2016年也显著低于2010年的浓度；其余指标基本低于III类标准限值，但总硬度具有明显的上升趋势。

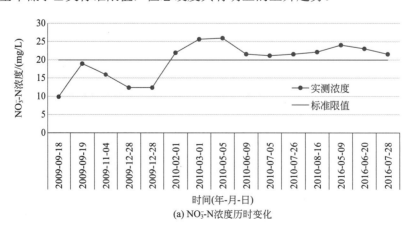

(a) NO_3^--N浓度历时变化

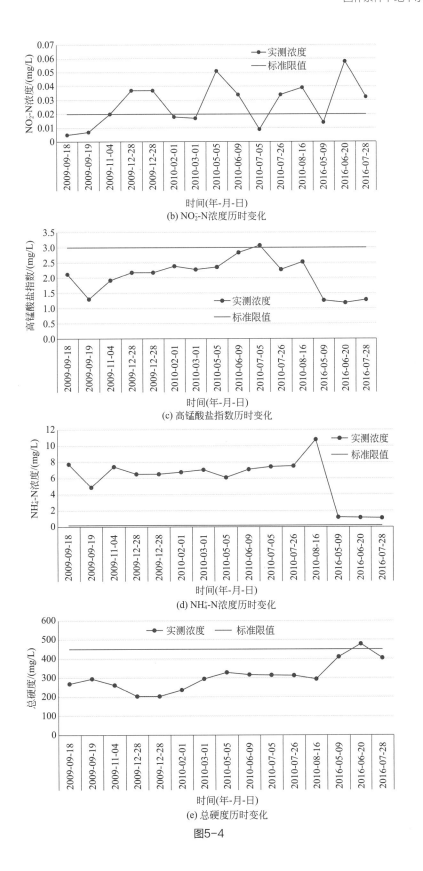

(b) NO$_2$-N浓度历时变化

(c) 高锰酸盐指数历时变化

(d) NH$_4^+$-N浓度历时变化

(e) 总硬度历时变化

图5-4

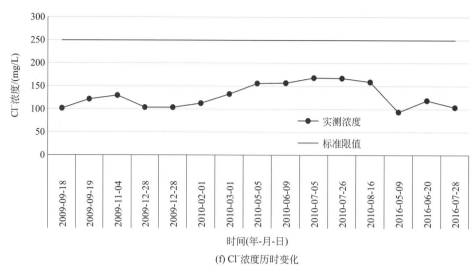

(f) Cl⁻浓度历时变化

图5-4　三氮等指标的水质浓度历时变化

3）地下水水质影响范围

潮河、白河交汇处是密云区再生水的利用河段，地处潮白河冲积扇中上部，包气带及含水层介质为单层砂卵砾石，含水层富水性强，包气带渗透性好。该种地层岩性结构极易引起地下水污染。

该地段的地下水污染途径主要有3个方面：

① 在密云区再生水厂建设前后，部分不能处理的污水在潮汇大桥下游右堤排污口直接排入河道，并快速渗入地下。

② 潮汇大桥上游的再生水利用河道也有部分再生水经防渗层回补并污染地下水。

③ 再生水越过拦蓄橡胶坝进入下游未防渗河段入渗回补地下水。

根据地下水环境网的水质监测数据，该地段形成了以潮汇大桥为中心的地下水污染晕。

根据前述，密云区再生水利用河道下游的地下水中 NO_3^--N、NO_2^--N 和 NH_4^+-N 污染较为严重。密云区再生水利用段周边的地层岩性结构为单一砂卵砾石层，且60m左右见基岩，地下水与河道再生水之间具有直接的水力联系，再生水入渗直接进入含水层，没有粉质黏土层的净化作用。根据周边地下水的水质监测数据，经分析统计，再生水入渗已形成 NO_3^--N 和 NH_4^+-N 的面状污染。其中，NO_3^--N 浓度大于20mg/L的影响范围为28km²（图5-5），NH_4^+-N 浓度大于0.2mg/L的影响范围为15km²（图5-6）。密云区再生水利用河道位于水源八厂水源地上游，再生水入渗对八厂水源地的地下水水质安全构成威胁。

（4）怀柔区再生水回补入渗对地下水环境的影响

根据怀柔区怀河段再生水利用河道的水质状况，按照《地下水质量标准》，再生水中对地下水环境具有威胁性的水质指标为 NH_4^+-N、NO_2^--N、高锰酸盐指数、阴离子表面活性剂等，其余指标均满足地下水质量Ⅲ类标准。

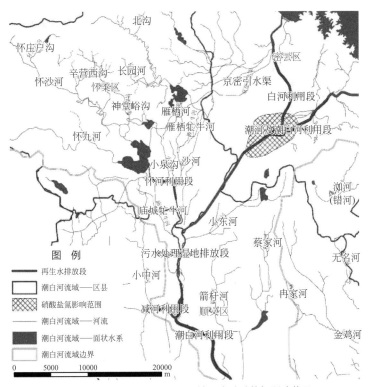

图5-5　密云区再生水利用区地下水硝酸盐氮影响范围

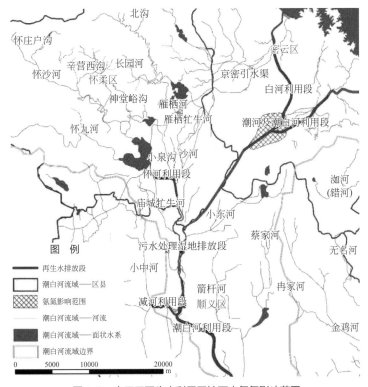

图5-6　密云区再生水利用区地下水氨氮影响范围

　　根据怀河段再生水利用河道3号拦蓄橡胶坝下游距离河道最近的刘两河菜园监测井的水质监测数据，按照《地下水质量标准》，怀河再生水利用段的地下水水质状况及地下水质量类别见表5-4。从表5-4中可以看出，地下水中的K^+、Na^+、Cl^-浓度分别为7.7mg/L、98.6mg/L、127.2mg/L，接近河道再生水的浓度，表明地下水已经受到再生水入渗的影响。虽然河道再生水中的NH_4^+-N、NO_2^--N等指标浓度较高，但地下水中的NH_4^+-N浓度较低，浓度最大值为0.13mg/L，NO_2^--N浓度最大值为0.005mg/L，均低于Ⅲ类标准限值。根据表5-4，地下水各水质指标均达标，表明再生水入渗对地下水环境的影响微弱。

表5-4　怀柔区刘两河菜园监测井地下水水质浓度及地下水质量类别　单位：mg/L（pH值除外）

水质指标	最小值	最大值	均值	地下水质量类别
K^+	6.96	8.27	7.7	—
Na^+	87.8	108	98.6	—
Ca^{2+}	63.7	98.5	88.0	—
Mg^{2+}	27.3	35	32.1	—
Cl^-	116	145	127.2	Ⅱ
SO_4^{2-}	58.3	106	78.9	Ⅱ
HCO_3^-	335	376	351.4	—
pH值	7.06	7.83	7.3	Ⅰ
硝酸盐	4.21	5.92	5.1	Ⅲ
亚硝酸盐	0.001	0.005	0.002	Ⅱ
NH_4^+-N	0.02	0.13	0.035	Ⅲ
Fe	0.05	1.07	0.25	Ⅲ
Mn	0.001	0.035	0.016	Ⅰ
Al	0.04	1.28	0.20	—
Ba	0.16	0.26	0.21	Ⅲ
As	0.001	0.003	0.001	Ⅰ
F^-	0.3	0.41	0.35	Ⅰ
挥发酚	0.001	0.002	0.001	Ⅲ
高锰酸盐指数	0.65	1.65	1.20	Ⅱ
阴离子合成洗涤剂	0.05	0.05	0.05	Ⅰ
总硬度	315	367	341.4	Ⅲ
总溶解固体	599	732	666.3	Ⅲ

与密云区潮白河再生水利用段不同，怀河与雁栖河交界处的钻孔柱状图（图5-7）表明，在地面以下40m范围内，具有3层粉质黏土层，最大厚度6m。垂向上的粉质黏土层，对污染组分具有较强的阻滞和吸附降解作用，使得地下水中的NH_4^+-N、NO_2^--N等组分得到吸附和降解。怀柔区怀河再生利用段周边的地下水虽然受到再生水入渗的影响，但NH_4^+-N、NO_2^--N等毒理性指标的浓度较低，表明怀河再生水利用段的地层岩性结构对NH_4^+-N、NO_2^--N等组分具有较好的净化能力。

地质年代	层底标高/m	层底深度/m	岩层厚度/m	地质剖面及井孔结构图 比例尺：1∶701	岩层名称
	35.57	3.00	3.00		耕土、粉质黏土
	27.57	11.00	8.00		卵砾石含漂石
	23.57	15.00	4.00		黏土
	14.07	24.50	9.50		砂砾石
	11.07	27.50	3.00		黏土
	5.07	33.50	6.00		砂砾石
	−0.93	39.50	6.00	φ800mm	黏土
第四纪	−20.43	59.00	19.5		卵砂石
	−23.63	62.20	3.20		黏砂
	−45.93	84.50	22.30	φ529mm 0.120mm	卵砂石
	−49.93	88.50	4.00		黏土
	−57.93	96.50	8.00		卵砂石
	−60.23	98.80	2.30		黏砂
	−66.43	105.00	6.20		粗砂
	−74.93	113.50	8.50		黏砂、粉砂
	−77.93	116.50	3.00		中砂
	−82.43	121.00	4.50		黏砂

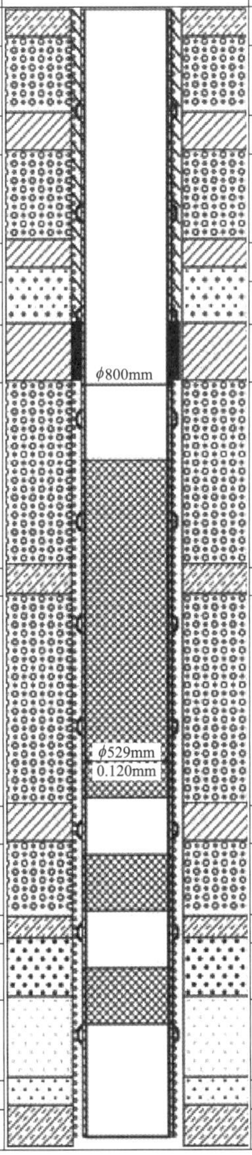

图5-7　怀河与雁栖河交界处的地层岩性结构图

5.1.2.2 冲洪积扇末端湿地出水入渗对地下水环境的影响

（1）河道坑塘内的湿地出水水质状况

冲洪积扇末端湿地位于牛栏山橡胶坝下游河道西堤路内。在污水处理湿地排放段，在南水北调水源进入牛栏山橡胶坝上游河道补水前，监测了潮白河河道内4处湿地出水坑塘的水质，共监测2次。

根据《城镇污水处理厂污染物排放标准》（GB 18918—2002），城镇污水处理厂排入潮白河向阳闸以上河段（地表Ⅲ类）的污水应执行一级B标准；按照北京市水功能区划，潮白河向阳闸以上河段水质应达到《地表水环境质量标准》（GB 3838—2002）Ⅲ类标准。针对坑塘水质情况，常规组分选择了NH_4^+-N、NO_3^--N、NO_2^--N、BOD_5、COD、TN和TP共7个指标进行分析。鉴于有机污染物危害性，选取了PAHs、PAEs、类雌激素、农药、PPCPs、酚类和PCBs共七大类进行监测。

1）常规污染组分

4个坑塘水样中主要水质指标及超标情况见表5-5。

表5-5　坑塘主要常规水质指标分析

指标	坑塘	监测次数	浓度/（mg/L）		城镇污水处理厂污染物排放标准			地表水环境质量标准		
			第1次	第2次	一级B标准/（mg/L）	超标次数	超标率/%	Ⅲ类标准/（mg/L）	超标次数	超标率/%
NH_4^+-N	1号	2	5.35	6.7	8	0	0	1	2	100
	2号	2	1.08	6.34		0	0		2	100
	3号	2	1.56	0.54		0	0		1	50
	4号	2	1.84	2.96		0	0		2	100
NO_3^--N	1号	2	1.39	1.64	—	—	—	—	—	—
	2号	2	< 0.03	1.13	—	—	—	—	—	—
	3号	2	0.26	< 0.03	—	—	—	—	—	—
	4号	2	1.18	2.26	—	—	—	—	—	—
NO_2^--N	1号	2	0.283	0.334	—	—	—	—	—	—
	2号	2	0.013	0.24	—	—	—	—	—	—
	3号	2	0.26	0.017	—	—	—	—	—	—
	4号	2	0.321	0.697	—	—	—	—	—	—
BOD_5	1号	2	2	1.5	20	0	0	4	2	100
	2号	2	3.8	1.6		0	0		2	100
	3号	2	2.7	8.3		0	0		1	50
	4号	2	2.1	2.3		0	0		2	100

指标	坑塘	监测次数	浓度/（mg/L）		城镇污水处理厂污染物排放标准			地表水环境质量标准		
			第1次	第2次	一级B标准/（mg/L）	超标次数	超标率/%	Ⅲ类标准/（mg/L）	超标次数	超标率/%
COD	1号	1 1	—	< 10	60	0	0	20	0	0
	2号	1	—	< 10		0	0		0	0
	3号	1	—	< 10		0	0		0	0
	4号	1	—	< 10		0	0		0	0
TN	1号	2	4.06	6.35	20	0	0	1	2	100
	2号	2	2.35	1.01		0	0		2	100
	3号	2	1.69	8.37		0	0		2	100
	4号	2	7.4	9.02		0	0		2	100
TP	1号	2	0.63	0.76	1.5	0	0	0.2	2	100
	2号	2	0.34	0.74		0	0		2	100
	3号	2	0.12	0.35		0	0		1	50
	4号	2	0.3	0.51		0	0		2	100

与《城镇污水处理厂污染物排放标准》（GB 18918—2002）一级B的排放标准比，4个坑塘水的NH_4^+-N、COD、BOD_5、TN和TP均不超标；和《地表水环境质量标准》（GB 3838—2002）Ⅲ类标准比，4个坑塘中TN全部超标，NH_4^+-N、TN和BOD_5仅3号坑塘有1次未超标，其余监测点全部超标，COD均未超标。《城镇污水处理厂污染物排放标准》（GB 18918—2002）和《地表水环境质量标准》（GB 3838—2002）中未规定NO_3^--N和NO_2^--N标准限值，坑塘水中NO_3^--N和NO_2^--N浓度范围分别为0.03～2.26mg/L和0.013～0.697mg/L，最高值均出现在4号坑塘。

与《地下水水质标准》（DZ/T 0290—2015）对比，坑塘内湿地出水的NH_4^+-N和NO_2^--N浓度均分别大幅超出Ⅲ类标准限值0.2mg/L和0.02mg/L，存在地下水环境风险。

4个坑塘水样中重金属浓度检出浓度较低，见表5-6，均符合我国《地表水环境质量标准》（GB 3838—2002）Ⅲ类标准。与《地下水水质标准》（DZ/T 0290—2015）对比，水中的重金属组分均大幅低于Ⅲ类标准限值，不存在地下水环境风险。

表5-6　坑塘水样中重金属指标分析

指标	监测次数	浓度范围/（mg/L）	地表水质量Ⅲ类标准/（mg/L）	超标率/%
Pb	2	< 0.0001	0.05	0
Cd	2	< 0.0001	0.005	0
Cu	2	< 0.01	1	0
Zn	2	< 0.001～0.008	1	0

指标	监测次数	浓度范围/（mg/L）	地表水质量Ⅲ类标准/（mg/L）	超标率/%
Fe	2	0.011～0.107	0.3*	0
Mn	2	<0.001～0.13	0.1*	0
Ni	2	<0.010	0.02*	0
Cr^{6+}	2	<0.004	0.05	0
Hg	2	<0.00005	0.0001	0
As	2	0.003～0.004	0.05	0
Ba	2	0.055～0.079	0.7*	0
Se	2	<0.002	0.01	0
Be	2	<0.001	0.002*	0
Co	2	<0.01	1*	0
Mo	2	<0.01	0.07*	0

注：*为集中式生活饮用水地表水源地标准限值。

2）有机污染组分

① 多环芳烃（PAHs）。

就单个多环芳烃的检出率和浓度情况来看，各坑塘水样中16种PAHs组分均有检出，以萘和菲的检出浓度最高。就不同环数（2～3环、4～5环和6环）的PAHs分布情况来看，各坑塘水样PAHs以2～3环为主，占54%～84%，4～5环和6环所占比例分别为14%～41%和1%～5%。

坑塘水样中PAHs总量浓度分别为182.35～404.41ng/L，其中，补水后3号坑塘的PAHs总量浓度最高，如图5-8所示。与《城镇污水处理厂污染物排放标准》（GB 18918—2002）苯并[a]芘标准值（30ng/L）相比，4个坑塘水样中苯并[a]芘均未超标。

图5-8 坑塘水PAHs浓度分析图

② 邻苯二甲酸酯（PAEs）。

除邻苯二甲酸二正辛酯外，各坑塘水样中其余5种PAEs组分均有检出。2号和3号坑塘水样中PAEs的主要检出组分为邻苯二甲酸二甲酯，1号坑塘主要检出组分为邻苯二甲酸二（2-乙基己基）酯，如图5-9所示。4个坑塘水样中PAEs的主要检出组分均为邻苯二甲酸二（2-乙基己基）酯。与《城镇污水处理厂污染物排放标准》（GB 18918—2002）邻苯二甲酸二丁酯标准值（0.1mg/L）相比，4个坑塘水样中邻苯二甲酸二丁酯均未超标。

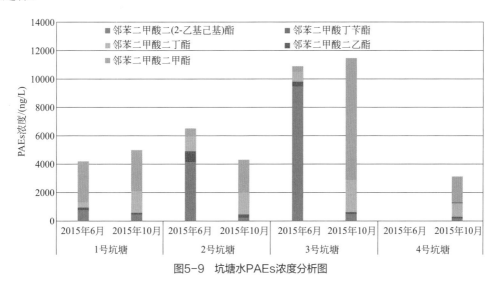

图5-9　坑塘水PAEs浓度分析图

③ 酚类（PHs）。

第一次检测，11-叔辛基苯酚、壬基酚和双酚A检出浓度分别为7.17～14.88ng/L、247.59～434.97ng/L和220.42～521.03ng/L，1号坑塘双酚A为酚类主要检出组分，其余坑塘壬基酚为主要检出组分。与第一次检测相比，第二次检测各坑塘水样中双酚A浓度降低明显，11-叔辛基苯酚、壬基酚和双酚A检出浓度分别为3.794～10.86ng/L、531.46～872.95ng/L和6.69～36.77ng/L，壬基酚是各坑塘水样中酚类的主要检出组分，如图5-10所示。

美国国家环境保护局（USEPA）于2005年颁布了壬基酚的环境水质基准，作为其生态风险评价的依据。该基准确定如下：对于淡水水体，平均每3年中每小时的壬基酚平均浓度超过28μg/L的次数≤1，则认为不会对水生生物造成急性毒性效应，因此壬基酚的最大浓度标准（criteria maximum concentration, CMC）或急性毒性浓度标准（acute criterion）确定为 28μg/L；如果平均每3年中4日平均浓度超过6.6μg/L的次数≤1，则认为不会对水生生物造成慢性毒性效应，因此壬基酚的连续浓度标准（criteria continuous concentration, CCC）或慢性毒性浓度标准（chronic criterion）被确定为6.6μg/L。4个坑塘水样的壬基酚浓度均未超过美国国家环境保护局所规定的慢性毒性浓度标准。

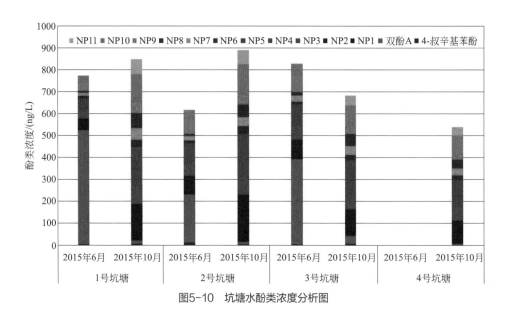

图5-10 坑塘水酚类浓度分析图

④ 多氯联苯（PCBs）。

第一次检测，1号坑塘无PCBs组分检出，其余坑塘仅检出四氯联苯，一氯联苯、二氯联苯、三氯联苯、五氯联苯、六氯联苯和七氯联苯均无检出，PCBs总量范围为0～1.8ng/L，3号坑塘PCBs总量明显高于其他坑塘。第二次检测，各坑塘中PCBs只有四氯联苯检出，PCBs总量范围为0.24～0.77ng/L，2号和3号坑塘PCBs总量浓度高于1号和4号坑塘，如图5-11所示。

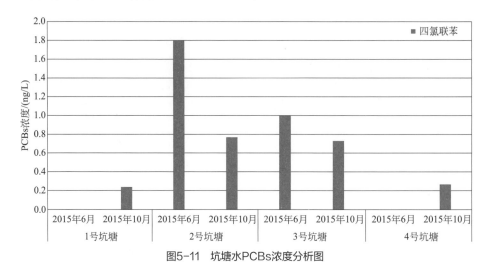

图5-11 坑塘水PCBs浓度分析图

⑤ 雌激素。

第一次检测，1号和2号坑塘E1和E3均有检出，且E3为主要检出组分；3号坑塘仅E1有检出。第二次检测，1号和2号坑塘仅E1有检出，与第一次相比，浓度明显下降；3号和4号坑塘E1和E3均有检出，如图5-12所示。

由于我国各种水质标准中未列雌激素活性标准，但美国国家环境保护局颁布了壬基酚的环境水质基准，所以将雌激素浓度转换成壬基酚当量（NEQ），对地表水和地下水中的雌激素进行风险评价。根据第一次检测数据，经计算，E1 和 E3 相应的 NEQ 值分别为 0.58～8.59μg/L 和 0～5.16μg/L，仅 3 号坑塘 E1 的 NEQ 值超过了美国规定的慢性毒性浓度标准（6.6μg/L）。

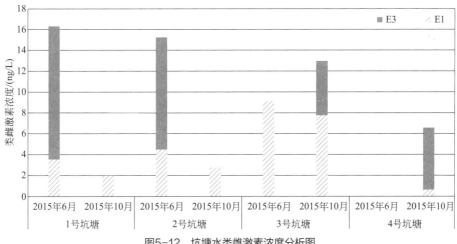

图5-12　坑塘水类雌激素浓度分析图

⑥ 药品及个人护理品（PPCPs）。

PPCPs 检测了新诺明、布洛芬、三氯生和咖啡因等 15 种组分。第一次检测，除磺胺异噁唑和氯霉素未检出外，其余 13 种组分均有检出，其中布洛芬为主要检出组分，其浓度范围为 106.07～254.89ng/L，3 号坑塘最高。第二次检测，除恩诺沙星、磺胺二甲嘧啶、咖啡因、氯霉素和三氯生外，其余 10 种组分均有检出，且红霉素和新诺明检出组分较高，红霉素和新诺明浓度范围分别为 0.37～24.77ng/L 和 2.61～9.67ng/L。与第一次检测相比，补水后各坑塘 PPCPs 总量下降明显，如图 5-13 所示。

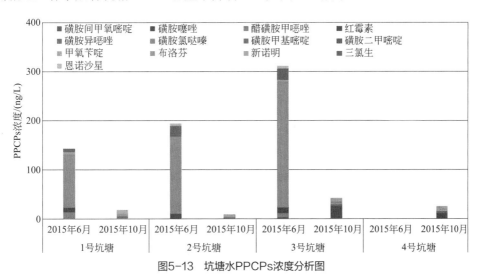

图5-13　坑塘水PPCPs浓度分析图

⑦农药。

第一次检测，各坑塘水样中23种农药组分检测仅莠去津有检出，浓度范围在35～121.67ng/L，1号坑塘农药总量浓度最高。第二次检测，1～3号坑塘水样中六氯苯和莠去津有检出，浓度范围分别为2.82～5.16ng/L和4.52～12.98ng/L；4号坑塘仅六氯苯有检出，浓度范围为1.78ng/L。和补水前相比，各坑塘农药总量和莠去津浓度有明显的降低，如图5-14所示。各坑塘水均符合欧盟《用水法则》（75/440/EEC）要求的地表水中单种农药限值小于1～5μg/L的规定。

图5-14 坑塘水农药浓度分析图

（2）河道坑塘周边地下水水质分析

为监测湿地出水坑塘周边地下水水质的状况，在牛栏山橡胶坝下游河道内实施了7眼地下水环境监测井，南水北调水源在牛栏山橡胶坝上游河道补水前，监测了地下水水质状况。

1）无机组分水质特征

水质监测数据，各监测井pH值差异不大，pH值为7.47～7.72；高锰酸盐指数为0.91～1.3mg/L；SO_4^{2-}浓度为57.2～80.3mg/L；Cl^-浓度为58～116mg/L；总硬度为231～368mg/L；总溶解固体为286～368mg/L；NH_4^+-N浓度为0.03～0.32mg/L；NO_2^--N为0.04～0.275mg/L；NO_3^--N为1.8～3.7mg/L。

参照《地下水水质标准》（DZ/T 0290—2015）的Ⅲ类标准限值，在常规无机组分中，仅地下水中的NH_4^+-N和NO_2^--N浓度有超标现象。

地下水中的Pb、Cd、Ni、Fe、Mn、Cu、Zn、Hg、F等重金属和非重金属组分的浓度均远低于《地下水水质标准》（DZ/T 0290—2015）的Ⅲ类标准限值。

根据坑塘湿地出水与周边地下水水质指标浓度对比情况（表5-7），两者基本不受吸附降解作用影响，Cl^-浓度基本相等，两者的总硬度、总溶解固体、SO_4^{2-}、Mg^{2+}浓度较为接近，地下水中的NO_2^--N浓度不仅普遍超标，而且与实地出水浓度接近，这表明在坑塘长期入渗的条件下，地下水水质早已受到影响。

从两者NH$_4^+$-N、NO$_3^-$-N和高锰酸盐指数浓度数值对比看，在湿地出水入渗过程中，发生了氧化作用，导致地下水中的高锰酸盐指数很低，并且NH$_4^+$-N被硝化为NO$_2^-$-N和NO$_3^-$-N。

表5-7 坑塘湿地出水与周边地下水水质对比   单位：mg/L（pH值除外）

水质指标	K$^+$	Na$^+$	Ca^{2+}	Mg^{2+}	总硬度	HCO$_3^-$	总溶解固体
坑塘湿地出水	9.85	59.73	63.96	20.24	253.27	333.21	396.05
坑塘周边地下水	3.45	46.20	46.43	23.22	260.75	183.80	331.75

水质指标	Cl$^-$	SO$_4^{2-}$	NH$_4^+$-N	NO$_2^-$-N	NO$_3^-$-N	高锰酸盐指数	pH值
坑塘湿地出水	70.08	61.46	14.90	0.17	0.84	8.31	7.91
坑塘周边地下水	74.70	66.53	0.13	0.11	2.71	1.10	7.56

2）有机组分浓度水平

① 多环芳烃（PAHs）。

在南水北调水源补水前，各监测井16种PAHs组分均有检出，且以萘和菲的检出浓度最高，分别占PAHs总量的23%～55%和12%～31%。各监测井PAHs总量、萘和菲浓度范围分别为164.43～375.65ng/L、36.93～171.54 ng/L和30.35～83.73ng/L。

我国《生活饮用水卫生标准》（GB 5749—2006）中规定了苯并［a］芘和PAHs的标准限值，分别为0.01μg/L和2μg/L。美国《饮用水水质标准》（2006）和WHO《饮用水水质准则》（第四版）中未规定PAHs标准限值，仅规定了苯并［a］芘标准限值，分别为0.2μg/L和0.7μg/L。与国内外标准相比，各监测井苯并［a］芘浓度范围在0.34～3.45ng/L，均未超标，PAHs总量也远低于标准限值。

② 邻苯二甲酸酯（PAEs）。

在南水北调水源补水前，1号、6号和7号监测井PAEs的主要检出组分为邻苯二甲酸二甲酯，浓度范围为600.63～771.76ng/L，占PAEs总量的49%～96%；4号监测井PAEs的主要检出组分为邻苯二甲酸二（2-乙基己基）酯，浓度为1647.78ng/L，占PAEs总量的58%。各监测井的邻苯二甲酸二丁酯检出浓度为251.75～771.76ng/L。

我国《生活饮用水卫生标准》（GB 5749—2006）中规定了邻苯二甲酸二乙酯、邻苯二甲酸二丁酯和邻苯二甲酸二（2-乙基己基）酯的标准限值，分别为300μg/L、3μg/L和8μg/L。美国《饮用水水质标准》（2006）和WHO《饮用水水质准则》（第四版）中仅规定了邻苯二甲酸二（2-乙基己基）酯标准限值，分别为6μg/L和8μg/L，未规定邻苯二甲酸二丁酯标准限值。根据检测浓度及标准限值，各监测井的邻苯二甲酸酯均符合国内外水质标准。

③ 酚类（PHs）。

从各监测井检出组分和浓度情况来看，11-叔辛基苯酚、壬基酚和双酚A在各监测井中均有检出，且壬基酚为主要检出组分，双酚A次之，两者浓度范围分别为395.60～1377.95ng/L和8.91～479.53ng/L，分别占酚类总量的61%～99%和1%～39%。

各监测井双酚A浓度均未超过我国《生活饮用水卫生标准》（GB 5749—2006）中规定的标准限值（10μg/L），也远低于美国国家环境保护局规定的壬基酚慢性毒性浓度标准（6.6μg/L）。

④ 多氯联苯（PCBs）。

各监测井PCBs组分仅检出四氯联苯，浓度范围为0～1.82ng/L，远低于《生活饮用水卫生标准》（GB 5749—2006）中规定的PCBs的总量标准限值（500ng/L）。

⑤ 类雌激素。

各监测井类雌激素组分仅E1和E3有检出。1号和7号监测井E1和E3均有检出，且E3为主要检出组分；3号和4号仅E3有检出，6号无类雌激素检出，且检出浓度低于8ng/L。

将雌激素浓度转换成壬基酚当量（NEQ），经计算得到E1和E3相应的NEQ值分别为0～290.03ng/L和0～3450.83ng/L，均低于美国规定的慢性毒性浓度标准（6.6μg/L），说明地下水中类雌激素水平不高。

⑥ 药品及个人护理品（PPCPs）。

各监测井中，除磺胺间甲氧嘧啶、恩诺沙星和氯霉素无检出外，其余12种组分均有检出，其中咖啡因为主要检出组分，浓度范围为40.16～104.69ng/L，占PPCPs总量的55%～80%。

⑦ 农药。

23种农药组分在各监测井中共有5种检出，分别为甲拌磷、六氯苯、莠去津、γ-六六六、百菌清；其中，1号和7号监测井甲拌磷为主要检出组分，7号监测井甲拌磷的浓度远远高于其他监测井；4号和6号监测井莠去津为主要检出组分。各组分检出浓度及国内外标准限值见表5-8。由表5-8可知，地下水中六氯苯、莠去津和总六六六浓度均符合我国《生活饮用水卫生标准》（GB 5749—2006）中规定的标准限值。

表5-8 国内外有关农药水质质量标准 单位：ng/L

序号	水质指标	浓度范围	水质标准			
			中国	美国	欧盟	WHO
1	六氯苯	0～219.72	1000	1000	100	—
2	莠去津	0～718.33	2000	—	—	—
3	总六六六	0～243.88	5000	—	—	—
4	甲拌磷	0～4003.36	—	—	—	—
5	百菌清	0～2.27	—	—	—	—

5.2 南水北调水源回补对地下水环境的影响效应

南水北调水源进入密怀顺水源区后，将通过河道入渗进入包气带和地下水中。水源在经过包气带过程中，包气带中的可溶组分可能进入水中，并改变南水北调水源水质。南水北调水源进入含水层后，可能发生水岩相互作用，改变地下水水质。为此，需要开展包气带淋溶试验和含水层模拟试验研究，并分析水质变化特征及变化规律。同时，本书以南水北调水源向潮白河试验补水为契机，长期监测了南水入渗地下水环境的影响，佐证了试验获得的机理。

5.2.1 南水北调水源土柱淋溶试验

5.2.1.1 淋溶试验方案

（1）土样采集

为开展南水北调水源的包气带介质淋溶试验和含水层模拟试验，需要在密怀顺水源区采集包气带和含水层介质土样。土样采集地点位于潮白河河道牛栏山橡胶坝上游干涸河道内（图5-15）。利用河道内的砂石坑，在坑内继续向下挖掘3m，采集试验所需土样2t，土样岩性为砂含卵砾石。其河道底部地层剖面如图5-16所示。

（2）试验装置

南水北调水源淋溶试验土柱高2m，内径50cm，砂样填实高度1.6m，砂重508kg，如图5-17所示。柱壁设置6个采样孔，自上而下分别为采样孔1、采样孔2、采样孔3、采样孔4、采样孔5、采样孔6，孔间距26cm。经计算，柱内孔隙度为0.35。

（3）水力负荷及采样频率

开展试验过程中，每天进水40L，水力负荷为0.2m/d，柱内地下水流速为0.57m/d。在南水北调水源淋溶试验开展初期，水质采样频率高，中后期采样频率降低。采样时间设定为第1天、第2天、第4天、第6天、第10天、第13天、第18天、第24天、第29天。

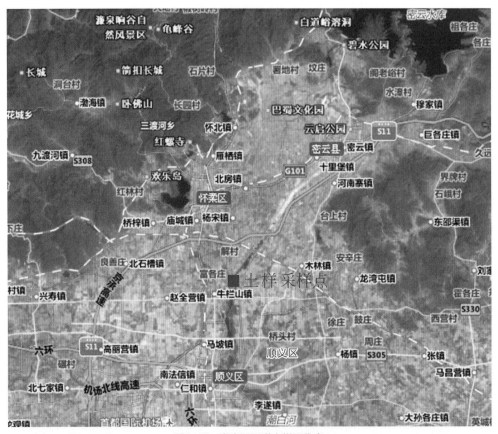

图5-15 潮白河河道土样采集点

图5-16 河道底部地层剖面

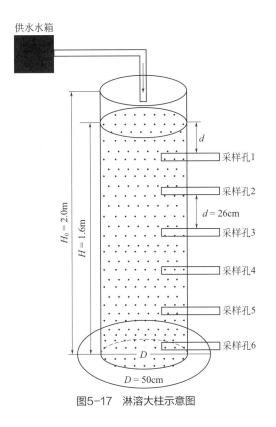

图5-17　淋溶大柱示意图

（4）水质分析指标

在试验初期，考虑到试验过程中包气带介质中可能含有一些可溶的有毒有害组分，对大柱5号采样孔、大柱6号采样孔出水进行了水质全分析，测试水质指标30项，包括K^+、Na^+、Ca^{2+}、Mg^{2+}、HCO_3^-、Cl^-、SO_4^{2-}、总硬度、TDS、F^-、NH_4^+-N、NO_2^--N、NO_3^--N、pH值、LAS、CN^-、Cu、Zn、Pb、Cd、Cr、Fe、Mn、Ni、Hg、As、Se、Al、Mo、Co。

在长期淋溶试验过程中主要测试分析K^+、Na^+、Ca^{2+}、Mg^{2+}、HCO_3^-、CO_3^{2-}、Cl^-、SO_4^{2-}、NH_4^+-N、NO_2^--N、NO_3^--N、pH值12项常规水质指标。

5.2.1.2　淋溶试验数据分析

（1）淋溶柱进水水质

淋溶试验自2014年10月19日开始，至2014年11月16日结束。在淋溶试验过程中测试了大小柱的南水北调水源进水水质4次，12项水质指标测试结果见表5-9。可以看出，每次测试的进水中，由于NO_2^--N的化学性质极不稳定，其浓度波动相对较大。其余指标的稳定性则很好，4次测试结果接近。由此可见，南水北调水源进水水质稳定性较好。

表5-9　淋溶试验过程中南水北调水源进水水质分析表　　单位：mg/L（pH值除外）

名称	进水日期	K^+	Na^+	Ca^{2+}	Mg^{2+}	HCO_3^-	CO_3^{2-}
南水1	2014-10-22	1.57	4.19	34.1	6.26	98.07	0.00
南水2	2014-10-31	1.56	3.89	34.2	5.94	96.99	0.00
南水3	2014-11-4	1.57	4.16	37.5	6.85	102.84	0.00
南水4	2014-11-11	1.63	4.72	44.4	6.79	101.57	0.00
	均值	1.58	4.24	37.55	6.46	99.87	0.00
名称	进水日期	Cl^-	SO_4^{2-}	NH_4^+-N	NO_2^--N	NO_3^--N	pH值
南水1	2014-10-22	5.20	23.3	0.05	0.006	0.86	8.04
南水2	2014-10-31	3.87	26.3	0.23	0.026	0.98	7.98
南水3	2014-11-4	4.46	26.4	0.16	0.016	1.95	8.08
南水4	2014-11-11	4.41	24.3	0.20	0.003	1.00	7.94
	均值	4.49	25.07	0.16	0.013	1.20	8.01

（2）出水水质全分析

试验初期大柱5号采样孔、大柱6号采样孔的出水水质分析结果见表5-10。从表5-10中可以看出，大柱淋溶试验初期的大柱5号采样孔及6号采样孔出水水质中，重金属检出浓度较低，表明潮白河河道包气带介质较为纯净，未受到显著的人为污染。

表5-10　淋溶大柱5号及6号采样孔水质分析结果　　单位：mg/L（pH值除外）

序号	水质指标	大柱5号采样孔	大柱6号采样孔
1	K^+	1.44	1.36
2	Na^+	4.89	6.72
3	Ca^{2+}	81.7	44.4
4	Mg^{2+}	12.8	6.24
5	HCO_3^-	105.2	102.3
6	Cl^-	14.9	6.64
7	SO_4^{2-}	52.4	31.2
8	总硬度	231.1	205.3
9	TDS	414	224
10	F^-	1.1	1.2
11	NH_4^+-N	0.17	0.16
12	NO_2^--N	0.013	0.03
13	NO_3^--N	28.9	3.6
14	pH值	8.16	8.26
15	LAS	0.08	0.04
16	CN^-	0.01	0.009

序号	水质指标	大柱 5 号采样孔	大柱 6 号采样孔
17	Cu	< 0.009	< 0.009
18	Zn	< 0.001	< 0.001
19	Pb	0.05	0.04
20	Cd	< 0.004	< 0.004
21	Cr	< 0.019	< 0.019
22	Fe	< 0.0045	< 0.0045
23	Mn	< 0.0005	< 0.0005
24	Ni	0.009	< 0.006
25	Hg	0.00013	0.0001
26	As	< 0.0010	< 0.0010
27	Se	< 0.0004	< 0.0004
28	Al	< 0.04	< 0.04
29	Mo	0.012	0.012
30	Co	0.0072	0.0054

（3）各时刻自上而下采样孔水质变化规律

在大柱淋溶试验过程中，按照既定的试验方案对各采样孔进行采样分析，共采集水样 9 次。

根据检测数据，可绘制出同一水质指标各时刻自上而下采样孔的水质浓度变化，详见图 5-18。采样孔自上而下编号依次为 DZ-1 ～ DZ-6。

总体而言，各时刻自上而下阳离子浓度变化特征为：K^+ 表现为浓度降低的变化趋势；Na^+ 浓度也呈现浓度降低的变化趋势，但试验初期浓度降幅相对较大，中后期则降幅很小；Ca^{2+} 浓度呈现出升高的变化趋势；Mg^{2+} 浓度表现为先降后升的变化特点。

各时刻自上而下阴离子浓度变化特征为：HCO_3^- 浓度表现为升高的变化趋势；Cl^- 和 SO_4^{2-} 浓度没有升高或降低的变化趋势，在波动中较为稳定。试验前期波动较大，浓度相对较高；试验后期变化平稳，浓度相对较低。

各时刻自上而下三氮浓度变化特征为：NH_4^+-N 浓度在试验前期波动较大，且浓度较高，没有升高或降低的变化趋势；但试验后期呈现浓度升高的变化趋势。NO_2^--N 浓度变化在波动中较为平稳，如不考虑进水，则试验中后期自 DZ-1 至 DZ-5 呈现出微弱的升高趋势。NO_3^--N 浓度在试验初期波动较大，且浓度相对较高，试验中后期自 DZ-2 至 DZ-6 有微弱的升高趋势。

各时刻自上而下 pH 值升高或降低的趋势明显。在试验初期自上而下呈升高的变化趋势，以后则呈降低的变化趋势。

从各水质指标的浓度数值和 pH 值来看，水质浓度均较低，且 pH 值也低于 8.5，出水水质满足《生活饮用水卫生标准》（GB 5749—2006）。

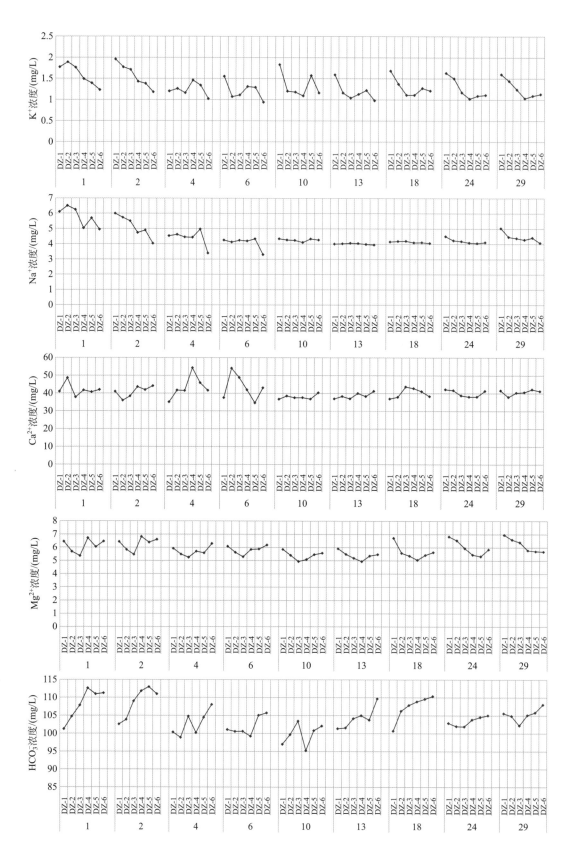

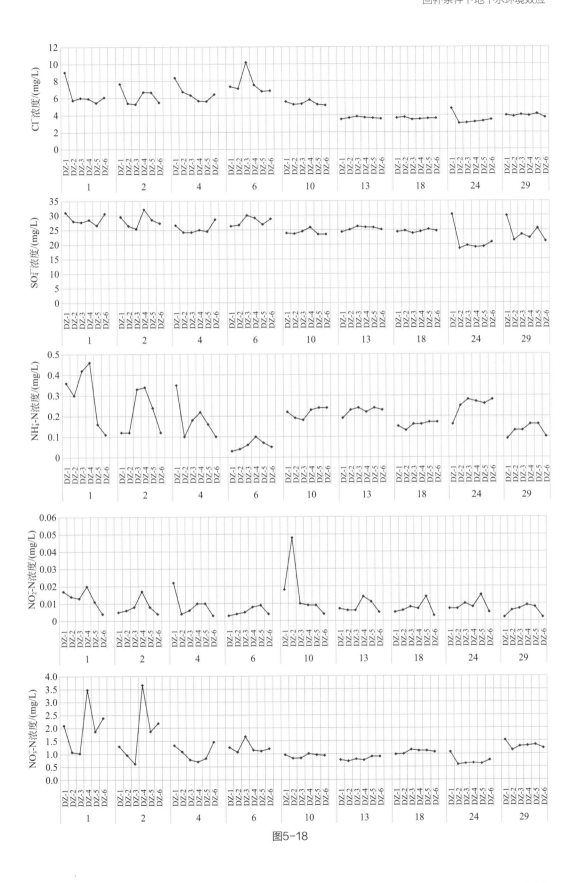

图5-18

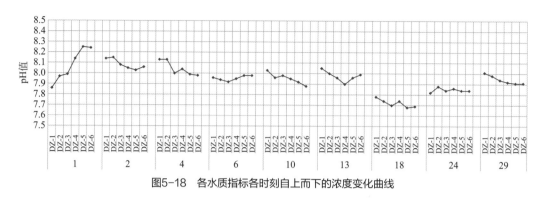

图5-18　各水质指标各时刻自上而下的浓度变化曲线

（4）各采样孔水质随时间变化规律

根据水质测试数据，可以绘制出各采样孔每种化学组分浓度的历时变化曲线，如图5-19所示。随着试验时间的推移，各采样孔阳离子浓度变化特征为：各采样孔的K^+、Na^+浓度呈现出逐渐降低的变化趋势，但试验后期基本稳定；Ca^{2+}浓度在试验过程中较为稳定，但试验后期DZ-1、DZ-3、DZ-4、DZ-5孔的Ca^{2+}浓度呈现出微弱的升高态势；Mg^{2+}浓度呈现出先降后升的变化特点。

各采样孔阴离子浓度变化特征为：HCO_3^-浓度呈现出先降后升的变化特点；Cl^-和SO_4^{2-}浓度呈现出先降低而后稳定的变化特点。

各采样孔三氮浓度变化特征为：各采样孔的NH_4^+-N浓度变化规律不尽相同，DZ-1浓度呈降低的趋势，而其余采样孔则基本呈现出先降后升的特点。各采样孔NO_2^--N浓度变化各不相同，但试验过程中其浓度均较低。NO_3^--N浓度基本呈现出降低的变化态势。

各采样孔pH值则呈现出试验前期、中期降低，而后期升高的变化特点。

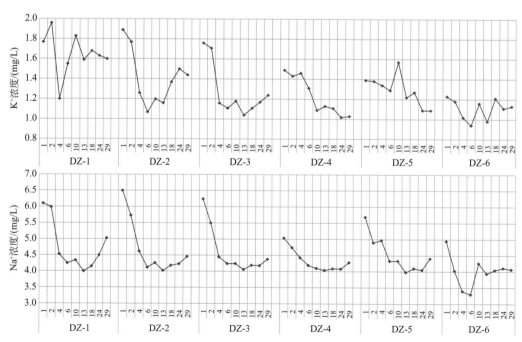

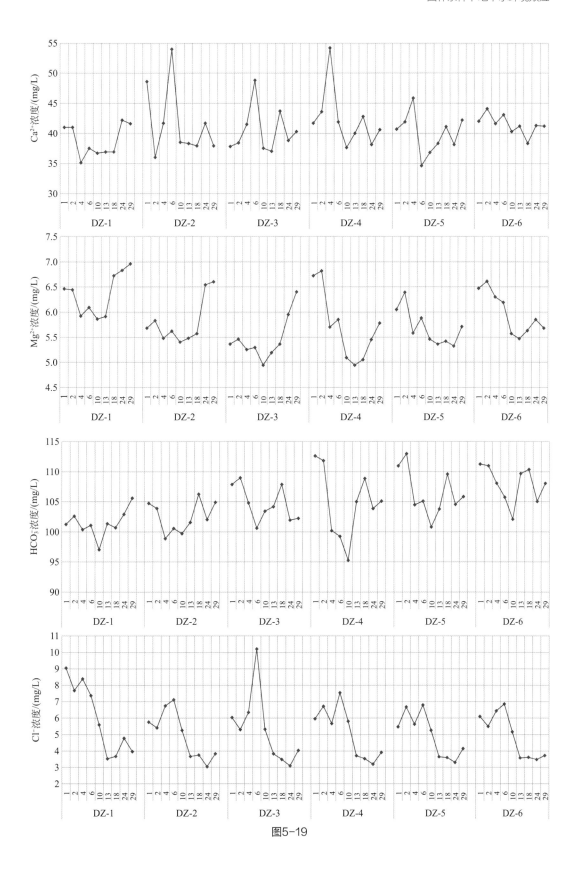

图5-19

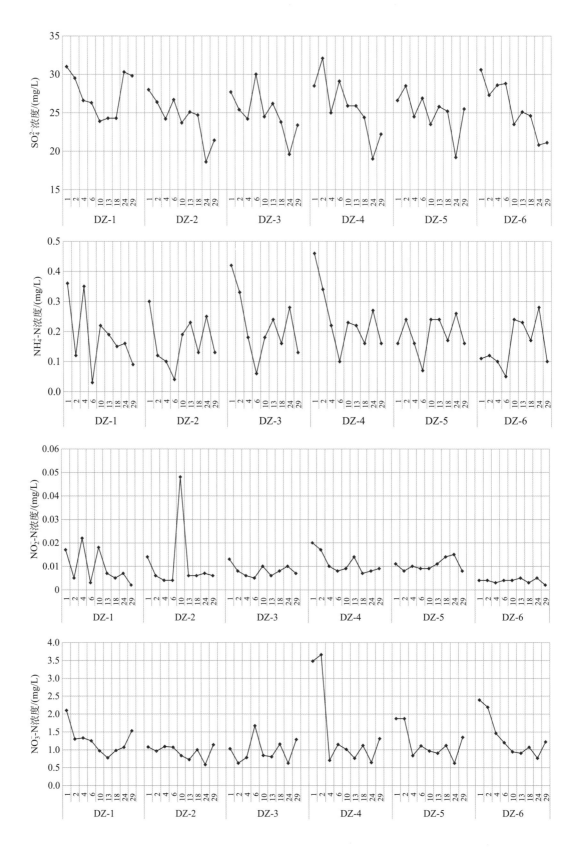

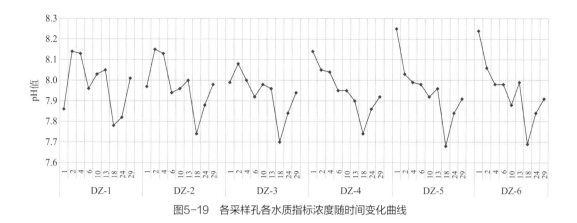

图5-19　各采样孔各水质指标浓度随时间变化曲线

5.2.1.3　土柱水质变化机理分析

南水北调水源在淋溶密怀顺水源区土柱的过程中，一方面将包气带中的可溶性化学组分淋溶出来，另一方面可能发生一系列的水岩相互作用，在淋溶过程中水质发生改变。根据各时刻自上而下各采样孔的水质变化特点和各采样孔水质变化规律特征，可能发生了如下的水岩相互作用：

① 自上而下各采样孔呈现出水中 K^+ 浓度降低和 Ca^{2+} 浓度升高的特点，表明南水中的 K^+ 与土柱中吸附的 Ca^{2+} 之间发生了明显的阳离子交换吸附作用。交换吸附方程式为：$2K^+ + CaX \Longrightarrow Ca^{2+} + K_2X$。试验初期，自上而下 Na^+ 浓度也呈降低趋势，表明 Na^+ 与 Ca^{2+} 之间也发生了阳离子交换吸附，$2Na^+ + CaX \Longrightarrow Ca^{2+} + Na_2X$。但试验中后期自上而下 Na^+ 浓度稳定，表明 Na^+ 与 Ca^{2+} 之间不再发生交换吸附，交换吸附主要发生在 K^+ 与 Ca^{2+} 之间。

② 自上而下各采样孔出水的 NH_3-N 浓度呈现出升高的变化趋势，表明在试验中，土体颗粒表面吸附的 NH_3-N 将发生解吸作用，使得自上而下的 NH_4^+-N 浓度不断升高。同时，部分 NH_3-N 与水中的 H^+ 结合形成 NH_4^+，导致水中的pH值呈现升高的变化趋势。反应方程式为：$NH_3 + H^+ \Longrightarrow NH_4^+$，$H_2O \longrightarrow H^+ + OH^-$。

③ 在试验中后期，NO_2^--N 和 NO_3^--N 浓度呈现升高的变化趋势，推测淋溶过程中土柱中发生了轻微的硝化反应，在硝化菌参与下，部分 NH_3-N 转化为 NO_2^--N 和 NO_3^--N。反应方程式为：$2NH_3 + 3O_2 \Longrightarrow 2NO_2^- + 2H^+ + 2H_2O$，$2NO_2^- + O_2 \Longrightarrow 2NO_3^-$。较为复杂的反应方程式为：

$$NH_4^+ + 1.86O_2 + 1.98HCO_3^- \longrightarrow 0.02C_5H_7O_2 + 1.04H_2O + 0.98NO_3^- + 1.88H_2CO_3$$

利用淋溶试验中后期各采样孔出水 NH_4^+-N 和 NO_3^--N 浓度数据，可绘制出两者的相关关系曲线，相关系数平方值约为0.52，如图5-20所示。根据Pearson相关系数检验，在自由度为35、置信水平为99.5%的条件下，只要相关系数大于0.418，即为高度显著相关。而本次研究 NH_4^+-N 与 NO_3^--N 的相关系数为0.72，表明试验中后期土柱中的硝化作用显著。

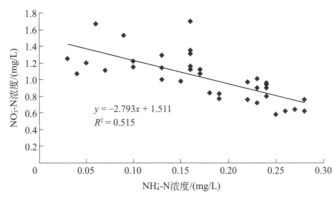

图5-20 NH_4^+-N与NO_3^--N的散点及相关曲线

④ 试验初期各采样孔自上而下pH值显著升高，表明土样颗粒表面吸附的分子态氨氮解吸占主导地位，硝化反应次之。中后期pH值自上而下呈降低趋势，表明该阶段土柱中的硝化反应占主导地位，而分子态氨氮解吸次之。

⑤ 各采样孔自上而下Ca^{2+}、HCO_3^-浓度不断升高，尤其是HCO_3^-浓度升高显著。这表明自上而下淋溶过程中，伴随着pH值的降低，土柱砂样中的方解石发生溶解。方程式为：$CaCO_3+H_2CO_3 = Ca^{2+}+2HCO_3^-$。

⑥ 各采样孔自上而下Mg^{2+}浓度先降后升，推测可能原因为在土柱上部产生了沉淀作用，方程式为：$Ca^{2+}+Mg^{2+}+4HCO_3^- = CaMg(CO_3)_2+2H_2CO_3$。在土柱下部因pH值的降低发生了白云石矿物的溶解，方程式为：$CaMg(CO_3)_2+2H_2O+2CO_2 = Ca^{2+}+Mg^{2+}+4HCO_3^-$。随着时间推移，土柱下部白云石的溶解作用越来越弱。

⑦ 土柱中的淋溶过程显著。各采样孔的K^+、Na^+、Cl^-、SO_4^{2-}、NO_2^--N、NO_3^--N表现为随时间降低并渐趋稳定的变化特征，这充分表现出优质的南水北调水源对土柱的淋溶作用，即使土柱中发生了一系列的水岩相互作用，使得部分组分浓度在短期内升高，但可溶组分将逐步溶出，水质浓度不断降低。

⑧ 各采样孔Ca^{2+}、Mg^{2+}、HCO_3^-浓度波动较大，未呈现出持续降低的变化趋势，与土柱中发生硝化反应、方解石溶解、白云石沉淀及溶解作用关系密切。

5.2.2 南水北调水源含水层模拟试验

5.2.2.1 试验方案

在南水北调水源实际回灌过程中，水源进入含水层后将向四周运移，在回灌点向四周扩散过程中，南水北调水源与地下水之间的比例将不断降低。静态含水层模拟试验即是将南水北调水源与密怀顺水源区地下水按照不同的比例配比混合后，注入模拟含水层试验装置，监测含水层出水水质变化。

（1）试验装置

构建7个模拟含水层土柱，玻璃柱内径19cm，高1m，填砂高度35cm，水面高出砂面30cm，试验装置如图5-21所示。每个模拟含水层中的砂样等重，均为14.5kg。

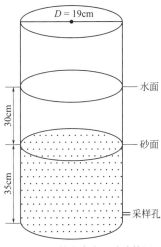

图5-21　静态含水层试验装置

（2）试验方案

采集南水北调水源水样和密怀顺地下水水样后，将两地水按照7种比例瞬时混合，配重相同，注入试验装置，形成静态模拟含水层。各含水层注入水量18L。南水北调水源与调蓄区地下水的7种混合比例分别为南水（DJK）、DB5∶1、DB3∶1、DB1∶1、DB1∶3、DB1∶5和纯地下水（MHS）。D代表南水北调水源，B代表北京密怀顺地下水。

各含水层装置底部采样孔水样采集时间段设定为：第1天，第2天，第3天，第4天，第6天，第8天，第12天，第15天，第20天，第26天，第31天，共采集水样11次。

5.2.2.2　试验数据分析

静态含水层模拟试验自2014年10月17日开始，至2014年11月16日结束。10月17日，将南水北调水源与密怀顺水源区地下水按照不同比例混合后，注入各模拟含水层装置。在注入装置前，将采集南水北调水源、密怀顺地下水及不同比例混合的混合水，进行水质检测。自10月18日起，开始测试各模拟含水层的出水水质。

由于南水北调水源和密怀顺水源区地下水水质优良，本次试验仅对常规组分进行测试，测试指标为：K^+、Na^+、Ca^{2+}、Mg^{2+}、HCO_3^-、CO_3^{2-}、Cl^-、SO_4^{2-}、pH值、NH_4^+-N、NO_2^--N、NO_3^--N12项指标。

（1）模拟含水层进水水质对比

试验前丹江口水库水、密怀顺地下水、两地水不同占比混合后的水质测试结果见表5-11。据表5-11，密怀顺水源区地下水中K^+、Na^+、Ca^{2+}、Mg^{2+}、HCO_3^-、Cl^-、SO_4^{2-}、NO_2^--N、NO_3^--N等组分浓度显著高于丹江口水库水，而pH值低于丹江口水库水。随着丹江口水库水占比降低，各种组分的浓度呈升高态势，体现出了两地水水质的物理混合特征。

表5-11　试验前各模拟含水层进水水质一览表　　　　单位：mg/L（pH值除外）

含水层	K^+	Na^+	Ca^{2+}	Mg^{2+}	HCO_3^-	CO_3^{2-}
DJK	1.62	4.91	34.30	6.22	99.54	未检出
DB5:1	2.11	11.70	53.00	12.00	139.25	未检出
DB3:1	2.17	13.30	64.10	16.40	159.87	未检出
DB1:1	2.51	15.80	72.50	20.80	215.45	未检出
DB1:3	2.92	22.20	84.90	28.10	271.16	未检出
DB1:5	3.09	25.60	91.90	31.70	297.05	未检出
MHS	3.27	26.49	95.07	34.38	333.97	未检出

含水层	Cl^-	SO_4^{2-}	NH_4^+-N	NO_2^--N	NO_3^--N	pH值
DJK	5.80	24.84	0.06	0.010	0.87	8.00
DB5:1	18.30	45.10	0.02	0.015	4.04	7.86
DB3:1	17.30	41.10	0.02	0.013	1.93	7.69
DB1:1	29.30	58.30	0.02	0.013	2.74	7.55
DB1:3	46.40	87.50	0.02	0.021	4.09	7.50
DB1:5	49.10	83.30	0.02	0.022	4.08	7.53
MHS	54.82	92.06	0.04	0.024	4.61	7.33

（2）各时刻不同含水层出水水质对比

根据试验过程中各含水层的出水水质数据，可绘制出各采样时刻不同含水层出水的各水质指标浓度对比曲线，详见图5-22。在各水质指标浓度变化曲线中，各含水层按照丹江口水库水占比越来越小的次序排列。

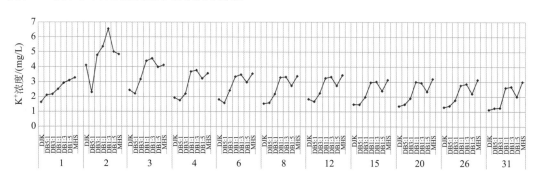

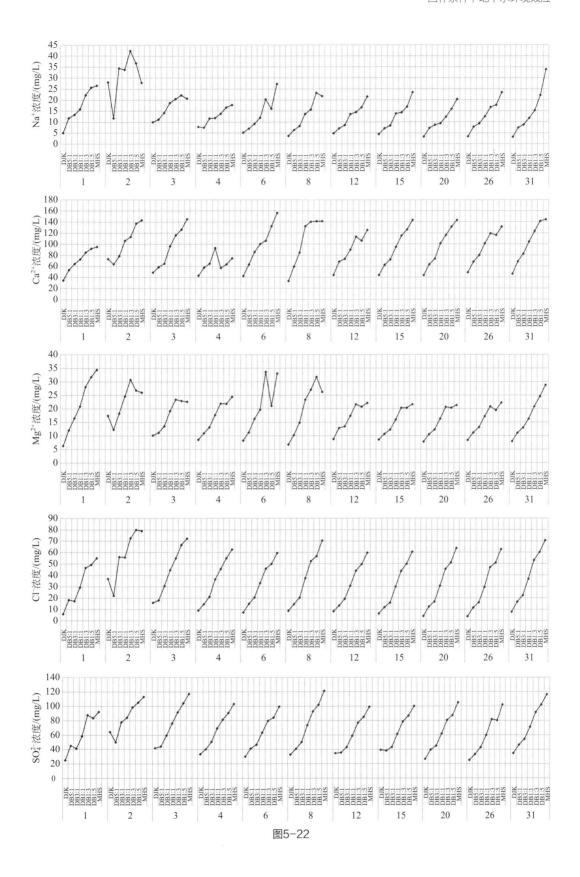

图5-22

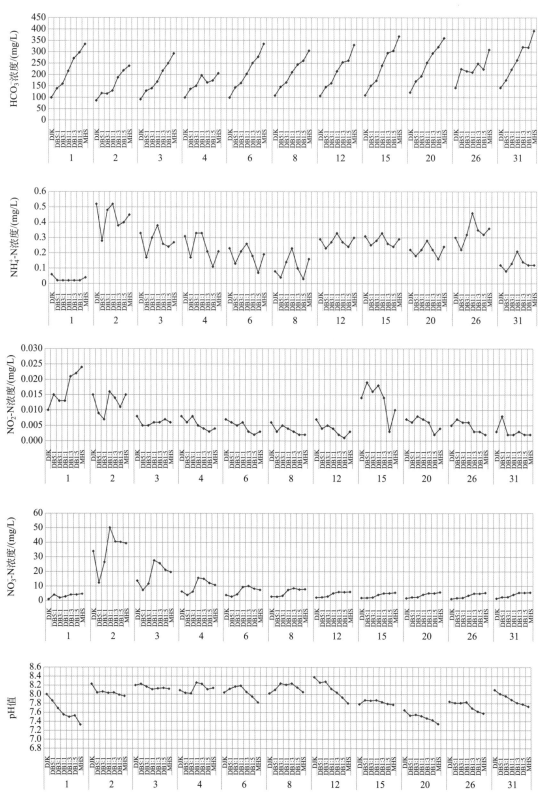

图5-22　各时刻随丹江口水库水占比降低各水质指标浓度变化

各水质指标浓度变化特征如下：

① 随着丹江口水库水占比的降低，K^+、Na^+、Ca^{2+}、Mg^{2+}、HCO_3^-、Cl^-、SO_4^{2-} 等常规阴阳离子的浓度呈现出显著升高的特点。

② 在试验第1次采样中，当丹江口水库水与密怀顺地下水比例低于1：1时，K^+、Na^+、Ca^{2+}、HCO_3^-、Cl^-、SO_4^{2-}、NH_4^+-N、NO_3^--N 等组分浓度均显著高于密怀顺地下水水质浓度，表明各含水层进水后，含水层介质中的可溶组分有析出现象。

③ 三氮浓度的变化特征为：NH_4^+-N 浓度波动较大，但没有升高或降低的趋势性变化。第1次、第2次水样的 NO_2^--N 浓度随着丹江口水库水占比的降低呈升高的变化趋势，但以后的水样中，随着丹江口水库水占比的降低，NO_2^--N 浓度呈降低的变化趋势。在试验前期，NO_3^--N 浓度呈现出先升后降的变化规律，后期则呈现升高后平稳的变化规律。

④ 总体而言，随着丹江口水库水占比的降低，出水的 pH 值呈现出降低的变化特征。

（3）各含水层出水水质随时间的变化规律

根据各含水层出水水质监测数据，可绘制出各含水层出水水质随时间的变化曲线，详见图5-23。

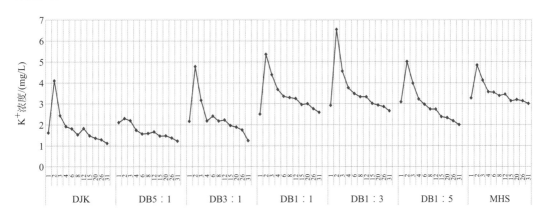

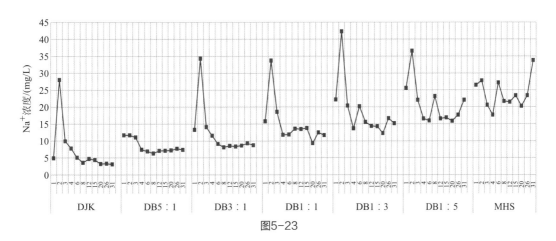

图5-23

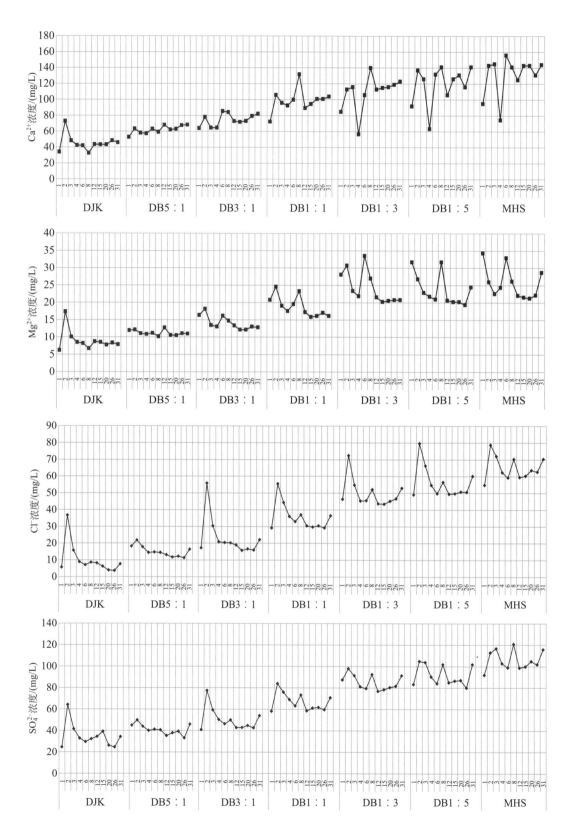

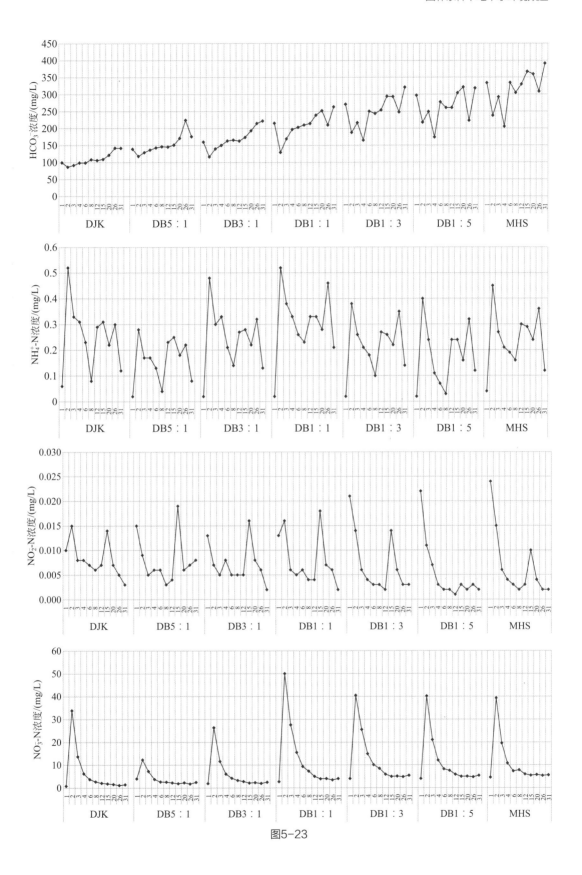

图5-23

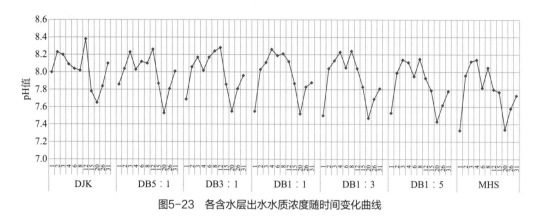

图5-23　各含水层出水水质浓度随时间变化曲线

据图5-23，各含水层出水水质阳离子浓度变化特征为：K^+浓度随着时间推移呈降低的变化趋势。试验前期降幅大，后期降幅变小。试验前期，各含水层出水的Na^+浓度呈降低趋势；后期则基本稳定。当含水层中丹江口水库水占比较大时，Ca^{2+}浓度升幅显著；当密怀顺地下水占比较大时，Ca^{2+}浓度波动较大且较为稳定。总体而言，在试验前期Mg^{2+}浓度的降幅较大，而中后期呈微降的变化趋势。

各含水层出水水质阴离子浓度变化特征为：HCO_3^-浓度呈升高的变化特点，Cl^-、SO_4^{2-}浓度呈降低而后稳定的变化特点。

各含水层出水三氮浓度变化特征为：试验前期，NH_4^+-N浓度显著降低，后期则在波动中较为稳定；NO_2^--N浓度基本呈降低趋势；NO_3^--N浓度则呈现前期快速降低而后期稳定的变化特征。

在试验前期各含水层出水的pH值高于丹江口水库水，试验中后期总体上呈降低的变化特征。

在丹江口水库水模拟含水层和密怀顺地下水模拟含水层中，在试验前期，K^+、Na^+、Ca^{2+}、HCO_3^-、Cl^-、SO_4^{2-}、NH_4^+-N、NO_3^--N等均高于进水；在丹江口水库水模拟含水层中，Mg^{2+}、NO_2^--N浓度也高于进水，表明含水层介质中可溶组分析出。

在试验初期，部分含水层出水中NO_3^--N浓度较高，但随着试验进行，其浓度大幅降低。总体而言，各含水层水质良好，基本满足《生活饮用水卫生标准》（GB 5749—2006）中的相关要求。

5.2.2.3　含水层水质变化机理分析

（1）物理混合作用

根据各含水层出水水质对比曲线可以看出，随着南水北调水在含水层中占比的降低，各种阴阳离子，如K^+、Na^+、Ca^{2+}、Mg^{2+}、HCO_3^-、Cl^-、SO_4^{2-}、NO_3^--N等的浓度呈现升高的变化特征，与两地水混合后的水质变化特征基本一致。也就是说，试验前混合水中各种化学组分的浓度越高，含水层出水中相应的化学组分浓度也越高。这表明：尽管含水层介质的可溶组分析出，含水层中发生了一系列的水岩相互作用，也并未改变进水浓度高、出水浓度也高的特征。因此，南水北调水源在密怀顺水源区回灌过程中，含水层中的地下水水质主要随着丹江口水库水源的注入发生物理性的混合作用。

（2）水岩相互作用机理分析

根据静态含水层试验研究，含水层中除介质中可溶组分析出外，还发生了一系列的水岩相互作用。

① 阳离子交换吸附。根据各含水层中K^+、Na^+降低和Ca^{2+}浓度升高的变化特征，表明各含水层水中的K^+、Na^+与含水层介质中Ca^{2+}之间发生了阳离子交换吸附作用，K^+、Na^+被吸附，而Ca^{2+}进入水中。据图5-23，K^+与Ca^{2+}之间的交换吸附持续整个试验过程，而Na^+与Ca^{2+}之间的吸附仅在试验前期较为显著。

② 硝化作用和氨氮解吸作用。在试验前期和中期，各含水层出水NH_4^+-N浓度显著高于密怀顺地下水，表明含水层介质吸附的分子态NH_4^+-N解吸出来。试验前期各含水层出水的NH_4^+-N浓度呈降低的变化趋势，同时NO_3^--N浓度多高于密怀顺地下水，表明在试验前期各含水层中可能发生了显著的硝化作用，NH_4^+-N转化为NO_2^--N，NO_2^--N转化为NO_3^--N。然而，各含水层出水的NO_2^--N、NO_3^--N的浓度也随时间降低，NH_4^+-N、NO_2^--N与NO_3^--N三者之间呈显著的正相关关系，可能原因为：试验过程中含水层柱处于静止状态，水面高于砂面，仅在采样过程中，砂面上部的水进入含水层，稀释了NO_2^--N和NO_3^--N，同时含水层的复氧条件逐渐减弱，硝化作用减缓，且NO_2^--N、NO_3^--N易于迁移，使得其浓度呈降低趋势。

在试验过程中不仅存在硝化反应，而且存在含水层介质中的氨氮解吸作用。介质表面吸附的氨氮解吸是一个缓慢的过程。在试验前期、中期，解吸出的NH_4^+-N经硝化作用转化为NO_2^--N和NO_3^--N，NH_4^+-N浓度降低。在试验后期，因含水层中的氧化环境减弱，硝化作用受到抑制，NH_3-N浓度再度升高。

③ 在试验过程中，含水层中的pH值变化受制于硝化作用和氨氮解吸作用。氨氮解吸使得含水层出水的pH值升高，硝化作用使得含水层出水的pH值降低。总体而言，在试验前期，氨氮解吸作用使得含水层中的pH值高于丹江口水库水，但中后期硝化作用占主导，各含水层出水的pH值总体呈现出降低的变化态势，但波动性较大。

（3）矿物溶解与沉淀作用

试验过程中，各含水层出水的Ca^{2+}和HCO_3^-浓度总体呈升高趋势。试验过程中含水层出水Ca^{2+}浓度均高于进水浓度。Ca^{2+}浓度升高既与阳离子交换吸附有关，又与含水层中pH值的降低促进含水层介质中的方解石溶解有关。HCO_3^-浓度升高与含水层中pH值的降低密切相关。

在试验过程中，各含水层出水中Mg^{2+}浓度总体呈降低的变化趋势。含水层中pH值降低应该促进白云石矿物的溶解，引起Mg^{2+}浓度升高。Mg^{2+}浓度降低的原因为：含水层中Ca^{2+}浓度升高抑制了白云石的溶解，使白云石溶解反应向反方向进行，引起白云石沉淀，造成Mg^{2+}浓度降低。

5.2.3 南水北调水源现场回补对地下水环境的影响

5.2.3.1 地下水调蓄区河床原位修复与水力调控耦合示范工程

（1）地下水污染修复场地概况

本次研究选择调蓄区内牛栏山橡胶坝下游潮白河河道及其周边区域作为污染修复场地。在牛栏山橡胶坝下游右堤存在牛栏山酒厂污水排放口和牛栏山生活小区污水排放口，污水排放量为 $2.048 \times 10^6 m^3$。为了净化污水，在堤路内构建了湿地。两处排污口的出水经过湿地（Ⅰ号湿地和Ⅱ号湿地）处理后，进入湿地东部1号坑塘，溢出后向东进入潮白河河道内2号坑塘，继续溢出后相继进入河道南部3号坑塘和4号坑塘，排污口、湿地及出水坑塘分布如图5-24所示。湿地构建过程中，湿地内坑塘底部均以黏土防渗，1号坑塘底部以黏土防渗，2号坑塘以土工膜防渗，3号和4号坑塘则未采取防渗措施。3号、4号坑塘内的水自然入渗补给地下水，存在地下水污染风险。

图5-24 排污口、湿地及出水坑塘分布图

场地的浅层地层岩性结构表现为砂卵砾石与粉质黏土互层，以砂卵砾石为主（图5-25）。该场地位于密怀顺潮白河冲积扇前缘，粉质黏土不连续，多呈透镜体状态，河床的入渗能力较强。湿地出水进入河床坑塘后，容易入渗进入浅层地下水，威胁浅层地下水水质。

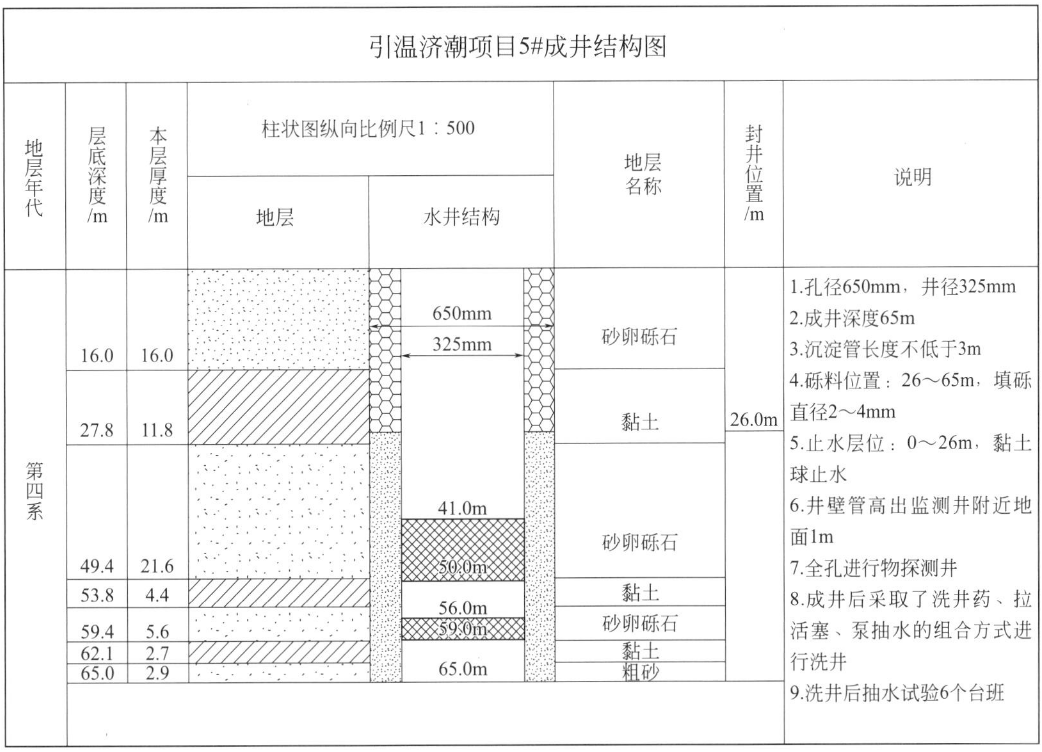

引温济潮项目5#成井结构图						
地层年代	层底深度/m	本层厚度/m	柱状图纵向比例尺1∶500		地层名称	封井位置/m	说明
			地层	水井结构			
第四系	16.0	16.0		650mm 325mm	砂卵砾石	26.0m	1.孔径650mm，井径325mm 2.成井深度65m 3.沉淀管长度不低于3m 4.砾料位置：26~65m，填砾直径2~4mm 5.止水层位：0~26m，黏土球止水 6.井壁管高出监测井附近地面1m 7.全孔进行物探测井 8.成井后采取了洗井药、拉活塞、泵抽水的组合方式进行洗井 9.洗井后抽水试验6个台班
	27.8	11.8			黏土		
	49.4	21.6		41.0m 50.0m	砂卵砾石		
	53.8	4.4		56.0m	黏土		
	59.4	5.6		59.0m	砂卵砾石		
	62.1	2.7			黏土		
	65.0	2.9		65.0m	粗砂		

图5-25　地层岩性结构柱状图

（2）湿地出水水质及其对地下水的潜在影响

为了查明湿地出水的水质，对1号坑塘和3号坑塘进行了采样检测。两坑塘的水质监测数据状况见表5-12，主要水质指标的历时变化曲线如图5-26所示。由表5-12可知，两坑塘水质具有再生水水质特征，盐度高，即K^+、Na^+、Cl^-浓度较高，K^+浓度均值为8.68~11.69mg/L，Na^+浓度均值为57~64.02mg/L，Cl^-浓度均值为68.90~70.39mg/L。总硬度低，两坑塘的总硬度约为242mg/L。

坑塘水中的NH_4^+-N和NO_2^--N浓度较高，1号坑塘NH_4^+-N浓度为8.82~39.6mg/L，3号坑塘NH_4^+-N浓度为0.06~20.20mg/L；1号坑塘NO_2^--N浓度为0.002~0.962mg/L，3号坑塘NO_2^--N为0.005~0.437mg/L。坑塘水的NO_3^--N浓度较低，1号坑塘水的NO_3^--N浓度均值为0.98mg/L，3号坑塘水的NO_3^--N浓度均值为2.77mg/L。坑塘水的pH值较高，略大于8。坑塘水的TN、TP、高锰酸盐指数、BOD_5、TOC浓度较高，TN均值大于15mg/L，TP均值大于1.1mg/L，高锰酸盐指数均值大于7.5mg/L，BOD_5均值大于18.9mg/L，TOC均值大于7.1mg/L。

由于湿地处理的水主要为生活污水，水中的重金属浓度很低，或未检出。

表5-12 潮白河河道湿地出水水质指标检测数据状况表　单位：mg/L（pH值除外）

1号坑塘	均值	最小值	最大值	3号坑塘	均值	最小值	最大值
K^+	11.69	5.59	17.50	K^+	8.68	3.65	11.70
Na^+	64.02	38.40	166.00	Na^+	57.00	28.50	166.00
Ca^{2+}	62.44	43.70	76.00	Ca^{2+}	64.58	39.30	83.80
Mg^{2+}	19.47	12.50	22.40	Mg^{2+}	19.87	12.40	24.90
Cl^-	68.90	41.80	92.80	Cl^-	70.39	40.50	94.80
SO_4^{2-}	46.28	33.30	57.80	SO_4^{2-}	78.79	34.40	233.00
CO_3^{2-}	3.63	0.15	31.50	CO_3^{2-}	8.77	0.15	50.90
HCO_3^-	381.58	248.00	445.00	HCO_3^-	287.11	181.00	407.82
pH值	8.04	7.67	8.67	pH值	8.12	7.39	8.98
COD	462.22	356.00	546.00	COD	448.22	256.00	528.00
总硬度	241.24	167.00	287.00	总硬度	243.89	151.00	302.00
NH_4^+-N	23.33	8.82	39.60	NH_4^+-N	9.19	0.06	20.20
NO_3^--N	0.98	0.03	5.79	NO_3^--N	2.77	0.03	14.90
NO_2^--N	0.236	0.002	0.962	NO_2^--N	0.229	0.005	0.437
TN	29.30	10.10	40.70	TN	15.66	5.39	32.30
TP	2.40	0.89	4.16	TP	1.11	0.04	2.09
COD_{Mn}	9.29	4.84	15.20	COD_{Mn}	7.56	0.36	16.40
BOD_5	19.64	2.50	113.00	BOD_5	18.91	2.40	86.60
TOC	10.15	0.60	19.40	TOC	7.11	0.60	17.60

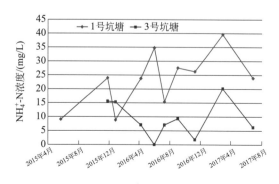

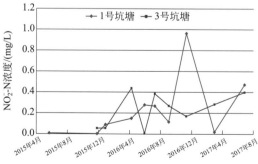

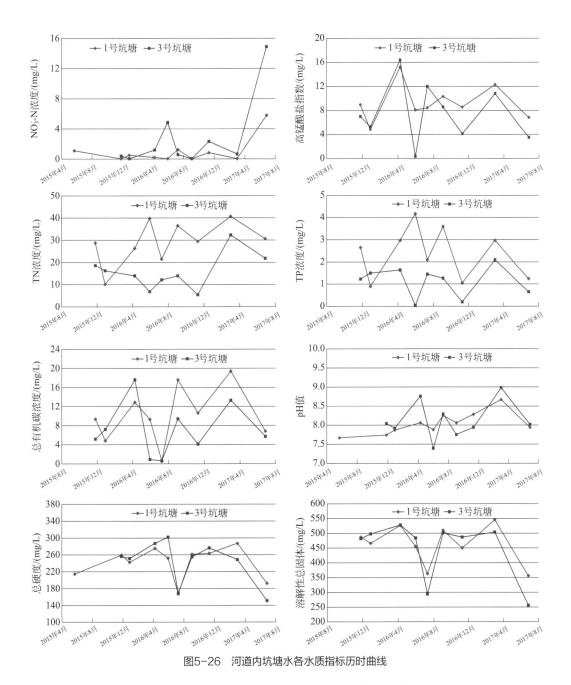

图5-26　河道内坑塘水各水质指标历时曲线

依据《地下水质量标准》（GB/T 14848—2017），坑塘水中的NH_4^+-N、NO_2^--N、高锰酸盐指数等浓度均值严重超出Ⅲ类限值，因此，潮白河河道内坑塘水入渗对地下水水质具有潜在威胁。

（3）修复前地下水水质状况

为查明修复前的地下水水质状况，利用场地周边及其北部、南部的14眼地下水环境监测井，构成地下水环境监测网，以监测场地的地下水水质状况。由于场地的地下水埋深达到45m，监测井深度为60～80m，以监测浅层地下水水质状况。监测井分布如图5-27所示。

在场地修复前，利用修复场地现有的地下水环境监测井及其外围的监测井，监测了场地及其周边的地下水水质状况。场地内的监测井为1号、4号、6号和7号，场地以北的监测井为W3、W4，南部的监测井为8号、9号。从表5-13中可以看出，场地内地下水中Na^+、Cl^-、SO_4^{2-}浓度显著高于场地外围地下水，表明坑塘水入渗已经对地下水水质产生影响。场地内地下水的NH_4^+-N有超标现象，6号井的浓度均值为0.32mg/L，超出《地下水质量标准》（GB/T 14848—2017）Ⅲ类限值0.2mg/L；场地内4眼监测井中的NO_2^--N浓度均值超过Ⅲ类限值0.02mg/L。

图5-27　场地地下水环境监测井空间分布图

表5-13　场地及其周边的地下水水质均值一览表　　　单位：mg/L（pH值除外）

水质指标	1号	4号	6号	7号	W3
K^+	3.36	5.15	2.65	2.65	1.40
Na^+	49.90	68.80	34.70	31.40	13.00
Ca^{2+}	50.20	50.40	43.40	41.70	67.10
Mg^{2+}	28.50	22.70	21.30	20.40	17.70
Cl^-	58.00	116.00	61.80	63.00	30.8
SO_4^{2-}	80.30	57.20	62.40	66.20	36.50
HCO_3^-	208.66	219.33	151.22	155.99	246.00
pH值	7.47	7.52	7.53	7.71	7.78
COD	176.00	160.50	184.00	143.00	387.00
总硬度	262.80	290.80	231.70	257.70	271.00
NH_4^+-N	0.03	0.07	0.32	0.09	0.02
NO_3^--N	3.34	3.70	1.98	1.80	7.09
NO_2^--N	0.062	0.275	0.075	0.040	0.001
COD_{Mn}	0.91	1.31	1.00	1.18	0.35
水质指标	W4	36（80）	37（80）	05（50）	05（80）
K^+	1.53	1.27	1.27	1.97	1.77
Na^+	11.80	19.6	27.1	19.45	24.40
Ca^{2+}	78.10	57.2	55.5	51.33	63.30
Mg^{2+}	20.90	18.2	20.4	29.15	24.70
Cl^-	52.10	4.11	5.52	23.45	4.09
SO_4^{2-}	40.10	5.4	5.39	40.85	5.39
HCO_3^-	280.00	313	338	274.25	350.00
pH值	7.64	8.08	7.87	7.99	7.98
COD	444.00	303	395	328.75	425.00
总硬度	316.00	222	234	256.75	272.00
NH_4^+-N	0.02	0.08	0.16	0.47	0.12
NO_3^--N	3.08	0.27	0.27	0.42	0.59
NO_2^--N	0.001	0.001	0.001	0.017	0.001
COD_{Mn}	0.53	0.49	0.54	0.93	0.58

注：（　）内表示该井深度，单位为m。

　　根据坑塘水与场地地下水水质监测数据统计，经各水质指标浓度均值对比分析，可以看出，坑塘水的NH_4^+-N、NO_2^--N、高锰酸盐指数浓度远高于地下水，既表明坑塘水入渗影响了地下水水质，又反映出了包气带土层对NH_4^+-N的吸附作用，以及对坑塘水有机物的截留净化作用。

　　从场地地下水水质监测数据可以看出，场地地下水的主要污染因子为NO_2^--N和NH_4^+-N。按照《地下水质量标准》，场地地下水中的NH_4^+-N只有个别井超标，并且NH_4^+-N

浓度均值为0.32mg/L；按照《生活饮用水卫生标准》（GB 5749—2006），NH_4^+-N为感官性状和一般化学指标，标准限值为0.5mg/L，因此，NH_4^+-N不是主要的污染因子。而场地地下水中NO_2^--N浓度均值超标2倍以上，最大超标13倍，且NO_2^--N为毒理性指标，因此，场地地下水中的NO_2^--N为主要污染因子。

（4）地下水修复技术及示范工程建设

1）地下水修复技术

地下水中的NO_2^--N虽然是毒理性指标，但具有极不稳定的特点，一般属于NH_4^+-N向NO_3^--N硝化的中间状态，存在于弱氧化环境的含水层中。只要能够改变场地含水层的氧化还原状态，即可去除含水层中的NO_2^--N。增强含水层的还原能力，通过反硝化作用可将NO_2^--N去除；反之，增强含水层的氧化能力，可通过硝化作用将NO_2^--N硝化为NO_3^--N，去除NO_2^--N。

修复场地地处潮白河冲积扇前缘，包气带和含水层颗粒较粗，主要为砂砾石，包气带和含水层具有一定的氧化性能，采用增加还原能力的方法去除NO_2^--N的可行性低。为此，本次研究采用增加含水层氧化能力的方法去除NO_2^--N。增加含水层氧化能力的方法，一是在场地布设实施注气孔，向包气带、含水层中注入空气，达到硝化去除NO_2^--N的目的；二是借助溶解氧含量较高的地表水入渗补给含水层，提高含水层的氧化能力，硝化去除地下水中的NO_2^--N。

南水北调水源进京后，部分水源将调入密怀顺水源地的潮白河河道进行试验性补水，为场地地下水中NO_2^--N的硝化去除提供了条件，为此，本次研究将通过河道补水方式，通过水力调控对地下水环境进行原位修复。

2）示范工程建设

示范工程位于潮白河橡胶坝下游河床及其周边区域，以该区域内的浅层地下水为对象，达到地下水水质修复的目标。该示范工程建设分为两部分：一是上游河床的水力调控工程建设；二是修复区域内的地下水环境监测井建设。

① 水力调控工程建设。

依托南水北调来水向密云水库反向输水工程以及顺义区南水北调来水入潮白河试验补水工程，南水北调水源自反向输水路线上的李家史山闸经小中河、东水西调干渠、牤牛河、怀河最终到达牛栏山橡胶坝上游干涸的潮白河河道，依靠河道较强的渗透性能，不仅补给了严重亏损的地下水水源地，而且成为该场地的水力调控水源。南水北调水源进京为潮白河河道生态恢复及周边水源区的地下水涵养提供了有利条件和契机。南水北调水源首先进入水厂，然后调入密云水库储存，在调往密云水库过程中，部分水源可通过调水沿线的李家史山闸放水进入潮白河牛栏山橡胶坝上游干涸河道，通过自然入渗补充严重超采的地下水资源。

调水工程设计引水能力为10m³/s，但在实际调水过程中，调水量为4～5m³/s。

自2015年8月21日，南水北调水源断续进入潮白河河道补水，2015年补水量为

$3.379\times10^7m^3$，2016 年补水量为 $1.034\times10^7m^3$，2017 年补水量为 $4.452\times10^7m^3$。

河道补水后，经水均衡分析，测算得到河道的入渗强度为 0.4m/d，表明河道具有很强的入渗能力，为场地的地下水环境修复提供了基础条件。河道补水后，98%的补水量入渗进入地下水。经计算，自 2015 年首次补水以来，河道南水北调水源对地下水的补给量为 $8.522\times10^7m^3$。

南水北调水源入渗后，持续监测修复场地周边的地下水水位，监测数据表明，地下水水位显著上升。1 号～5 号监测井的地下水水位历时曲线如图 5-28 所示，6 号～10 号监测井地下水水位历时曲线如图 5-29 所示。从图中可以看出，每次补水过程中，地下水水位快速抬升，然后缓慢回落，补水至今地下水水位显著高于 2015 年补水前水位。在补水过程中，场地南端 8 号～10 号监测井地下水水位也显著升高，表明水力调控示范场地的影响面积已超出示范工程区域，经测算，面积为 $1.2km^2$。

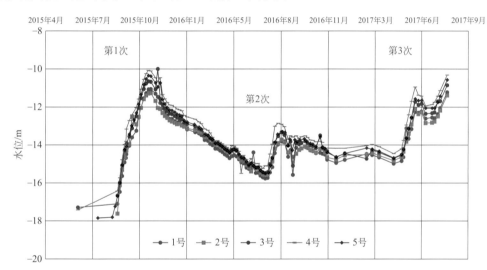

图5-28　1号～5号监测井的地下水水位历时曲线

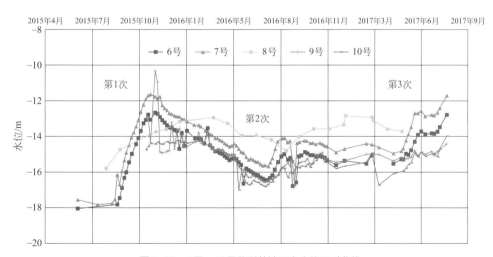

图5-29　6号～10号监测井地下水水位历时曲线

② 修复区域地下水监测井建设。

为了监测南水北调来水作为调控水源对场地地下水水质的修复效果，在场地内构建了5眼浅层地下水环境监测井，并结合场地周边的5眼地下水环境监测井，形成了10眼监测井构成的地下水环境监测网（图5-30）。

图5-30　修复场地地下水环境监测网

南水北调水源进入潮白河补水后，利用构建的地下水环境监测网，持续监测场地的地下水水质变化，为地下水环境修复和示范工程的第三方监测评估提供了数据支撑。

5.2.3.2　调水对地下水水量的影响

（1）调水工程引水量及其对地下水的补给量

1）2015年补水情况

南水北调水源向潮白河牛栏山橡胶坝上游补水工程的设计引水能力为$10m^3/s$。2015年8月21日，调水工程开始运行，进行试验性回补，年引水量为$1.5 \times 10^8 \sim 3 \times 10^8 m^3$，实际引水平均$5m^3/s$。工程运行至9月23日，暂停补水，累计补水$1.70633 \times 10^7 m^3$；9月29日继续补水到11月3日，第一次补水结束，累计补水量为$3.37916 \times 10^7 m^3$，共补水70天。2015年补水日引水量及累计补水量变化如图5-31所示。

补水期间，引水沿线至怀河口形成水面面积$8.4hm^2$，蓄水量$2.0 \times 10^5 m^3$。怀河至潮白河河道形成水面面积$111hm^2$，河道蓄水量$1.665 \times 10^6 m^3$。潮白河牛栏山橡胶坝前有水河段长度最长达 1.5km，形成水面面积 90hm²（1hm²=10⁴m²），坝前水深达 3m，蓄水量 1.8×10⁶m³。

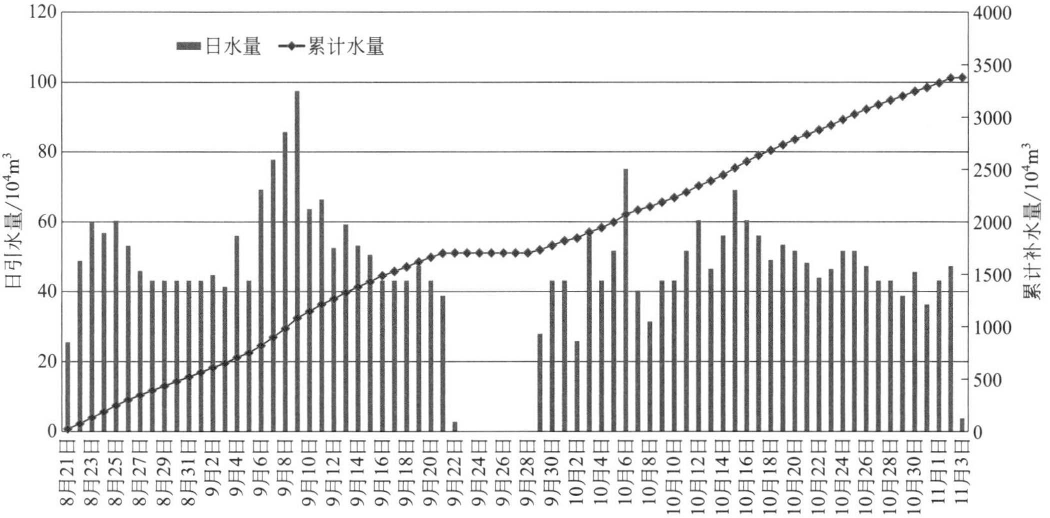

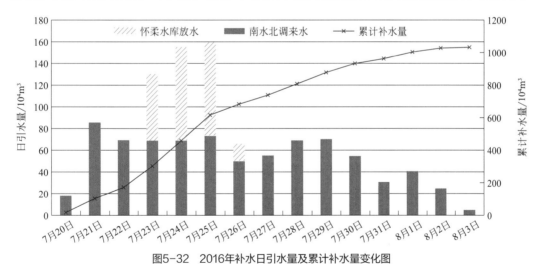

图5-31　2015年补水日引水量及累计补水量变化图

2）2016年补水情况

2016年7月20日，调水工程第二次进行潮白河补水，至8月3日结束补水，仅历时15天，共计补水7.8359×10⁶m³。2016年补水日引水量及累计补水量变化如图5-32所示。

图5-32　2016年补水日引水量及累计补水量变化图

在调水工程向潮白河补水期间，因降雨量较大，怀柔水库水位抬升，为了保证怀柔水库的安全，于7月23日，怀柔水库开始沿怀河向潮白河泄洪，至7月26日停止放水，总泄水量为2.5×10⁴m³。调水工程与怀柔水库泄水共计向潮白河补水1.03359×10⁷m³。

本次补水期间，引水沿线至怀河口形成水面面积8.4hm²，蓄水量2.0×10⁵m³。怀河至潮白河河道形成水面面积111hm²，河道蓄水量1.665×10⁶m³。潮白河形成的最大水面面积为23.76hm²，河道蓄水量4.75×10⁵m³。

3）河道渗漏对地下水的补给量

① 河道入渗强度。

前述的河道双环渗透试验表明：牛栏山橡胶坝上游的潮白河及怀河河道具有较强的渗透能力。南水北调调水工程的试验补水过程也证明了这一点。在2015年第一次补水过程中，9月23～28日暂停调水期间，牛栏山橡胶坝坝前水位降低了2.58m。根据顺义的多年水面蒸发资料，日均蒸发量为3mm，停水6d的蒸发深度为0.18m。因此，地下水入渗强度为0.4m/d。

双环试验为点状试验，且是在河道干涸的状态下开展的，获得的河道入渗强度偏大。而试验补水过程中估算出的河道入渗强度为面状自然入渗补给条件下获得的，且在暂停补水前已补水1个月，河道入渗基本稳定。为此，河道的入渗强度以0.4m/d为宜，也属于入渗强度非常显著的河道。

补水过程也显示，只要暂停补水或补水量降低，坝前水位就显著降低。从图5-33中可以看出，一旦日补水量下降（累计补水量增幅变小），坝前水位就快速降低。最后一天的补水量仅为$4.78×10^4m^3$，坝前水位降低了0.4m，与上述计算出的入渗强度基本一致。

在停止补水后，河道在半月内即渗漏完毕，再次处于干涸状态。

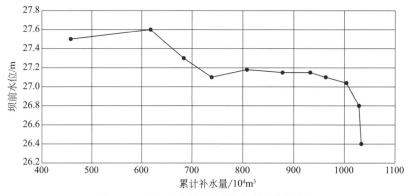

图5-33　2016年累计补水量与坝前水位的关系

② 河道入渗补给量。

调水工程的目的就是利用潮白河干涸且入渗强度显著的特点，补充地下水资源量。从两次调水过程看，调水对地下水的回补效果非常明显。

南水北调水源进入受水河道过程中，南水的去向分为三个部分：一是滞留于河道形成地表景观（槽蓄量）；二是蒸发；三是向地下渗漏。停止补水后，河道的槽蓄量随着入渗也消失。

根据区域水均衡计算结果，河道入渗总量计算公式为

$$Q_{渗漏}＝Q_{来水}－Q_{蓄水}－Q_{蒸发}$$

根据顺义的多年水面蒸发资料，日均蒸发量为3mm，经分析，补水过程中的调水沿线至怀河河道面积为$8.4×10^4m^2$，怀河河道面积$1.11×10^4m^2$。2015年第一次形成潮白

河道水面积 $9.0\times10^5\text{m}^2$，调水沿程水面蒸发面积共计 $2.094\times10^6\text{m}^2$。2016 年第二次形成潮白河河道水面积 $2.376\times10^5\text{m}^2$，调水沿程水面蒸发面积共计 $1.432\times10^6\text{m}^2$。第一次补水河道的总蒸发量为 $4.4\times10^5\text{m}^3$，第二次补水河道总蒸发量为 $6.4\times10^4\text{m}^3$。

由于停止补水后，河槽蓄水量将全部入渗，因此，调水工程对地下水的补给量为：第一次补水地下水入渗补给量为 $3.335\times10^7\text{m}^3$，占总调水量的 98.7%；第二次补水地下水入渗补给量为 $1.0272\times10^7\text{m}^3$，占总调水量的 99.4%。

由此可见，调水沿线水面蒸发量很小，调水的大部水水量在调水过程中及调水停止后短时间内入渗进入地下水。

（2）潮白河河道周边地下水水位监测及分析评价

1）地下水水位监测方案

从潮白河河道周边已有的地下水环境监测井中选择 15 眼井，分布于调水沿线及牛栏山橡胶坝上下游潮白河河道两岸，监测井分布如图 5-34 所示。

地下水水位监测频率每 5 天 1 次。停止调水后，适当降低监测频率。

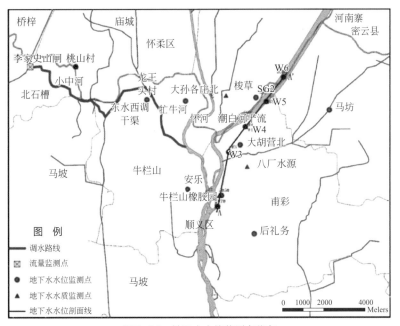

图5-34　地下水水位监测点分布

2）监测井水位历时变化情况

在 2015 年 8 月 21 日受水之前，曾监测了场地的地下水水位背景值。在受水后，持续监测受水河道的地下水水位变化情况。

根据 15 眼地下水水位监测井的水位数据，可以绘制出受水河道周边的地下水水位历时曲线。其中，距离河道较近的 9 个监测点为 W3、W4、W5、W6、SG2、SG3、湿地地下 5 号、湿地地下 7 号、大胡营，各监测井的地下水水位历时变化如图 5-35 所示。

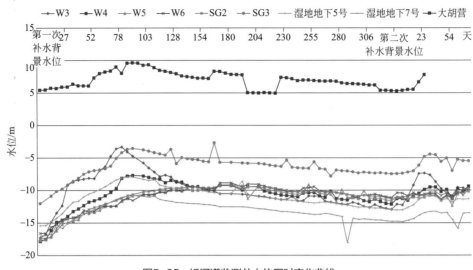

图5-35 近河道监测井水位历时变化曲线

距离河道较远的地下水水位监测井分别为：龙王头、大孙各庄北、安乐、后礼务、马坊、桃山村6眼井。各监测井的地下水水位历时变化如图5-36所示。

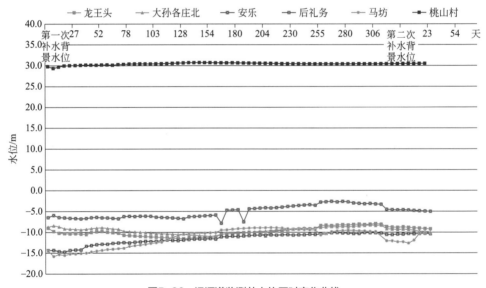

图5-36 远河道监测井水位历时变化曲线

从图5-35可以看出，2015年8月21日河道受水后，近河道监测井的地下水水位直接受补水的影响，补水过程中水位不断抬升，停止补水后，水位则开始下降，且下降速度较快，随着时间的推移，降速越来越缓。第二次补水开始后，水位又快速拉升，停止补水后，水位再次下降。其中W3监测井的水位抬升速度最快，第一次补水过程中升幅最大，自河道受水后至11月6日，地下水水位抬升了13.98m，水位抬升速率为13cm/d。

在近河道监测井中，W3上升速度最快，最早达到最大升幅；SG3、W4、湿地地下5号、湿地地下7号井稍晚达到最大升幅，与W3相比，稍微滞后；SG2、W5、W6、大

188

胡营等监测井则因其距离受水河道水面稍远，达到最大水位的时间滞后2月之久，即停止补水后水位继续升高一段时间（2016年1～2月，水位达到最高点），然后再缓慢降低。监测井的水位变化过程，反映出停止补水后，地下水水压力缓慢向外消散的过程。

从图5-36可以看出，在河道外围的监测井中，安乐、大孙各庄北、龙王头、后礼务、马坊5眼监测井水位在河道补水后，水位非但没有上升，反而下降。6眼监测井中，桃山村的地下水水位在两次补水过程中非常稳定，安乐、大孙各庄北、龙王头的水位在第一次补水过程中水位缓慢降低，停止补水很长时间后，水位开始缓慢上升，可能与丰水期后的普遍水位上升有关。马坊、后礼务在第一次补水初期水位下降，在补水后期及补水停止后，水位缓慢抬升，可能与丰水期的降雨入渗和河道补水后的承压水水压力传导有关系。

近河道监测井水位的变化直接受河道补水的制约。第一次补水后，近河道监测井的水位快速升高后开始缓慢降低，但至第二次补水前，监测井的水位仍然高于背景水位，表明含水层孔隙水压力的消散是一个缓慢的过程。如W3井的地下水水位在第二次补水前，仍高出背景水位6.3m。直至第二次补水，近河道监测井的水位又开始回升。

远河道监测井的水位在第一次补水停止后，水位不仅没有降低，反而缓慢抬升。在第二次补水前，水位开始降低，但略高于或接近背景水位；且第二次补水过程中，这些监测井的水位不仅没有上升，反而继续下降，表明河水回补基本没有影响监测井的水位，远河道监测井的水位主要受降雨入渗的影响。

另外，根据沿潮白河河道的地层岩性结构剖面及水位监测数据，可绘制出自牛栏山橡胶坝下游的36（80）监测井至W6监测井的水文地质剖面图，如图5-37所示。从图5-37可以看出，在2015年补水前，因八厂水源地的开采，在W3监测井周边形成了地下水降落漏斗。至2015年11月4日，停止补水后，在补水河道以下的含水层形成了明显的地下水水丘，地下水水位大幅升高。在2016年第二次补水前，水位虽然降低，但仍然高于2015年补水的背景水位。由于2016年的补水量仅为2015年补水量的30%，水位抬升幅度较小，2016年8月3日停止补水后，地下水水位仍低于2015年停止补水后的水位。

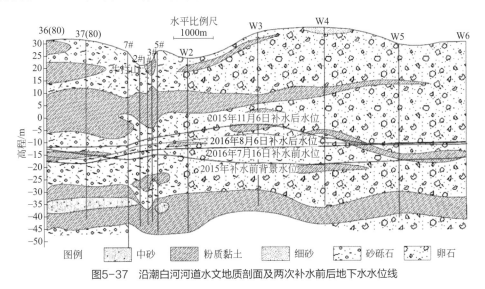

图5-37 沿潮白河河道水文地质剖面及两次补水前后地下水水位线

5.2.3.3　调水对地下水水质的影响

（1）调水沿程河水水质监测及分析评价

1）河水水质监测方案

根据南水北调补给潮白河的输水线路，结合周边的水利设施和水环境状况，共布设监测断面5处，分别为李家史山闸下游50m、东水西调首闸、东水西调尾闸、牤牛河入怀河口、牛栏山橡胶坝，如图5-38所示。

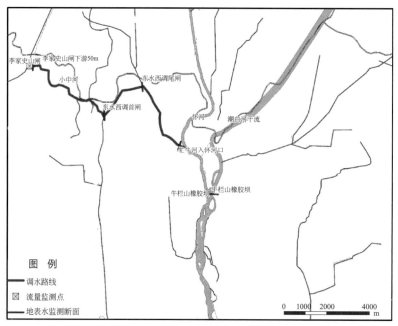

图5-38　调水沿线水质监测断面分布

水质监测指标为K^+、Na^+、Ca^{2+}、Mg^{2+}、Cl^-、SO_4^{2-}、HCO_3^-、CO_3^{2-}、总硬度、TDS、水温、COD、pH值、电导率、透明度、TN、NO_3^--N、NO_2^--N、NH_4^+-N、TP、COD_{Mn}、BOD_5、叶绿素a共23项。

2）调水沿线水质状况

在南水北调水源向密云水库输水期间，分别在2015年8～11月和2016年7～8月两次向潮白河河道调水，调水期间，采集了各监测断面的地表水水样，并对水质进行了检测。

依据《地表水环境质量标准》（GB 3838—2002），对各断面的水质指标进行评价。

① 电导率、溶解氧、pH值、水温。

根据水质检测数据，绘制了河道沿程电导率、溶解氧、pH值和水温柱状图，如图5-39所示。从图5-39中可以看出，各指标在调水沿线上没有明显升高或降低的变化趋势，数据较为稳定。

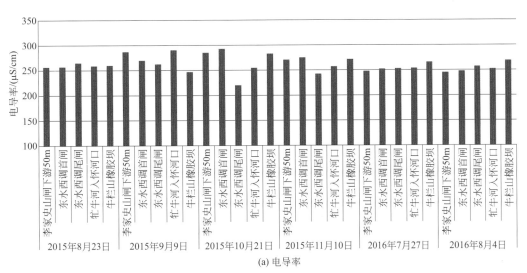

(a) 电导率

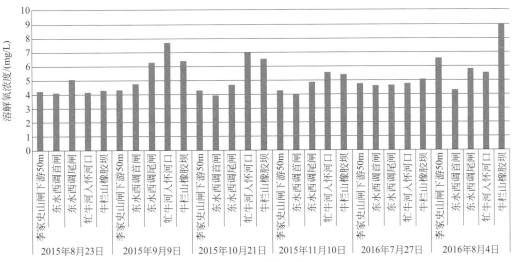

(b) 溶解氧浓度

(c) pH值

图5-39

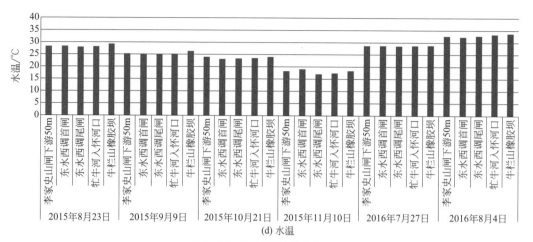

(d) 水温

图5-39 调水沿程各指标分布

调水沿线水体中的电导率数值比较低，各采样点的电导率在220～294μS/cm，并且比较稳定，说明水体中导电离子含量相对较少，也就是离子浓度较低，水体的纯净度较高，间接反映水质较为优良；各监测断面水体中溶解氧浓度均在3.9～7.0mg/L，只有2016年8月的牛栏山橡胶坝处溶解氧达到了9.03mg/L，属于Ⅲ～Ⅳ类水体；2015年8～11月的水温主要在17～30℃变化，2016年7月、8月的水温在28～32℃变化，每次采集水样的水温比较相近；各监测断面的pH值在6.7～9.3，比较稳定，偏碱性。

② TN、NH_4^+-N浓度。

调水沿程各监测断面的TN浓度分布、NH_4^+-N浓度分布如图5-40所示。从图5-40中可以看出，水体TN浓度与北京优良的地表水水体相比并不高，主要介于0.6～1.0mg/L之间，大部分TN浓度为地表水Ⅲ类。从时间来看，2015年第一次调水时，各监测断面的TN浓度总体高于其他监测时间，与河道沿程的河床释放可能有密切的关系。在河道沿程上，TN的浓度总体上略有升高。

各监测断面的NH_4^+-N含量总体较低，2015年8月的NH_4^+-N含量相对较高，最高达到0.35mg/L，但均符合地表水Ⅱ类的标准，从2015年9月以后，各采样点NH_4^+-N浓度均符

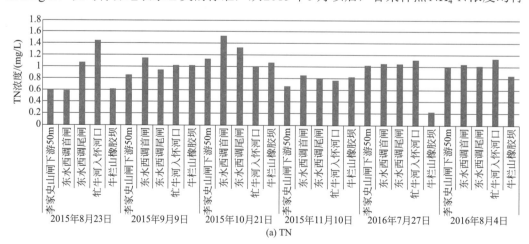

(a) TN

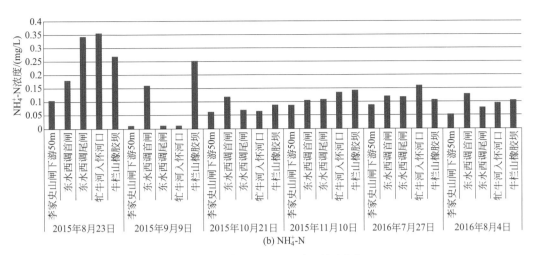

图5-40　调水沿程TN、NH$_4^+$-N浓度分布

合Ⅰ类水标准，说明水体未受污染，水质较好。

③ TP浓度。

调水沿程各监测断面TP浓度分布如图5-41所示。从图5-41中可以看出，南水北调水源补给潮白河的水体TP浓度较低，基本低于0.1mg/L，仅2016年8月东水西调首闸的TP含量最高，为0.17mg/L，其次是2016年7月牛栏山橡胶坝的TP，为0.12mg/L，符合地表水Ⅲ类标准，其他监测时间的TP浓度都符合Ⅱ类标准。2015年8月和9月，输水渠道从上游到下游TP浓度是先增后减，在10月和11月，TP含量较稳定，呈较少趋势。在2016年7月，上游三个点TP含量较低，但在牤牛河入怀河口和牛栏山橡胶坝处TP浓度突然升高，在牤牛河入怀河口过程中可能受到一定程度的污染。同样，在2016年8月，东水西调首闸的TP浓度突然升高很多，随后向下游呈降低趋势，表明东水西调首闸处可能受到外来污染。

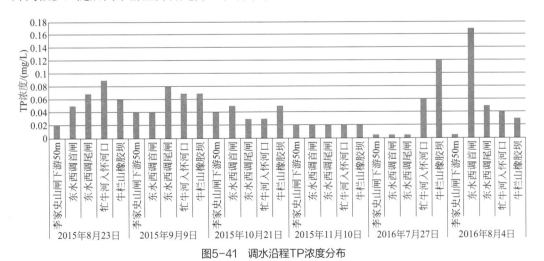

图5-41　调水沿程TP浓度分布

④ 叶绿素a浓度。

调水沿程各监测断面叶绿素a浓度分布如图5-42所示。从图5-42中可以看出，2015

年9月的叶绿素a含量偏高，最高达20mg/m³，但与北京的地表水体比，该数值很低；叶绿素a含量的高低与水中藻类数量、种类密切相关，说明该月的藻类含量偏高。2015年10月牛栏山橡胶坝的叶绿素a偏高。基本上，叶绿素a浓度从上游到下游均呈现依次递增趋势。在夏季时，水体温度的升高增强了藻类的生长，提高了藻类的数量，进而使藻体内叶绿素a在水体中的含量也随之升高。

根据叶绿素a的浓度，调水沿程发生富营养化的可能性很低。

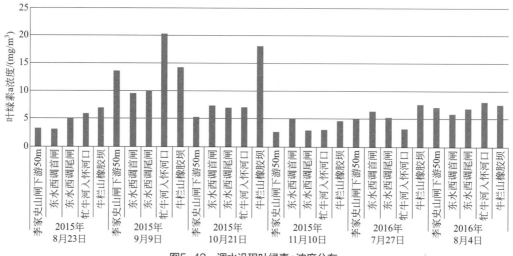

图5-42　调水沿程叶绿素a浓度分布

⑤ COD含量。

利用铬法和锰法检测了各断面的含量如图5-43所示。从图5-43中可以看出，总体上高锰酸盐指数较低，大部分都符合地表水Ⅱ类水标准，只有2016年7月各采样点偏高，个别点达Ⅲ类水标准。在2015年10月和11月COD_{Cr}的含量相对偏高，大部分点都超过地表水Ⅳ类标准，说明这两个月水体可能受到外来污染。其他时间点各监测断面的

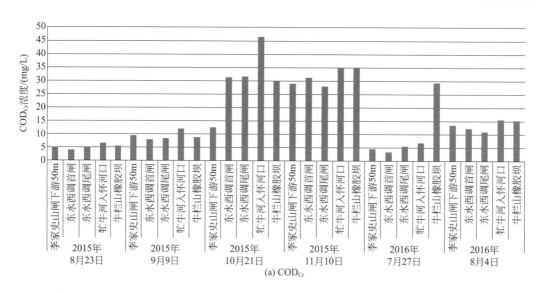

(a) COD_{Cr}

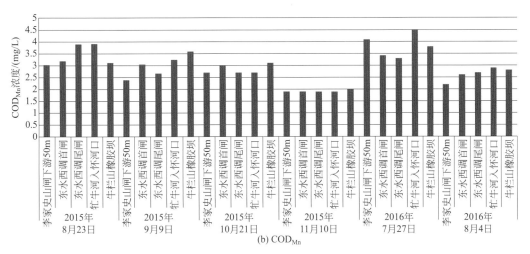

图5-43 调水沿程COD含量分布

COD$_{Cr}$的浓度相对稳定，均符合地表水Ⅱ类标准，个别点位达到地表水Ⅰ类标准。

⑥ 浑浊度。

各监测断面的浑浊度分布如图5-44所示。从图5-44中可以看出，2015年第一次调水的各断面的浑浊度高于第二次调水，且在调水沿程上浑浊度有一定程度的升高。2015年8月，从输水渠道上游到下游，浑浊度一直在呈增长状态，从9月开始，各个点浑浊度浓度均呈下降趋势。从数值上看，除2016年7月牛栏山橡胶坝的浑浊度较高外，其他时间内各采样点浑浊度比较稳定。

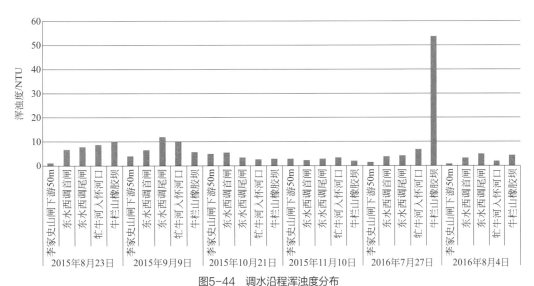

图5-44 调水沿程浑浊度分布

⑦ 总硬度、全盐量含量。

调水沿程各监测断面的总硬度和全盐量分布如图5-45所示。从图5-45中可以看出，2015年和2016年总硬度和全盐量的浓度都相对稳定，总硬度浓度都在100～130mg/L，全盐量在125～200mg/L，均达到《地下水质量标准》（GB/T 14848—2017）Ⅰ类标准。

同时也表明南水北调水源的水质极为优良。

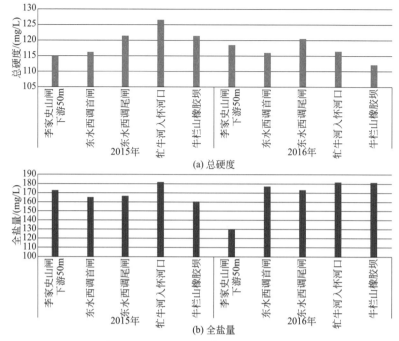

图5-45　调水沿程总硬度及全盐量浓度分布

⑧ 八大离子。

未遭受污染的天然水中的宏量无机组分主要包括Cl^-、SO_4^{2-}、HCO_3^-、CO_3^{2-}四种阴离子以及K^+、Na^+、Ca^{2+}、Mg^{2+}四种阳离子，统称八大离子。这些离子的含量能够体现水体的化学性质，水质优良的天然水体中，一般而言，Ca^{2+}、Mg^{2+}的含量高于Na^+、K^+的含量，HCO_3^-的含量高于Cl^-、SO_4^{2-}的含量。

调水沿程八大离子浓度分布如图5-46所示。从图5-46中可以看出，同一监测断面的八大离子浓度差异较大，但不同监测断面的同一种离子浓度较为稳定。根据上述陈述，南水北调水源满足优质水源的条件。

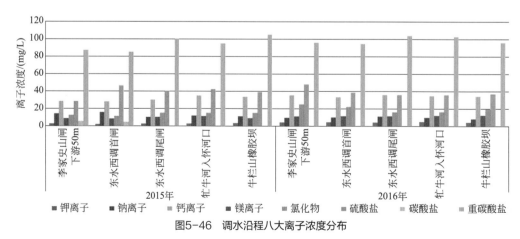

图5-46　调水沿程八大离子浓度分布

3）河水水化学类型

根据各调水沿程各监测断面检测的八大离子浓度，可计算出各离子的毫克当量及其毫克当量百分比，并将百分比大于25%的阴、阳离子排序，可得到各监测断面水样的水化学类型。经计算，各监测断面的水化学类型主要为$HCO_3 \cdot SO_4—Ca \cdot Mg$型，其余的水化学类型为$HCO_3 \cdot SO_4—Ca$、$HCO_3—Ca \cdot Mg$和$HCO_3—Ca$型。

根据实测的浓度数据和水化学类型，南水北调水源进京后水质仍然良好，但其中的SO_4^{2-}浓度相对较高。经过与丹江口水库的原水水质比较，丹江口水库原水中的SO_4^{2-}浓度也相对较高，表明中线调水沿程受污染的可能性较小，可能与汉江流域的工业污染有一定的关系。

4）补水效果

南水北调水源自李家史山分水闸调至潮白河过程中，河水清澈，透明度高。补水后，潮白河有水河段已达1.5km以上，形成水面面积90hm²，牛栏山橡胶坝坝前水深已达3m以上，生态效应显著。

（2）潮白河河道周边地下水水质监测及分析评价

1）地下水水质监测方案

从潮白河河道周边已有的地下水环境监测井中选择10眼井，作为水质监测井。水质检测指标及监测频率如下：潮白河河道受水区地下水水质总体优良，且南水北调水源水质好于受水区地下水。因此，重点检测地下水中的24项指标，分别为K^+、Na^+、Ca^{2+}、Mg^{2+}、Cl^-、SO_4^{2-}、pH值、NH_4^+-N、NO_3^--N、NO_2^--N、挥发酚、总硬度、HCO_3^-、CO_3^{2-}、COD、COD_{Mn}、阴离子合成洗涤剂、Ba、Fe、Mn、As、F^-、电导率、水温。

后期检测指标根据前期的检测状况进行调整，不再检测未检出或检出浓度很低的指标。主要检测NH_4^+-N、NO_3^--N、NO_2^--N、总硬度、COD_{Mn}、电导率、温度、pH值等指标。2015年调水后，监测频率每月1次。自2016年开始，每2月1次。

2）南水北调水源与河道补水前地下水水质差异分析

根据南水北调水源补水前潮白河河道周边的地下水水质检测结果，尽管南水北调水源与地下水的水质较好，各指标浓度均较低，但两者的水质常规指标之间还是表现出了显著的差异性，具体表现为：潮白河河道周边地下水中的Ca^{2+}、HCO_3^-、Cl^-、总硬度、COD等显著高于南水北调水源，而pH值和COD_{Mn}显著低于南水北调水源，其余指标差异性不大。两者常规指标对比见表5-14。

表5-14　南水北调水源与补水前地下水常规指标浓度对比　单位：mg/L（pH值除外）

序号	水质指标	牛栏山橡胶坝南水补水前	监测井W3
1	Na^+	10.3	13.0
2	K^+	1.62	1.40
3	Ca^{2+}	35.2	67.1
4	Mg^{2+}	11.6	17.7

续表

序号	水质指标	牛栏山橡胶坝南水补水前	监测井 W3
5	重碳酸盐	95.6	246.0
6	氯化物	17.6	30.8
7	硫酸盐	39.6	36.5
8	总溶解固体	197.0	387.0
9	总硬度	103.6	271.0
10	pH 值	8.70	7.78
11	NH_4^+-N	0.11	0.02
12	COD_{Mn}	3.80	0.35

3）河道补水前后地下水水质对比

根据水质监测数据，场地地下水水质监测频率大于每季度检测 1 次，有些监测井达到每两月检测 1 次。利用监测数据，可绘制出各监测井的 NH_4^+-N、NO_2^--N、NO_3^--N 和高锰酸盐指数的浓度历时变化曲线，如图 5-47 所示。

据图 5-47 所示，修复场地各地下水环境监测井的 NH_4^+-N 和 NO_2^--N 浓度在补水过程中显著降低，并趋于稳定，尤其是 NO_2^--N 浓度降低极为明显。

在南水北调水源补水前，场地地下水中的 NO_3^--N 浓度较低，为 3 ～ 8mg/L，在南水北调水源补水过程中，地下水中的 NO_3^--N 浓度变化较为平稳。

河道补水后，地下水中的高锰酸盐指数波动性较大，随着补水的进行，其浓度高值点呈现出降低的特征，在 2017 年 7 月，所有监测井的高锰酸盐指数低于 1mg/L。

由此可见，南水北调水源回补潮白河河道后，对地下水环境的改善作用极为显著，NH_4^+-N 浓度降低，NO_2^--N 浓度显著降低，高锰酸盐指数虽然波动较大，但浓度高值点呈降低趋势。

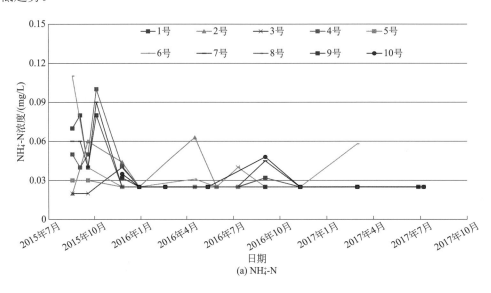

(a) NH_4^+-N

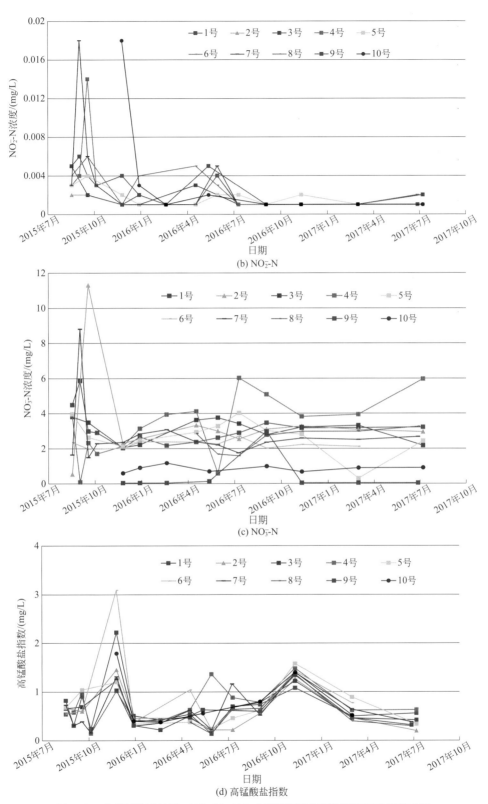

图5-47　各监测井NH₄⁺-N、NO₂⁻-N、NO₃⁻-N和高锰酸盐指数的浓度历时变化曲线

在南水北调水源补水前，修复场地的1号、4号、6号、7号、9号、10号6眼监测井具有水质监测数据。在南水北调水源补水过程及补水后，持续监测这些井的水质，为此，这些监测井的水质检测数据可用于计算各水质指标的削减率。这6眼井均匀分布于修复场地，其水质指标削减率能够代表整个修复场地的水质指标削减率。

在南水北调水源补水前后，根据上述6眼监测井的水质检测数据，以及补水后各监测井 NO_2^--N、NH_4^+-N、NO_3^--N和高锰酸盐指数的浓度变化趋势，可计算出上述水质指标的削减率（详见表5-15）。从表5-15中可以看出，补水前 NO_2^--N浓度大于0.02mg/L的监测井的平均削减率高达98%；补水前 NH_4^+-N浓度大于0.2mg/L的监测井的平均削减率约为87.4%；补水前后各监测井 NO_3^--N浓度都很低，基本没有削减；补水前高锰酸盐指数大于1mg/L的监测井在补水后的平均削减率约为51.3%。

从南水北调水源补水后修复场地地下水中的 NO_2^--N浓度显著降低的结果看，利用南水北调水源对场地地下水进行水力调控的原位修复效果非常显著。

表5-15　南水补水后场地地下水水质指标的削减率

井号	水质指标	南水补水前	南水补水后	削减率
1号	NO_2^--N	0.0620	0.0025	96.0%
	NH_4^+-N	0.03	0.04	−25.5%
	NO_3^--N	3.34	3.14	6.0%
	高锰酸盐指数	1.45	0.69	52.3%
4号	NO_2^--N	0.2750	0.0010	99.6%
	NH_4^+-N	0.07	0.04	47.1%
	NO_3^--N	3.70	3.33	9.9%
	高锰酸盐指数	1.61	0.75	53.5%
6号	NO_2^--N	0.0750	0.0010	98.7%
	NH_4^+-N	0.32	0.04	87.4%
	NO_3^--N	1.98	2.24	−13.2%
	高锰酸盐指数	1.56	0.93	40.4%
7号	NO_2^--N	0.0400	0.0010	97.5%
	NH_4^+-N	0.09	0.04	58.7%
	NO_3^--N	1.80	2.78	−54.3%
	高锰酸盐指数	1.48	0.61	59.0%
9号	NO_2^--N	0.0010	0.0016	−62.5%
	NH_4^+-N	0.08	0.03	66.8%
	NO_3^--N	0.27	0.00	98.9%
	高锰酸盐指数	0.49	0.61	−25.3%

续表

井号	水质指标	南水补水前	南水补水后	削减率
10 号	NO$_2$-N	0.0010	0.0010	0.0%
	NH$_4^+$-N	0.16	0.03	81.4%
	NO$_3^-$-N	0.27	0.85	−214.4%
	高锰酸盐指数	0.54	0.84	−55.6%

4）河道补水过程中地下水水质历时变化

在河道补水过程中及补水停止后，持续监测受水河道周边10眼监测井的地下水水质。根据各检测指标的浓度变化数据，可绘制出10眼监测井各水质指标的浓度变化。由于南水北调水源水质优良，地下水水质也较好，为此，仅绘制K$^+$、Na$^+$、总硬度、COD、pH值、NH$_4^+$-N、NO$_3^-$-N、NO$_2^-$-N、COD$_{Mn}$等常规水质指标的浓度历时变化曲线，如图5-48所示。

从图5-48中可以看出，对于K$^+$、Na$^+$、总硬度、COD、Cl$^-$、F$^-$、SO$_4^{2-}$等常规组分，近河道的监测点4号、5号、W3、W4、7号、W5等的浓度历时变化总体表现为：河道受水初期，浓度升高，短暂升高后呈降低的变化趋势，至2016年5月，浓度又开始升高。这表明，在河道补水初期，南水北调水源携带包气带中的可溶组分进入地下水中，同时水位抬升将包气带中可溶组分淋溶出来，使得水质浓度短暂抬升。第一次补水过程及补水后很长一段时间内，由于南水北调水源在很大程度上与地下水进行了物理混合，南水北调水源入渗形成的水丘向外扩散，引起地下水中常规组分浓度的降低。随着地下水的开采，南水在地下水中的占比越来越小，各组分的浓度又开始升高并趋稳。

距离河道较近的W3、W4、4号、5号的NO$_3^-$-N浓度和高锰酸盐指数在第1次补水过程中浓度暂时降低，而后快速恢复并趋稳，两者具有显著的相关性，表现为补水过程中，稀释作用占主导地位，同时，溶解氧被消耗，高锰酸盐指数降低，NH$_4^+$-N等组分可能被硝化为NO$_3^-$-N。

距离河道较近的监测井的pH值在补水初期升高，补水后期降低，停止补水后pH值缓慢升高并趋于稳定。这表明：南水北调水源进入地下水后，初期的稀释作用使得pH值升高，而后的硝化反应，引起pH值降低。个别监测井的NO$_3^-$-N浓度和硬度短暂升高以及高锰酸盐指数短暂降低的变化反映出硝化反应的存在，与以前的室内试验相吻合。硝化反应后，随着南水的继续回补，pH值回升，停止补水后，随着地下水水丘的向外扩散，监测井的pH值缓慢升高并渐趋稳定。

由此可见，南水北调水源入渗补给地下水过程中，对地下水水质的稀释作用占主导地位，硝化反应引起的水质变化对地下水水质的影响是短暂而微弱的，南水北调水源回补有利于地下水水质的改善。

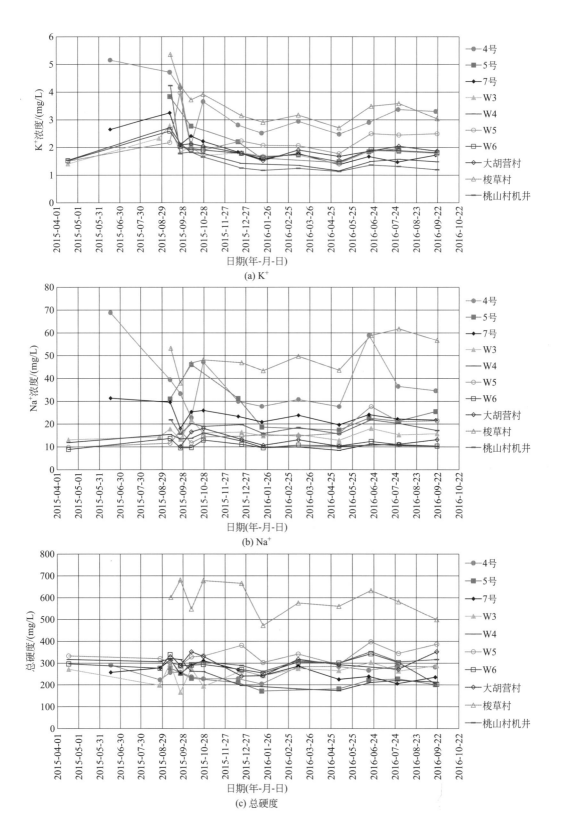

(a) K⁺

(b) Na⁺

(c) 总硬度

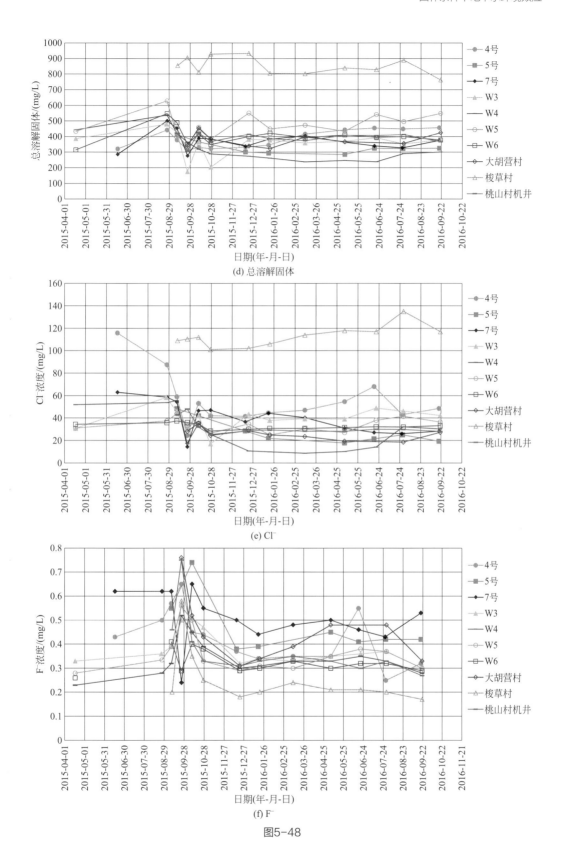

(d) 总溶解固体

(e) Cl⁻

(f) F⁻

图5-48

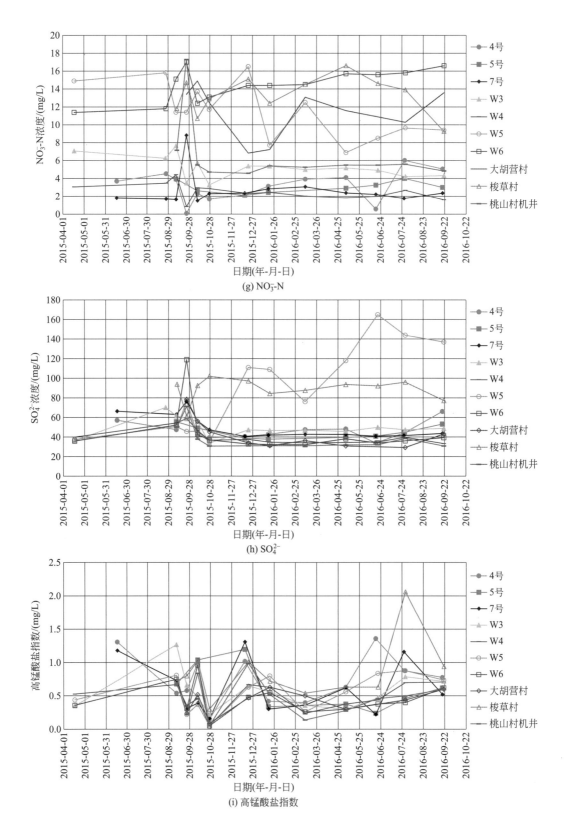

(g) NO$_3^-$-N

(h) SO$_4^{2-}$

(i) 高锰酸盐指数

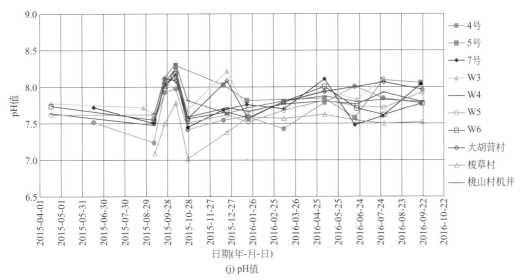

图5-48 河道补水过程中地下水水质历时变化

5.3 小结

① 在潮白河流域水资源调蓄区，密云区与怀柔区再生水利用河段的再生水主要入渗段为拦蓄橡胶坝以下的未防渗河段，密云段再生水对地下水的入渗回补量为 $7.62×10^6 m^3/a$，怀柔段再生水对地下水的入渗回补量为 $1.612×10^7 m^3/a$；引温济潮工程潮白受水段未防渗，对地下水的入渗回补量为 $1.597×10^7 m^3/a$；牛栏山橡胶坝下游湿地及其出水对地下水的入渗回补量为 $1.932×10^6 m^3/a$。密云区再生水利用段为单层砂卵砾石，再生水入渗引起了地下水中 NO_3^--N 和 NH_4^+-N 浓度的显著升高，NO_3^--N 浓度大于 20mg/L 的影响范围为 $28km^2$，NH_4^+-N 浓度大于 0.2mg/L 的影响范围为 $15km^2$；怀柔区再生水利用段因地层岩性结构为粉质黏土与砂卵砾石互层，地下水的防污性能较好，地下水水质较好，三氮浓度达到 Ⅱ～Ⅲ 类；湿地出水入渗区，地下水中的 NH_4^+-N 和 NO_2^--N 有超标现象，其他如重金属及有机组分等均未超出相关标准限值。

② 南水北调水源的土柱试验表明，南水北调水源在包气带入渗过程中，南水中的 K^+ 与包气带中的 Ca^{2+} 之间发生了明显的阳离子交换吸附作用，以及氨氮解吸作用、硝化反应、方解石溶解等水岩相互作用，南水将包气带中的可溶组分如 K^+、Na^+、Cl^-、SO_4^{2-} 等淋溶出来。含水层模拟试验表明，南水北调水源在地下含水层与地下水混合后，对地下水的稀释淡化作用占主导地位，水岩相互作用对地下水水质的影响居于次要地位，因

此，南水北调水源进京后回补地下水，有利于地下水水质的改善。

③ 利用南水北调水源对牛栏山橡胶坝上游潮白河河道进行了试验补水，2015年、2016年两次间歇性补水总量为$4.414 \times 10^7 m^3$，其中$4.362 \times 10^7 m^3$快速入渗补给地下水。补水河道周边地下水水位升高显著，最大升幅13.98m。补水试验证实了室内土柱试验的结果，南水北调水源对地下水水质的稀释淡化作用显著，改善了补水河道周边的地下水水质。

④ 从修复场地地下水环境评估结果看，采用南水北调水源开展水力调控的原位修复效果显著。水力调控过程中，水动力场影响范围为$1.2km^2$。在采取水力调控原位修复措施前，地下水中的NH_4^+-N浓度最高为0.32mg/L，地下水中NH_4^+-N削减率为81.4%，高锰酸盐指数的削减率为51.3%。NO_2^--N在采取措施前，大部分监测井超出地下水质量Ⅲ类标准限值0.02mg/L，采取措施后，NO_2^--N不仅达标，而且浓度非常低，削减率高达98%。

第 6 章

典型回补区地下水污染
风险防控技术

南水北调水源进京后，部分水源进入调蓄区内回补地下水，补充严重亏损的地下水资源量。由于调蓄区内存在再生水利用河道，且已成为地下水的回补水源和风险源，为此，在调蓄区内如何借助优质的南水北调水源，在满足河流生态环境修复的同时，最大限度地减轻再生水入渗对地下水环境的影响，成为调蓄区水环境改善的重要环节。本书结合再生水利用河道、南水北调水源回补的现状布局和未来可能的调度配置方式，通过制订南水北调水源、再生水回补与地下水开采的调蓄方案，利用地下水渗流与溶质运移模型，模拟预测不同调蓄方案下的地下水流场及溶质化学场变化，遴选出科学合理的调蓄方案。

6.1 地下水流概念模型

6.1.1 研究区范围确定

地下水渗流及溶质运移模型的构建，首先要确定研究区范围。本次潮白河流域调蓄区模型的构建，考虑密怀顺平原区是一个统一的地下水系统，将密怀顺平原区作为研究区范围，模型北部至密云、怀柔山前，南部、东部、西部至顺义区行政区划边界，研究区范围包括密怀顺三区的平原区，面积 $1267km^2$。

6.1.2 地层结构与边界条件概化

研究区范围内，以牛栏山橡胶坝为界，以北为密怀顺地下水水库范围，该范围主要为单一砂卵砾石层，其间夹有粉质黏土透镜体；以南为顺义境内，地层结构则表现为砂砾石、中细砂、粉砂与粉质黏土交互的多层结构，自北向南表现为含水层介质颗粒由粗变细。地下水库与顺义平原区是一个完整的地下水系统，水平方向上具有较好的水力联系。

根据研究区范围内的地层岩性结构空间分布，结合现有引温济潮工程受水区和南水北调回补区监测井层位，将研究区的地层概化为4个含水层与3个弱透水层交互的7层结构，含水层自上而下分别为30m深潜水 - 微承压含水层、50m深含水层、80m深含水层和100m以下含水层。参照研究区地下水开采层的深部开采深度，将模型的底界深度设定为250m。

研究区北部和西部地区主要接受山前侧向径流补给，在边界条件设置上，视为二类流量流入边界；顺义平谷交界处为隆起山体，阻隔了两者第四系地下水的水力联系，可视为二类零流量边界。在研究区西南和东南边界，自2007年以来，由于地下水水位变幅较小，且边界上有水位监测井，因此，将该南部边界视为一类水头边界。

本书以2007年为初始年份，根据地下水监测井的地下水水位及外围监测井的地下水水位，可绘制出研究区初始水位等值线。受区域地形影响，研究区地下水流向主要是从北部向南部流动。然而，由于水源地集中大量开采地下水，研究区中北部已产生降落漏斗，改变了地下水流场。南部边界区地下水由南向北流动，在顺义区与朝阳交界处，水位由北向南流动。

6.1.3 地下水排泄、补给及均衡状况

6.1.3.1 地下水排泄量

研究区地下水的排泄量主要为人工开采，其次为南部边界的侧向径流排泄。人工开采包括研究区大型水源地开采和密怀顺各乡镇自备井开采。由于研究区地下水埋深大于3m，地下水蒸发量忽略不计。

（1）水源地地下水开采量

密怀顺水源区是北京市重要的地下水水源地，分布有八厂水源地、怀柔应急水源地、潮河怀河水源地、引潮入城水源地等大型地下水水源地，如图6-1所示。市级水源地每年向北京城区供水约$1.5×10^8 m^3$，占城市管网供水的35%。经查阅资料，2007 ～ 2016年大型水源地开采量年均$2.14×10^8 m^3$。

（2）自备井开采量

研究区内地下水自备井包括工业自备井开采、农业机井开采、村镇水源地开采等。根据收集到的密云、怀柔、顺义平原区的各乡镇的地下水开采量资料，统计得到研究区2007 ～ 2016年地下水开采量在$3.46×10^8 ～ 4.28×10^8 m^3$，年均地下水开采量为$3.89×10^8 m^3$。

图6-1 密怀顺大型地下水水源地分布图

（3）侧向径流排泄量

研究区内分布许多地下水水源地，故大量开采地下水，地下水向研究区外径流排泄。根据研究区2007～2016年的地下水水位、地下水开采量资料，以及研究区的水文地质条件，可计算出研究区南部边界的侧向径流排泄量在$4.1×10^7 ～ 8.1×10^7 m^3$，年均排泄量为$6.1×10^7 m^3$。

6.1.3.2　地下水补给量

研究区地下水的补给量主要为降雨入渗补给量、河道入渗补给量、农田灌溉回归补给量和侧向径流补给量。

（1）降雨入渗补给量

降雨入渗系数与地表岩性和包气带的性质有着重要联系。岩性不同、地下水埋藏条件不同的地区，其降雨入渗系数也是不同的，这直接影响了地区接受降雨入渗的补给量。根据研究区的地表岩性，将研究区划分为13个不同的入渗区。降雨入渗量计算公式为

$$Q_{降} = \alpha XF × 10^{-3} \tag{6-1}$$

式中　$Q_{降}$——降雨入渗补给量，m^3；

　　　α——大气降水入渗系数；

　　　X——计算区年均降水量，mm/a；

　　　F——入渗区面积，km^2。

根据式（6-1），计算研究区内降雨入渗量可知，2007 ～ 2016 年累计降雨入渗量 $2.27 \times 10^9 \mathrm{m}^3$，年均降雨入渗量 $2.27 \times 10^8 \mathrm{m}^3$。

（2）河道入渗补给量

根据前述，密云、怀柔再生水利用河段、引温济潮工程受水河段以及牛栏山橡胶坝下游湿地对地下水的年均入渗补给量为 $4.164 \times 10^7 \mathrm{m}^3$。南水北调水源 2015 年、2016 年两次向潮白河调水，补水河道对地下水的入渗补给量分别为 $3.335 \times 10^7 \mathrm{m}^3$、$1.027 \times 10^7 \mathrm{m}^3$。

（3）农田灌溉回归补给量

农田灌溉回归补给主要是指由农业开采井在开采地下水后，经灌溉农田后对地下水进行的补给，该补给量与地下水开采灌溉量和该地区的农田灌溉回归入渗系数有关系，计算公式为

$$Q = Q_g \beta \tag{6-2}$$

式中　Q ——农田灌溉回归补给量，m^3；

　　　Q_g ——农业开采灌溉量，m^3；

　　　β ——灌溉回归系数。

北京市地区农田灌溉回归入渗补给系数在 10% ～ 15% 之间。研究区北部地表岩性为透水性较好的砂性土，故本次计算取 15%。南部地区根据岩性取 10%，计算得研究区 2007 ～ 2016 年灌溉入渗量在 2.9×10^7 ～ $3.6 \times 10^7 \mathrm{m}^3$，年均灌溉入渗量为 $3.3 \times 10^7 \mathrm{m}^3$。

（4）侧向径流补给量

根据地下水位等值线，运用达西定律计算侧向边界地下水的流入量，计算公式为

$$Q_c = KMBI \tag{6-3}$$

式中　Q_c ——含水层的侧向径流补给量，m^3/d；

　　　K ——边界附近含水层的渗透系数，m/d；

　　　M ——含水层的平均厚度，m；

　　　B ——边界的长度，m；

　　　I ——地下水水力坡度。

经计算，山前及其他流入边界对研究区的年均侧向径流补给量为 $1.45 \times 10^8 \mathrm{m}^3$。

6.1.3.3　地下水水均衡分析

根据研究区模型的补给排泄情况对 2007 ～ 2016 年研究区地下水资源亏损量及累计亏损量进行分析。从表 6-1 中可以看出，密怀顺水源区自 2007 ～ 2016 年地下水资源量累计亏损 $2.144 \times 10^9 \mathrm{m}^3$，平均每年消耗地下水储量 $2.14 \times 10^8 \mathrm{m}^3$。南水北调水进京后，怀柔

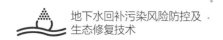

应急水源地减采，并在牛栏山橡胶坝前河道以南水北调水补水涵养地下水资源，地下水资源的年亏损量显著降低，但总体而言，研究区地下水处于负均衡状态，地下水补给量小于排泄量，大量消耗了地下水的储存资源。

表6-1 2007～2016年地下水资源亏损量 单位：$\times 10^8 m^3$

年份	2007	2008	2009	2010	2011	2012	2013	2014	2015	2016
每年亏损量	2.94	1.68	1.92	2.93	2.88	2.02	2.48	2.69	1.04	0.86
累计亏损量	2.94	4.62	6.54	9.47	12.35	14.37	16.85	19.54	20.58	21.44

6.2 地下水渗流数值模拟

6.2.1 数学模型及求解方法

本书所采用的模型主要借助FEFLOW软件对研究区的地下水渗流及溶质运移数学模型进行数值求解。基于有限单元法的FEFLOW软件是由德国著名的WASY水资源规划和系统研究所于1979年开发出来的，是现有的功能最齐全最复杂的地下水模拟软件包之一，用于模拟多孔介质中饱和、非饱和的地下水渗流与污染物运移。

研究区地下水渗流的数学模型及其定解条件见式（6-4）：

$$\begin{cases} \dfrac{\partial}{\partial x}[K(H-Z)\dfrac{\partial H}{\partial x}] + \dfrac{\partial}{\partial y}[K(H-Z)\dfrac{\partial H}{\partial y}] + \dfrac{\partial}{\partial z}[K(H-Z)\dfrac{\partial H}{\partial z}] + \varepsilon = \mu\dfrac{\partial H}{\partial t} \\ \dfrac{\partial}{\partial x}(KM\dfrac{\partial H}{\partial x}) + \dfrac{\partial}{\partial y}(KM\dfrac{\partial H}{\partial y}) + \dfrac{\partial}{\partial z}(KM\dfrac{\partial H}{\partial z}) + W + p = SM\dfrac{\partial H}{\partial t} \\ H(x,y,z)|_{t=0} = H_0(x,y,z) \\ H(x,y,z,t)|_{\Gamma_1} = H_1(x,y,z,t) \qquad x,y,z \in \Gamma_1 \quad t>0 \\ KM\dfrac{\partial H}{\partial n}|_{\Gamma_2} = q(x,y,t) \qquad x,y,z \in \Gamma_2 \qquad t>0 \end{cases} \tag{6-4}$$

式中 H ——水位，m；

Z ——第一潜水含水层底板高程，m；

K ——含水层渗透系数，m/d；

ε ——降雨入渗及农业回归强度，m/d；

μ ——第一潜水含水层给水度，无量纲；

W ——越流强度，d^{-1}；

p ——单位体积含水层开采强度，d^{-1}；

S ——承压含水层储水率，m^{-1}；

H_0 ——初始水头，m；

Γ_1 ——一类水头边界；

H_1 ——一类边界水位，m；

Γ_2 ——二类流量边界；

q ——边界流量，m^2/d；

M ——承压含水层厚度，m。

利用FEFLOW软件将研究区剖分为三角单元，对研究区进行离散化处理。在本模型中，按照河道受水区及地下水水源地实施加密、外围稀疏的剖分原则，共剖分为59472个三角单元，共计34712个结点，如图6-2所示。

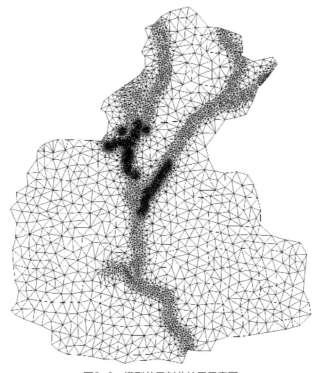

图6-2 模型单元剖分结果示意图

结合上文所述地层资料，考虑到各个含水层的性质特点，在垂向上对研究区进行了划分，主要分为4个含水层和3个弱透水层。自上而下依次为：第1含水层（30m以浅）、第2弱透水层、第3含水层（35～50m）、第4弱透水层、第5含水层（60～100m）、第6弱透水层、第7含水层（120～250m）。

6.2.2　水文地质参数分区

根据地层岩性资料、地下水流场特点以及水文地质参数特征等情况，将研究区划分为41个水文地质参数分区，如图6-3所示。地下水水库地区，含水层及其间的弱透水层的渗透系数数值较大，潜水含水层的给水度也较大；在承压水区域，含水层的弹性储水率较小。向南，渗透系数逐渐降低，潜水-微承压水含水层的给水度变小，含水层及弱透水层的弹性储水率变大。

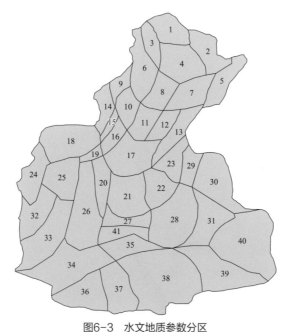

图6-3　水文地质参数分区

6.2.3　水流模型识别与验证

（1）模型识别

模型的识别期是2007年1月～2013年12月。模型识别期为反演过程，根据各参数分区的地层岩性特征，结合获取的初始水文地质参数，在合理的参数数值范围内，通过水文地质参数的适当调整，监测井处的计算水位与实测水位相吻合，且水位变化趋势与实测水位变化趋势总体保持一致。经模型识别后，各含水层和弱透水层的水文地质参数见表6-2。

表6-2　各含水层和弱透水层的水文地质参数

序号	第1含水层		第2弱透水层		第3含水层		第4弱透水层		第5含水层		第6弱透水层		第7含水层	
	$K1$/(m/d)	μ	$K2$/(m/d)	$S2$/m⁻¹	$K3$/(m/d)	$S3$/m⁻¹	$K4$/(m/d)	$S4$/m⁻¹	$K5$/(m/d)	$S5$/m⁻¹	$K6$/(m/d)	$S6$/m⁻¹	$K7$/(m/d)	$S7$/m⁻¹
1	5.2	0.24	4.1	2.2×10^{-5}	4.4	2.1×10^{-5}	4.4	1.6×10^{-5}	5.6	1.6×10^{-5}	5.2	1.8×10^{-5}	3.1	3.4×10^{-6}
2	106.5	0.24	105.3	1.5×10^{-5}	105.9	1.3×10^{-5}	107.9	1.7×10^{-5}	107.3	2.1×10^{-5}	105.3	1.7×10^{-5}	106.2	2.8×10^{-6}
3	104.3	0.24	104	1.3×10^{-5}	102.9	1.9×10^{-5}	103.3	1.9×10^{-5}	105.4	1.2×10^{-5}	104.3	1.4×10^{-5}	103.4	3.8×10^{-6}
4	10.2	0.24	9.5	2.2×10^{-5}	9.6	2.1×10^{-5}	10.4	1.6×10^{-5}	8	2.5×10^{-5}	10.8	2.3×10^{-5}	11.1	4.8×10^{-6}
5	70	0.23	71	1.5×10^{-5}	70.7	1.6×10^{-5}	7.02	2.0×10^{-5}	70.3	2.3×10^{-5}	70.2	1.3×10^{-5}	59.7	4.6×10^{-6}
6	91.3	0.22	91	2.3×10^{-5}	91.8	1.8×10^{-5}	90.5	2.2×10^{-5}	89.4	1.5×10^{-5}	90.1	2.4×10^{-5}	70.3	3.4×10^{-6}
7	90.2	0.22	89.8	1.9×10^{-5}	91.2	1.9×10^{-5}	88.9	1.9×10^{-5}	89.5	2.0×10^{-5}	91	1.6×10^{-5}	71.2	4.6×10^{-6}
8	89.5	0.22	88.1	2.4×10^{-5}	90.7	1.7×10^{-5}	90.1	2.3×10^{-5}	91.2	1.6×10^{-5}	90.6	1.9×10^{-5}	50.6	3.4×10^{-6}
9	55.6	0.21	56.4	1.4×10^{-5}	55.1	2.2×10^{-5}	5.6	1.8×10^{-5}	55.9	2.2×10^{-5}	55.9	1.9×10^{-5}	54	3.0×10^{-6}
10	75.5	0.21	76	1.4×10^{-5}	75.5	2.0×10^{-5}	75.1	1.5×10^{-5}	73.4	2.0×10^{-5}	74.4	2.0×10^{-5}	53.6	3.0×10^{-6}
11	73.5	0.21	73.9	1.7×10^{-5}	75.7	1.7×10^{-5}	73.4	2.1×10^{-5}	72	2.2×10^{-5}	74.4	1.8×10^{-5}	43.1	2.6×10^{-6}
12	76.5	0.21	77.3	2.0×10^{-5}	77.6	1.9×10^{-5}	76.2	1.4×10^{-5}	75	1.7×10^{-5}	75.9	1.9×10^{-5}	54.7	3.4×10^{-6}
13	55.2	0.18	44.2	1.5×10^{-5}	45.6	1.5×10^{-5}	41.9	2.4×10^{-5}	43.9	1.7×10^{-5}	43.6	2.2×10^{-5}	41.2	2.8×10^{-6}
14	50	0.2	4.3×10^{-3}	2.9×10^{-5}	50.5	2.9×10^{-5}	3.9×10^{-3}	2.1×10^{-5}	49.1	2.6×10^{-5}	4.1×10^{-2}	2.3×10^{-5}	40.8	4.6×10^{-6}
15	55.2	0.19	8.5×10^{-3}	2.6×10^{-5}	54.4	2.7×10^{-5}	7.8×10^{-3}	2.7×10^{-5}	53.3	3.3×10^{-5}	8.0×10^{-2}	2.4×10^{-5}	46.4	5.4×10^{-6}
16	65.5	0.19	4.1×10^{-3}	3.0×10^{-5}	67.5	2.5×10^{-5}	8.0×10^{-3}	2.5×10^{-5}	63.6	3.0×10^{-5}	7.6×10^{-2}	2.3×10^{-5}	35.8	6.0×10^{-6}
17	60.5	0.23	4.3×10^{-3}	2.9×10^{-5}	60.2	2.6×10^{-5}	5.0×10^{-3}	2.7×10^{-5}	65.1	3.0×10^{-5}	2.0×10^{-2}	2.4×10^{-5}	37.3	5.0×10^{-6}
18	40	0.13	7.6×10^{-3}	2.5×10^{-5}	42.9	2.8×10^{-5}	8.3×10^{-3}	2.8×10^{-5}	40.1	2.7×10^{-5}	6.7×10^{-3}	2.6×10^{-5}	39.7	5.4×10^{-6}
19	54	0.015	5.3×10^{-3}	3.1×10^{-5}	51.3	2.9×10^{-5}	4.9×10^{-3}	3.3×10^{-5}	54.7	2.8×10^{-5}	5.3×10^{-3}	2.8×10^{-5}	40.1	6.8×10^{-6}
20	61.6	0.23	1.85×10^{-3}	3.5×10^{-5}	64.4	4.0×10^{-5}	3.4×10^{-3}	3.2×10^{-5}	64	3.7×10^{-5}	4.5×10^{-3}	3.2×10^{-5}	30.2	6.80×10^{-6}

续表

序号	第1含水层		第2弱透水层		第3含水层		第4弱透水层		第5含水层		第6弱透水层		第7含水层	
	$K1$ /(m/d)	μ	$K2$ /(m/d)	$S2/m^{-1}$	$K3$ /(m/d)	$S3/m^{-1}$	$K4$ /(m/d)	$S4/m^{-1}$	$K5$ /(m/d)	$S5/m^{-1}$	$K6$ /(m/d)	$S6/m^{-1}$	$K7$ /(m/d)	$S7/m^{-1}$
21	63.6	0.23	1.0×10^{-3}	3.4×10^{-5}	69.2	3.5×10^{-5}	9.0×10^{-3}	4.0×10^{-5}	66.2	3.5×10^{-5}	4.0×10^{-3}	3.3×10^{-5}	31.3	6.6×10^{-6}
22	62.6	0.23	2.25×10^{-3}	1.8×10^{-5}	60	2.0×10^{-5}	4.6×10^{-3}	2.0×10^{-5}	61.5	1.9×10^{-5}	3.6×10^{-3}	1.8×10^{-5}	30.2	4.6×10^{-6}
23	34.6	0.23	5.7×10^{-3}	2.4×10^{-5}	34.1	1.8×10^{-5}	6.2×10^{-3}	1.9×10^{-5}	34.4	2.4×10^{-5}	6.0×10^{-3}	2.5×10^{-5}	26.8	4.25×10^{-6}
24	25.9	0.13	3.6×10^{-3}	1.7×10^{-5}	26.4	1.7×10^{-5}	3.2×10^{-3}	2.1×10^{-5}	28	2.2×10^{-5}	3.8×10^{-3}	2.2×10^{-5}	6.8	4.25×10^{-6}
25	18	0.016	3.3×10^{-3}	2.4×10^{-5}	17	2.0×10^{-5}	2.5×10^{-3}	1.9×10^{-5}	17.1	2.2×10^{-5}	2.6×10^{-3}	2.1×10^{-5}	7.3	5.0×10^{-6}
26	13	0.03	1.45×10^{-3}	4.7×10^{-5}	11.4	5.0×10^{-5}	2.3×10^{-3}	4.5×10^{-5}	15.8	4.4×10^{-5}	3.9×10^{-3}	4.9×10^{-5}	4.2	9.4×10^{-6}
27	20	0.13	1.0×10^{-3}	4.0×10^{-5}	15.7	3.6×10^{-5}	5.0×10^{-2}	3.7×10^{-5}	12.7	4.6×10^{-5}	2.5×10^{-3}	4.3×10^{-5}	8.3	7.8×10^{-6}
28	13	0.13	6.0×10^{-3}	4.3×10^{-5}	10.7	3.8×10^{-5}	3.0×10^{-3}	3.9×10^{-5}	11	3.7×10^{-5}	1.3×10^{-3}	3.9×10^{-5}	4.2	8.25×10^{-6}
29	30.6	0.17	3.1×10^{-3}	2.7×10^{-5}	27.9	2.9×10^{-5}	2.9×10^{-3}	2.9×10^{-5}	32.6	3.3×10^{-5}	3.3×10^{-3}	2.8×10^{-5}	12.4	6.6×10^{-6}
30	13.8	0.012	2.1×10^{-3}	6.6×10^{-5}	15.3	7.1×10^{-5}	2.5×10^{-3}	6.9×10^{-5}	10.8	6.4×10^{-5}	3.0×10^{-3}	6.9×10^{-5}	8	1.28×10^{-5}
31	11.9	0.012	1.1×10^{-3}	6.5×10^{-5}	10.5	6.7×10^{-5}	1.3×10^{-2}	6.6×10^{-5}	11.8	6.4×10^{-5}	9.0×10^{-3}	6.8×10^{-5}	3.3	1.28×10^{-5}
32	12.3	0.016	1.3×10^{-3}	7.0×10^{-5}	11.3	7.6×10^{-6}	1.1×10^{-3}	7.3×10^{-5}	10.6	7.3×10^{-5}	1.1×10^{-3}	6.9×10^{-5}	3.5	1.38×10^{-5}
33	8.6	0.016	1.1×10^{-3}	7.8×10^{-5}	10.5	8.3×10^{-5}	1.0×10^{-3}	8.0×10^{-5}	7.2	8.3×10^{-5}	1.0×10^{-3}	8.5×10^{-5}	2.25	1.62×10^{-5}
34	8.3	0.013	1.05×10^{-3}	6.5×10^{-5}	7.6	7.4×10^{-5}	1.1×10^{-3}	6.9×10^{-5}	5.9	7.4×10^{-5}	7.0×10^{-3}	6.5×10^{-5}	2.9	1.34×10^{-5}
35	11	0.026	1.1×10^{-3}	6.4×10^{-5}	7	6.2×10^{-5}	9.0×10^{-3}	5.9×10^{-5}	9.6	6.0×10^{-5}	2.0×10^{-2}	6.3×10^{-5}	4.5	1.2×10^{-5}
36	7.6	0.011	1.3×10^{-3}	7.4×10^{-5}	9.7	7.5×10^{-5}	1.2×10^{-3}	7.2×10^{-5}	5.9	7.5×10^{-5}	4.0×10^{-3}	7.6×10^{-5}	3.2	1.48×10^{-5}
37	8.1	0.011	1.4×10^{-3}	9.7×10^{-5}	6	9.7×10^{-5}	1.0×10^{-3}	9.2×10^{-5}	10.2	8.8×10^{-5}	5.0×10^{-3}	9.2×10^{-5}	4.6	1.8×10^{-5}
38	16.7	0.011	1.5×10^{-3}	8.2×10^{-5}	15.2	8.2×10^{-5}	2.0×10^{-3}	8.4×10^{-5}	8.6	8.1×10^{-5}	3.0×10^{-4}	8.4×10^{-5}	5.5	1.76×10^{-5}
39	7.8	0.011	1.0×10^{-2}	8.1×10^{-5}	4.9	8.6×10^{-5}	1.2×10^{-2}	7.7×10^{-5}	8.9	8.5×10^{-5}	1.0×10^{-3}	8.5×10^{-5}	4.6	1.52×10^{-5}
40	6.5	0.012	1.06×10^{-3}	7.6×10^{-5}	8.3	7.2×10^{-5}	5.0×10^{-3}	6.9×10^{-5}	5	7.2×10^{-5}	1.0×10^{-3}	7.2×10^{-5}	1.1	1.4×10^{-6}
41	8.3	0.09	1.2×10^{-3}	4.0×10^{-5}	13.1	3.6×10^{-5}	1.1×10^{-3}	3.7×10^{-5}	12.7	4.6×10^{-5}	1.0×10^{-4}	8.6×10^{-6}	5.7	7.8×10^{-6}

（2）模型验证

模型的验证期为2014年1月～2016年12月。模型验证期为正演过程，即保持参数不变，观察监测井的计算水位与实测水位是否仍然吻合，且走势保持一致。如果两者吻合且走势一致，则表明构建的模型能够客观反映研究区的实际情况。

经识别验证后，研究区部分地下水监测井的计算水位与实测水位历时变化对比如图6-4所示。监测井的计算水位与实测水位拟合效果较好。尽管南水北调水受水区1号和4号监测井建设较晚，但在验证过程中，计算水位与实测水位也较为接近，且变化趋势相同，由此可见，构建的地下水渗流数值模型能够客观反映研究区的实际情况。

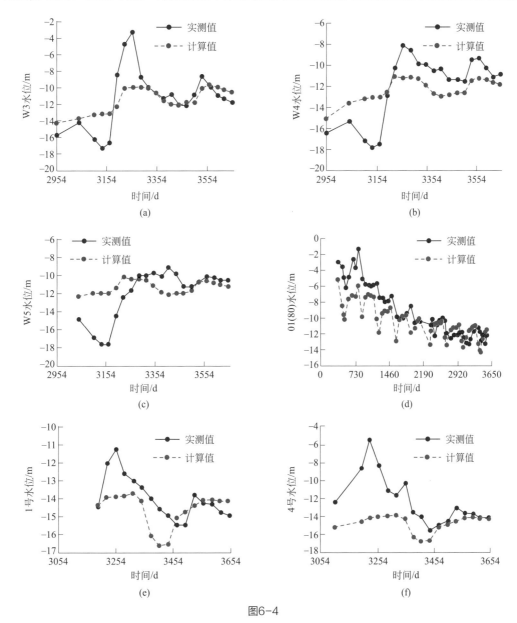

图6-4

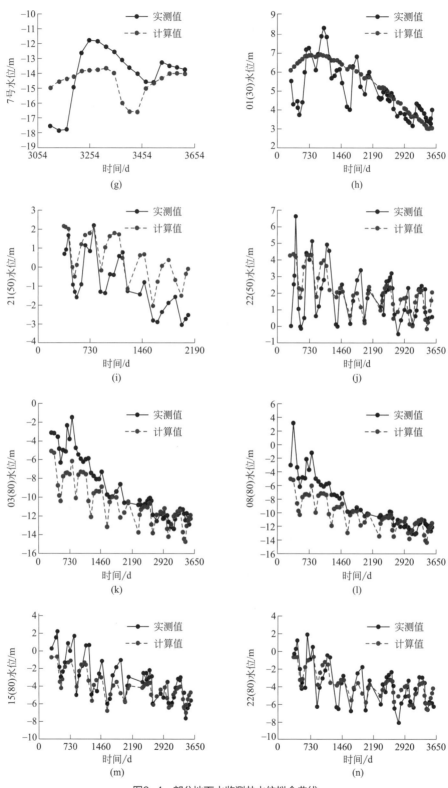

图6-4　部分地下水监测井水位拟合曲线

6.3 溶质运移数值模拟模型

6.3.1 溶质运移数学模型及溶质选择

研究区溶质运移的数学模型及其定解条件见下式：

$$\begin{cases} \dfrac{\partial C}{\partial t}=\dfrac{\partial}{\partial x}\Big[D_x\dfrac{\partial C}{\partial x}\Big]+\dfrac{\partial}{\partial y}\Big[D_y\dfrac{\partial C}{\partial y}\Big]+\dfrac{\partial}{\partial z}\Big[D_z\dfrac{\partial C}{\partial z}\Big]+\dfrac{\partial v_x C}{\partial x}+\dfrac{\partial v_y C}{\partial y}+\dfrac{\partial v_z C}{\partial z}+r \\ C(x,y,z,t)\big|_{t=0}=C_0 \\ \dfrac{\partial C}{\partial n}\big|_{\Gamma_1}=0 \\ C(x,y,z,t)\big|_{\Gamma_2}=C_1(x,y,z,t) \end{cases}$$

式中　C ——溶质浓度，mg/L；

　　　D_i ——弥散系数，m^2/d；

　　　V_i ——地下水流速，m/d；

　　　C_0 ——初始浓度，mg/L；

　　　C_1 ——边界浓度，mg/L；

　　　r ——源汇项，mg/（L·d）。

研究区的溶质运移模型选择Cl^-和NO_3^--N作为模拟因子。选择Cl^-作为模拟因子，主要是考虑到再生水中Cl^-浓度显著高于地下水中的Cl^-浓度，两者差异显著，且Cl^-在地下水环境中最为稳定，易随地下水水流迁移，可以表征研究区再生水利用河段入渗对地下水环境产生影响的范围和程度。选择NO_3^--N作为模拟因子，主要是因为密云再生水利用河段再生水中的NO_3^--N浓度较高，且该地段为砂卵砾石层，再生水入渗已引起周边的地下水NO_3^--N浓度显著升高，并形成了污染晕，正在向下游迁移。

6.3.2　溶质运移数学模型求解及条件确定

溶质运移模型是在水流模型基础上构建的，结合研究区地下水的流动速度，将溶质运移耦合进地下水渗流模型。溶质运移模型仍采用FEFLOW软件进行数值求解，获得不同时刻的溶质浓度场。

与研究区地下水渗流模型保持一致，以2007年初研究区内各含水层的Cl^-和NO_3^--N浓度作为初始条件。研究区第二含水层的Cl^-和NO_3^--N浓度等值线如图6-5所示。从图中可以看出，该研究区地下水的Cl^-浓度受密云再生水厂、怀柔再生水厂和顺义引温济潮工程段影响，再生水受水区Cl^-浓度偏高，而研究区地下水NO_3^--N主要受密云再生水厂的影响，密云再生水受水区NO_3^--N浓度较高。

根据已有的地下水水质监测资料，多年来，研究区边界附近地下水中的Cl^-和NO_3^--N浓度变化不大，为此将研究区的边界视为浓度边界。

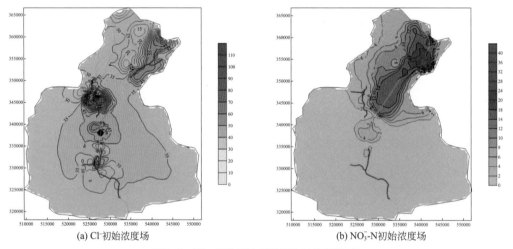

(a) Cl^-初始浓度场　　　　　　　　　(b) NO_3^--N初始浓度场

图6-5　50m深地下水Cl^-和NO_3^--N初始浓度

6.3.3　主要地下水补给源溶质因子浓度及参数选取

研究区再生水和南水北调水源入渗对地下水环境的影响非常重要。再生水利用河段是影响地下水水质的重要风险源，而优质的南水北调水源进入潮白河回补，不仅涵养了地下水资源，而且改善了地下水水质。再生水利用河段和南水北调水源补水河段的Cl^-、NO_3^--N浓度见表6-3。从表中可以看出，再生水中的Cl^-浓度显著高于南水北调水源，不同再生水利用河段的NO_3^--N浓度的差异较大，密云再生水利用河段明显高于怀柔再生水利用河段、引温济潮受水河段、牛栏山橡胶坝下游湿地出水和南水北调补水河段。

表6-3　主要补给源Cl^-和NO_3^--N浓度

名称	Cl^-浓度/（mg/L）	NO_3^--N浓度/（mg/L）
密云再生水利用河段	174	34.5
怀柔再生水利用河段	163	8.4
引温济潮受水河段	151	35.4
牛栏山橡胶坝下游湿地出水	98	5.7
南水北调补水河段	8.5	1.12

地下水中的溶质运移不仅与地下水流速有关，而且与含水介质的孔隙度（n）、弥散度（α_L、α_T）、吸附降解参数有关。由于含水介质对Cl^-和NO_3^--N基本没有吸附作用，模型中不考虑吸附参数，但NO_3^--N在还原条件下，很容易通过反硝化作用得以去除。因此，在构建NO_3^--N运移模型中，考虑了NO_3^--N的反硝化作用。这些参数数值在模型中的初始值，在利用已有试验成果的基础上，结合含水层介质的岩性，通过查阅大量文献获取。

6.3.4　溶质运移模型识别与验证

溶质运移模型的识别、验证期与地下水渗流模型相一致。经识别验证，各参数的数值范围见表6-4。

表6-4　溶质运移模型有关含水层参数

溶质	孔隙度n	水平弥散度α_L/m	垂直弥散度α_T/m	降解速率常数/（$\times 10^{-4}$/s）
Cl^-	$0.01 \sim 0.24$	$1 \sim 35$	$1 \sim 7$	无
NO_3^--N	$0.01 \sim 0.24$	$1 \sim 35$	$1 \sim 7$	$0 \sim 0.00012$

由于模型北部区域为地下水库区，地层岩性为砂卵砾石，由北向南，地层层位由少变多，岩性颗粒由粗变细，因此由北向南含水层变化规律也由模型参数值体现，其值根据经验值设定。

经识别验证后，研究区部分监测井Cl^-和NO_3^--N浓度的实测值与计算值的拟合曲线如图6-6所示。据图6-6可知，各监测井的Cl^-浓度变化趋势与实际变化趋势吻合，且数值接近，能较好地反映出再生水利用河段和南水北调水源补水河段入渗对地下水中Cl^-和NO_3^--N的影响，表明该溶质运移模型可以较好地刻画研究区实际情况。

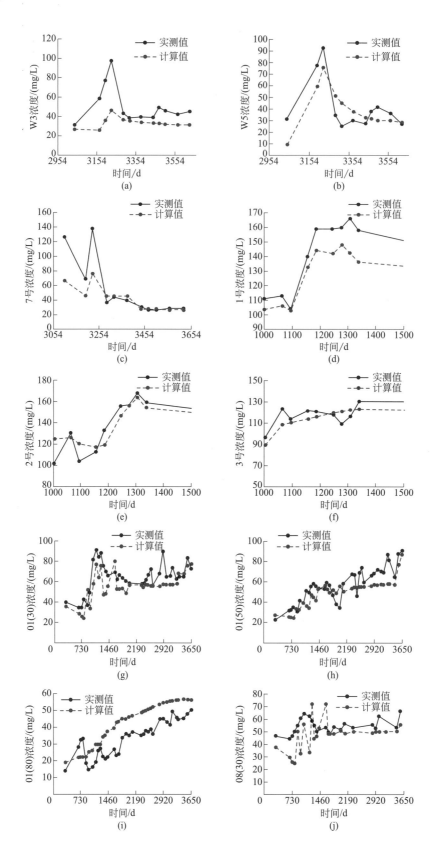

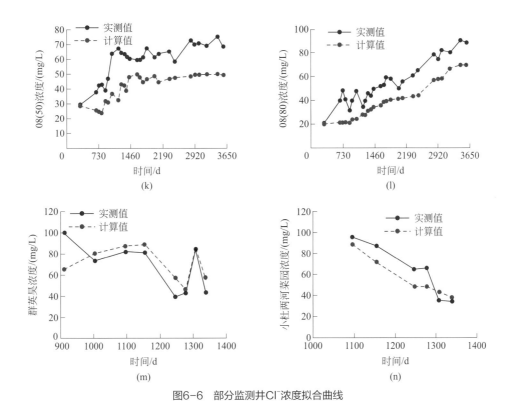

图6-6　部分监测井Cl⁻浓度拟合曲线

6.4　回补区地下水污染风险防控方案及预测

6.4.1　回补区南水北调水源利用路径

根据南水北调水源进入回补区冲洪积扇河流段的水资源配置，南水北调水源有两种利用途径。

① 路径1：南水北调水源输水至密云水库后，为恢复水库下游河道的生态环境，向下游泄水，经潮河、白河、潮白河至牛栏山橡胶坝，在恢复河道生态环境的同时，自然入渗回补地下水。

② 路径2：南水北调水源在李家史山闸放水，经小中河-东水西调工程-牤牛河，自

流至怀河、潮白河，进入牛栏山橡胶坝以上的潮白河河道，恢复河道生态环境，同时经河床入渗回补地下水。

为恢复冲洪积扇河流生态环境，利用路径2，最小的南水北调水源补水量为$4.4×10^7m^3$/a；为获得较高的补水量，利用路径1，补水量为$6.5×10^7m^3$/a；最适宜的补水量是综合利用路径1和路径2，利用路径1，补水量为$2.0×10^7m^3$/a，利用路径2，补水量为$1.0×10^8m^3$。回补密怀顺水源地，最大引水量$3.2m^3$/s。这两种思路尽管路径不同，但都是将南水北调水源调入潮白河牛栏山橡胶坝上游经自然入渗回补已严重亏损的地下水。

6.4.2 回补区水资源配置及地下水污染风险调控方案

结合回补区河流生态修复的南水北调水源回补路径、再生水利用现状布局和地下水开采现状，制订水资源配置方案，利用数值模型模拟各配置方案下的地下水水质变化，并遴选出最佳方案，以规避配置过程中的地下水环境风险。制订的配置方案如下。

（1）方案Ⅰ

在平水年，$4.4×10^7m^3$/a南水北调水源调入牛栏山橡胶坝以上潮白河河道自然入渗回补地下水。

（2）方案Ⅱ

在平水年，考虑再生水资源利用和各水源地减采，$6.5×10^7m^3$/a密云水库水源沿潮河引水，利用河道及其砂石坑自然入渗回补地下水。

（3）方案Ⅲ

在平水年，考虑再生水资源利用和各水源地减采，$1.0×10^8m^3$/a南水北调水源调入牛栏山橡胶坝以上潮白河河道自然入渗，其余$2.0×10^7m^3$/a密云水库水源沿潮河引水，利用河道及其砂石坑自然入渗回补地下水。

（4）方案Ⅳ

在平水年，考虑再生水资源利用和八厂水源地减采，$1.0×10^8m^3$/a南水北调水源调入牛栏山橡胶坝以上潮白河河道自然入渗，其余$2.0×10^7m^3$/a密云水库水源沿潮河引水，利用河道及其砂石坑自然入渗回补地下水。同时，通过管线将怀柔再生水厂出水和密云再生水厂出水引入下游的引温济潮受水区，去除怀河、白河、潮河、潮白河的污染源。

6.4.3 不同水资源配置方案下地下水流场及溶质浓度预测

根据制订的调蓄方案，可利用构建的地下水渗流及溶质运移模型计算研究区未来的地下水水位及溶质浓度变化，各受水区选取监测点如图6-7所示。预测时间自2016年末至2036年末。

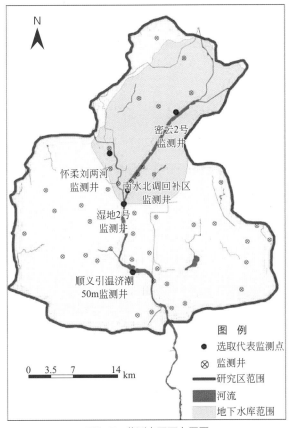

图6-7　监测点平面布置图

6.4.3.1　方案 I 地下水流场及Cl⁻、NO₃-N浓度变化

（1）地下水水位及流场变化

该方案在潮白河河道牛栏山橡胶坝上游的潮白河、怀河河道回补地下水，南水北调水源回补量4400m³/a。预测结果表明：在回补初期，南水北调水源回补区八厂水源地附

近的地下水水位升高显著，在前四年，地下水水位由−13.6m快速上升至−3.2m，上升幅度达10.4m，如图6-8所示。南水北调水源回补对其周边及其下游的地下水水位有短期的抬升作用，但对回补区上游的密云区地下水水位影响很小，其地下水水位仍呈降低趋势。由于南水北调水源回补量较小，地下水资源仍处于负均衡状态，地下水水位在短期升高后，又缓慢降低。

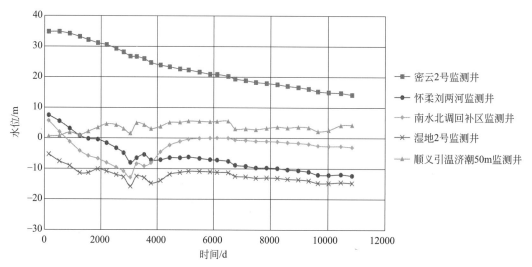

图6-8　方案Ⅰ条件下潮白河各回补区地下水水位历时变化曲线

研究区50m含水层2016年末地下水水位等值线与预测20年后的2036年末地下水流场等值线图如图6-9所示。从图6-9中可以看出，补水20年后，与2016年初始值相比，仅潮白河、怀河交汇处回补地水位抬升明显，总体水位仍在降低，地下水漏斗区范围仍在扩大，表明地下水资源仍处于负均衡状态。

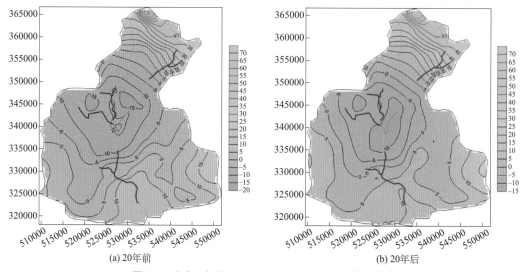

图6-9　方案Ⅰ条件下20年前后地下水流场等值线对比图

（2）地下水 Cl⁻浓度变化

经预测，在方案Ⅰ条件下，南水北调回补区及各再生水受水区附近监测井的 Cl⁻浓度历时变化如图6-10所示。从图6-10中可以看出，回补区周边的地下水环境监测井的浓度呈降低的变化趋势，体现了南水北调水源入渗对地下水的稀释淡化作用。在密云再生水利用河段，由于近年来再生水中的 Cl⁻浓度略有降低，监测井的 Cl⁻浓度也呈现出微弱的降低趋势。而顺义区引温济潮工程再生水利用区受南水北调水源回补的影响很弱，再生水入渗引起地下水中 Cl⁻浓度呈升高的变化趋势。

经模型计算，2016年末和2036年末的研究区地下水中 Cl⁻浓度等值线图如图6-11所示。从图中可以看出，由于河道的污染源为稳定的持续源，随着再生水入渗，密云再生水受水区地下水中 Cl⁻高浓度晕范围不断向下游扩散。怀柔再生水受水区周边 Cl⁻浓度较为稳定，受南水北调回补影响，高浓度晕向外扩展并不明显。湿地附近地下水受南水北调回补影响，

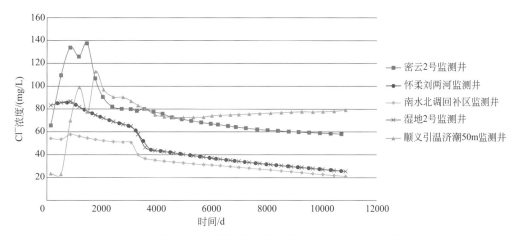

图6-10 方案Ⅰ条件下潮白河各回补区地下水 Cl⁻浓度历时变化曲线

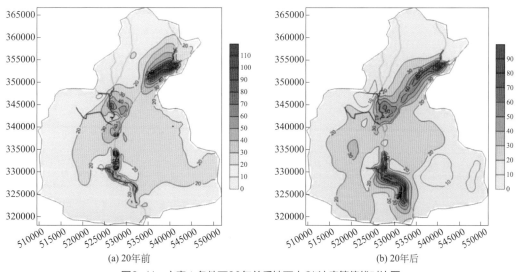

(a) 20年前

(b) 20年后

图6-11 方案Ⅰ条件下20年前后地下水 Cl⁻浓度等值线对比图

地下水 Cl⁻ 显著降低。顺义引温济潮再生水受水区总体 Cl⁻ 变化不大，浓度稳定在90mg/L，由于受南水北调回补影响很微弱，地下水中的 Cl⁻ 浓度主要受再生水入渗的影响，随着时间的推移，河道周边的影响范围不断扩大。总体而言，南水北调水源回补对地下水中的 Cl⁻ 起到一定的稀释作用，但因回补水量较少，稀释作用不显著，浓度稳定在25mg/L。

（3）地下水 NO_3^--N 浓度变化

经模型计算，各监测井的 NO_3^--N 浓度历时变化如图6-12所示。从图中可以看出，南水北调水源的 NO_3^--N 浓度稳定在4mg/L，与地下水中 NO_3^--N 浓度相当，南水北调水源回补区周边及其下游的 NO_3^--N 浓度很低且变化稳定。由于密云再生水厂的工艺提升，再生水的 NO_3^--N 浓度较2016年前更低，并稳定在18mg/L，监测井的 NO_3^--N 浓度在预测过程中呈微弱降低并趋于稳定。

经模型计算，2016年末和2036年末的研究区地下水中 NO_3^--N 浓度等值线图如图6-13

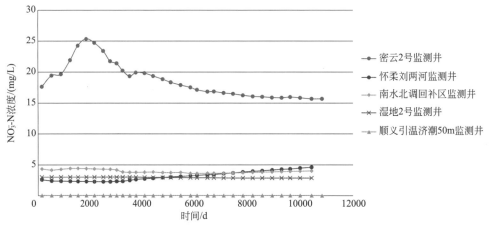

图6-12　方案Ⅰ条件下潮白河各回补区地下水 NO_3^--N 浓度历时变化曲线

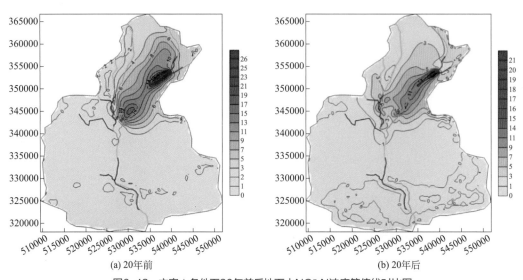

(a) 20年前　　　　　　　　　　　(b) 20年后

图6-13　方案Ⅰ条件下20年前后地下水 NO_3^--N 浓度等值线对比图

所示。从图中可以看出，由于密云再生水厂处理工艺提升，NO_3^--N浓度降低，再生水入渗的NO_3^--N晕的范围有所减小。同时，南水北调水源回补，使得回补区北部的NO_3^--N浓度有所降低。在牛栏山橡胶坝以南广大区域，由于含水层处于相对还原状态，存在强烈的反硝化作用，地下水中的NO_3^--N浓度很低。

6.4.3.2 方案Ⅱ地下水流场及Cl^-、NO_3^--N浓度变化

（1）地下水水位及流场变化

该方案下，从密云水库沿河道向下游泄水$6.5×10^7m^3/a$，在改善河道生态环境的同时，入渗回补地下水。

利用模型预测的各监测井的水位历时曲线如图6-14所示。从图中可以看出，各监测井水位仍然呈微弱的下降趋势，表明研究区内的地下水资源仍处于负均衡状态。由于自密云水库向河道泄水，密云2号监测井的地下水水位下降速率明显低于方案Ⅰ。

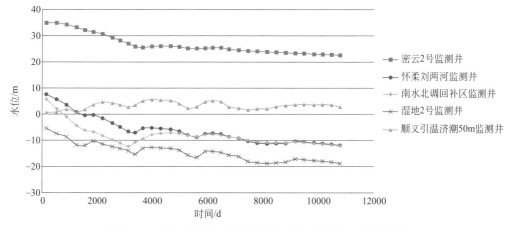

图6-14 方案Ⅱ条件下潮白河各回补区地下水水位历时变化曲线

模型预测的2016年末和2036年末的地下水流场等值线图如图6-15所示。从图上可以看出，由于地下水资源仍处于负均衡状态，在2036年末，水源八厂、怀柔应急水源地等集中开采区域的地下水降落漏斗的地下水水位下降至-15m，与2016年相比，漏斗范围显著扩大。密云水库泄水，在河道沿程上补给地下水，没有集中补给区，对水源地的影响较为微弱，对下游的顺义区基本没有影响，顺义地区地下水受再生水回补影响，地下水水位趋于稳定。

（2）地下水Cl^-浓度变化

经模型计算，南水北调回补区及各再生水受水区地下水中Cl^-浓度历时变化如图6-16所示。从图上可以看出，随着密云水库向下游河道泄水，密云再生水受水区地下水中的Cl^-受稀释作用的影响，其浓度持续降低，自2016年末的80mg/L降至2036年末的

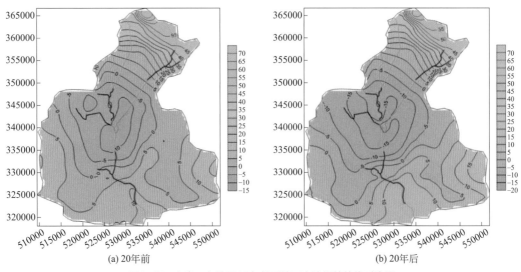

(a) 20年前　　　　　　　　　　(b) 20年后

图6-15　方案Ⅱ条件下20年前后地下水流场等值线对比图

52mg/L。怀柔、牛栏山橡胶坝上下游的监测井的Cl⁻浓度也呈降低趋势。顺义引温济潮受水区监测井的Cl⁻浓度受密云水库泄水的影响非常小，Cl⁻浓度在入渗作用下仍然呈升高的变化趋势。

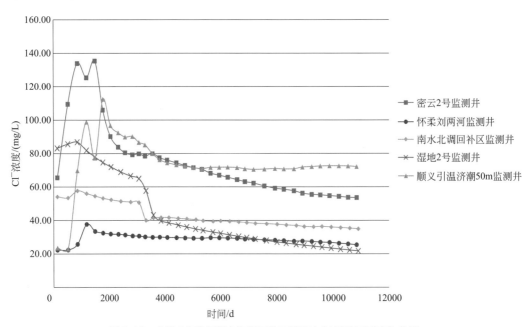

图6-16　方案Ⅱ条件下潮白河各回补区地下水Cl⁻浓度历时变化曲线

　　2016年末和2036年末的研究区地下水中Cl⁻浓度等值线图如图6-17所示。从图中可以看出，密云水库向下游河道泄水过程中，河道线状入渗以及水源地漏斗区水位的降低，推动了密云Cl⁻高浓度晕向下游的推移与扩散。顺义引温济潮工程受水区地下水中Cl⁻浓度在再生水入渗作用下，Cl⁻高浓度晕范围不断扩大。

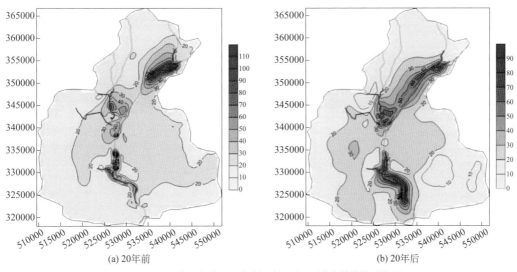

图6-17　方案Ⅱ条件下20年前后地下水Cl⁻浓度等值线对比图

（3）地下水 NO_3^--N 浓度变化

经模型计算，各监测井的 NO_3^--N 浓度历时变化如图6-18所示。从图中可以看出，受密云水库向下游河道泄水的影响，河道沿程入渗对河道两侧地下水的稀释作用较为明显，密云2号监测井的 NO_3^--N 浓度由2016年末的18mg/L降至2036年末的13mg/L。怀柔、牛栏山橡胶坝上下游地下水中的 NO_3^--N 浓度略有升高，但浓度很低，小于5mg/L。

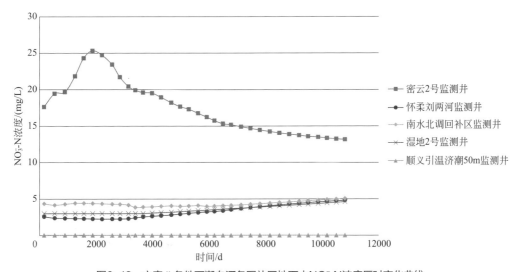

图6-18　方案Ⅱ条件下潮白河各回补区地下水 NO_3^--N 浓度历时变化曲线

2016年末和2036年末的研究区地下水中 NO_3^--N 浓度等值线图如图6-19所示。从图中可以看出，密云水库向下游河道泄水，河道入渗推动 NO_3^--N 高浓度晕向下游迁移扩散。同时，因密云再生水厂处理工艺提升，再生水中的 NO_3^--N 浓度降低，20年后再生水入渗引起的 NO_3^--N 高浓度晕范围也有所减小。

off
231

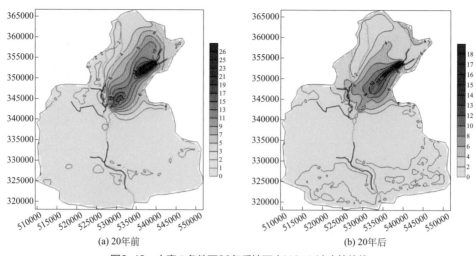

(a) 20年前 　　　　　　　　　　　　　　(b) 20年后

图6-19　方案Ⅱ条件下20年后地下水NO$_3^-$-N浓度等值线

6.4.3.3　方案Ⅲ地下水流场及Cl$^-$、NO$_3^-$-N浓度变化

（1）地下水水位及流场变化

该方案下，利用南水北调水源向牛栏山橡胶坝以上潮白河河道引水$1.0×10^8m^3$/a，自密云水库向下游泄水$2.0×10^7m^3$/a。

经模型预测，各监测井的地下水水位历时变化如图6-20所示。从图中可以看出，牛栏山橡胶坝上游南水北调水源回补区地下水水位快速抬升后并渐趋稳定，地下水水位由2016年末的-13.6m快速上升至2036年末的20m，上升幅度达33.6m。牛栏山橡胶坝周边及其下游的地下水水位均呈现出先升高后趋稳的特点。密云2号监测井地下水水位基本稳定，不再降低。这表明，在$1.0×10^8m^3$的南水北调水源入渗条件下，研究区地下水资源由负均衡状态转变为正均衡状态，地下水储量增加，水位抬升。

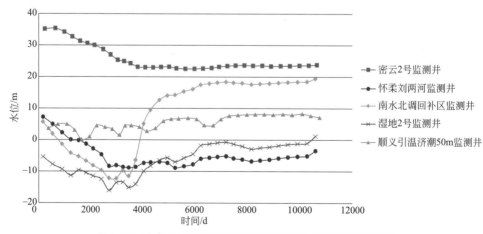

图6-20　方案Ⅲ条件下潮白河各回补区地下水水位历时变化曲线

2016年末和2036年末的研究区地下水流场等值线图如图6-21所示。从图中可以看出，2036年末的地下水水位显著高于2016年水位，牛栏山橡胶坝上游河道南水入渗补给区形成了地下水水位5m等值线的地下水水丘，水源地集中开采区地下水水位大幅抬升，南水北调水源入渗对地下水资源的涵养效果十分显著。

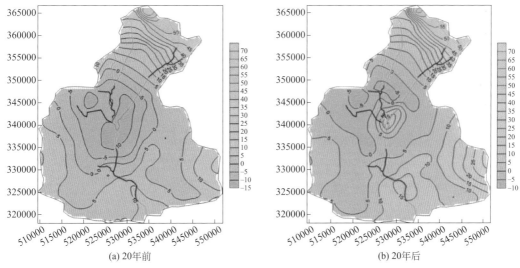

(a) 20年前　　　　　　　　　　　　　(b) 20年后

图6-21　方案Ⅲ条件下20年前后地下水流场等值线对比图

（2）地下水Cl⁻浓度变化

经模型计算，各监测井Cl⁻浓度历时变化如图6-22所示。从图中可以看出，牛栏山橡胶坝上游河道补水区周边地下水中的Cl⁻浓度显著降低，体现了南水北调水源对地下水的稀释淡化作用。顺义引温济潮工程受水区地下水中的Cl⁻浓度仍呈升高趋势，但升高趋势已减缓。密云再生水厂处理工艺的提高以及密云水库向下游河道泄水，使得密云地下水监测井中的Cl⁻浓度有所降低。

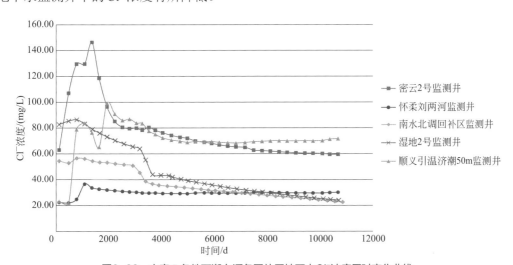

图6-22　方案Ⅲ条件下潮白河各回补区地下水Cl⁻浓度历时变化曲线

2016年末和2036年末的研究区地下水中Cl⁻浓度等值线图如图6-23所示。从图中可以看出，牛栏山橡胶坝上游河道补水对地下水中Cl⁻浓度的稀释作用十分显著，回补区地下水中的Cl⁻浓度为20mg/L。但河道补水不能有效抑制密云地下水中Cl⁻高浓度晕向下游迁移。引温济潮工程受水区地下水中的Cl⁻浓度晕也不断向外围扩展。

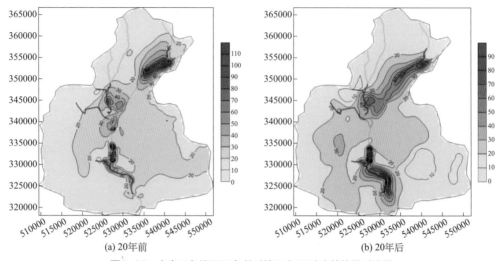

(a) 20年前   (b) 20年后

图6-23　方案Ⅲ条件下20年前后地下水Cl⁻浓度等值线对比图

（3）地下水NO₃⁻-N浓度变化

经模型计算，各地下水监测井中的NO₃⁻-N浓度历时变化如图6-24所示。从图中可以看出，牛栏山橡胶坝上游河道补水区周边地下水中的NO₃⁻-N浓度略微降低，体现了南水北调水源对地下水的稀释作用。由于密云再生水厂处理工艺提升，地下水NO₃⁻-N浓度呈降低的变化趋势，引温济潮工程受水区含水层处于还原状态，地下水中NO₃⁻-N浓度非常低。

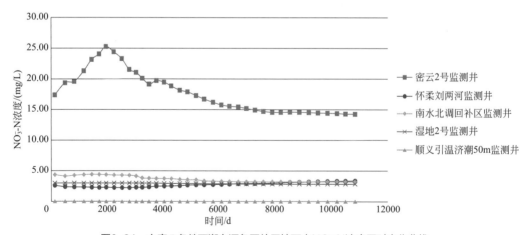

图6-24　方案Ⅲ条件下潮白河各回补区地下水NO₃⁻-N浓度历时变化曲线

2016年末和2036年末的研究区地下水中NO₃⁻-N浓度等值线对比如图6-25所示。从图中可以看出，牛栏山橡胶坝上游河道补水区南水北调水源入渗对地下水中的NO₃⁻-N浓度的稀释作用较为显著。密云再生水处理工艺的提升，使得20年后地下水中NO$_3^-$-N的高浓度晕明显缩小，晕中心地下水中NO$_3^-$-N浓度为14mg/L，但高浓度晕仍然不断向下游迁移。

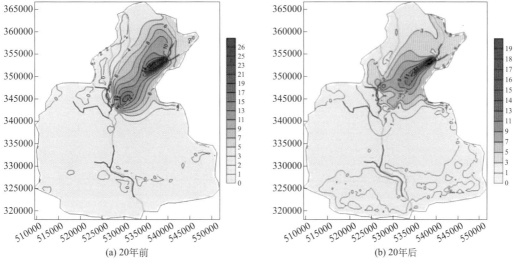

(a) 20年前 　　　　　　　　　　　(b) 20年后

图6-25　方案Ⅲ条件下20年前后地下水NO$_3^-$-N浓度等值线对比图

6.4.3.4　方案Ⅳ地下水流场及Cl$^-$、NO$_3^-$-N浓度变化

（1）地下水水位及流场变化

方案Ⅳ考虑在方案Ⅲ的基础上，通过管线将怀柔再生水厂出水和密云再生水厂出水引入下游的引温济潮受水区，去除怀河、白河、潮河的污染源。

模型预测的各监测井的地下水水位历时变化曲线如图6-26所示。从图中可以看出，各监测井的水位历时变化与方案Ⅲ相似，但由于密云、怀柔再生水厂出水引至下游河道，不再入渗回补地下水，因此，该方案下各监测井的地下水水位略低于方案Ⅲ。

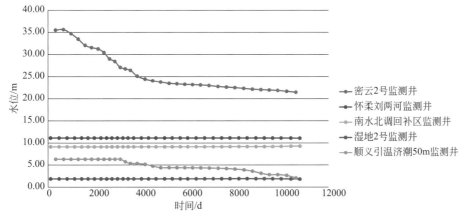

图6-26　方案Ⅳ条件下潮白河各回补区地下水水位历时变化曲线

2016年末和2036年末的研究区浅层地下水水位等值线图如图6-27所示。南水北调水源大量回补地下水后，地下水水位显著回升。与方案Ⅲ一致，牛栏山橡胶坝上游河道补水区周边形成地下水水丘，但水丘的范围略小于方案Ⅲ。

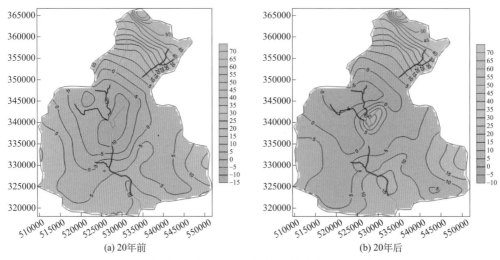

(a) 20年前   (b) 20年后

图6-27 方案Ⅳ条件下第20年末地下水水位等值线对比图

（2）地下水Cl⁻浓度变化

各监测井Cl⁻浓度历时变化如图6-28所示。从图中可以看出，去除污染源后，密云、怀柔再生水受水区地下水中Cl⁻浓度迅速降低至30mg/L，并渐趋稳定。在稀释作用下，南水北调水源补水区周边地下水Cl⁻浓度也呈降低趋势。顺义引温济潮工程受水区远离南水北调水源回补区，在再生水入渗作用下，地下水中的Cl⁻浓度仍呈升高趋势。

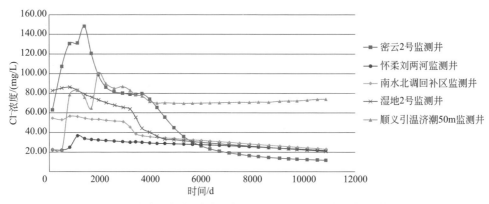

图6-28 方案Ⅳ条件下潮白河各回补区地下水Cl⁻浓度历时变化曲线

20年后密怀顺地区地下水Cl⁻浓度等值线图如图6-29所示。从浓度等值线图可以看出，与2016年末相比，去除怀柔、密云再生水利用河道污染源后，在2036年末，河道周边地下水中Cl⁻浓度快速降低。但密云地下水中高浓度Cl⁻晕向下游漂移，同时晕浓度也不断降低。由此可见，河道再生水污染源的去除显著改善了调蓄区的地下水水质。然而，顺义引温济潮工程受水区受再生水入渗影响，地下水中高浓度Cl⁻晕仍然不断向外扩展。

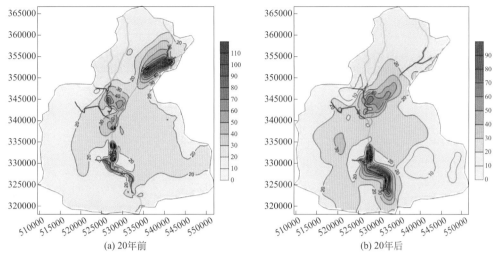

(a) 20年前　　　　　　　　　　(b) 20年后

图6-29　方案Ⅳ条件下20年前后地下水Cl⁻浓度等值线对比图

（3）地下水 NO_3^--N 浓度变化

各监测井 NO_3^--N 浓度历时变化如图6-30所示。从图中可以看出，受南水北调水源大量回补的稀释作用影响，监测井中的 NO_3^--N 浓度呈降低变化趋势。污染源的去除，使得密云2号监测井的 NO_3^--N 浓度快速降低至5mg/L，并渐趋稳定。南水北调水源补水区周边地下水中的 NO_3^--N 浓度也略微降低。

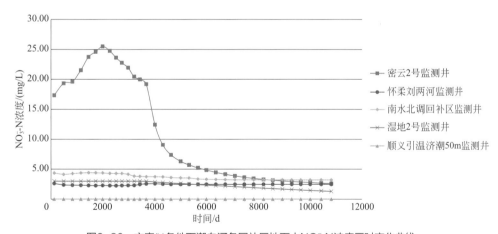

图6-30　方案Ⅳ条件下潮白河各回补区地下水 NO_3^--N浓度历时变化曲线

20年后密怀顺地区地下水 NO_3^--N 浓度等值线图如图6-31所示。从浓度等值线图中可看出，与2016年末相比，去除怀柔、密云再生水利用河道污染源后，在2036年末，河道周边地下水中 NO_3^--N 浓度快速降低。在地下水流驱动作用下，密云地下水中高浓度 NO_3^--N 晕向下游漂移，受南水北调水源回补后水位升高的影响， NO_3^--N 晕继续向南迁移受阻，但稀释作用使得晕浓度不断降低。

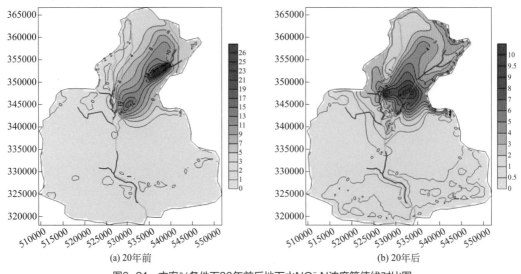

(a) 20年前   (b) 20年后

图6-31　方案Ⅳ条件下20年前后地下水NO$_3^-$-N浓度等值线对比图

6.4.4　水资源配置方案对比评估

根据地下水渗流和溶质运移数值模型预测的各水资源配置方案下南水北调水源回补过程的地下水水位变化以及地下水中的Cl$^-$、NO$_3^-$-N浓度变化，对以上四种方案水资源进行对比分析。

6.4.4.1　各方案对地下水水位对比

（1）各方案下地下水均衡状况

根据各方案下地下水渗流和溶质运移预测模型，可得到各方案下研究区的地下水均衡状况，见表6-5。从表6-5中可以看出，方案Ⅲ地下水总补给量最大且大于总排泄量，可以实现地下水资源的回补。

表6-5　各方案下地下水资源储存量变化

调蓄方案	地下水总补给量/（×10^{8}m^3/a）	地下水总排泄量/（×10^{8}m^3/a）	地下水资源蓄变量/（×10^{4}m^3/a）
方案Ⅰ	5.05565	5.723957	−0.6683
方案Ⅱ	5.14125	5.719519	−0.5782
方案Ⅲ	5.82525	5.746110	0.0791
方案Ⅳ	5.59715	5.739108	−0.1419

（2）各方案下地下水水位变化特征

在各方案下，南水北调水源回补对地下水水位的影响在密怀顺地下水库范围内十分显著，同时对水库下游的地下水水位产生了一定影响。以牛栏山橡胶坝上游南水北调水源回补区监测井和密云2号监测井的地下水水位历时变化为例，说明各方案实施对地下水水位的影响。

从图6-32可以看出，由于方案Ⅰ、方案Ⅱ的地下水均衡处于负均衡状态，牛栏山橡胶坝上游南水北调水源回补区监测井的地下水水位在短暂升高后又持续缓慢降低，而在方案Ⅲ、方案Ⅳ条件下，因地下水处于正均衡状态，牛栏山橡胶坝上游回补区的地下水水位快速大幅升高后缓慢升高。密云2号监测井处于地下水补给-径流区，在方案Ⅰ、方案Ⅱ条件下，地下水水位的降低速率变小，水位仍不断降低；在方案Ⅲ、方案Ⅳ条件下，水位不再降低，呈平稳状态。

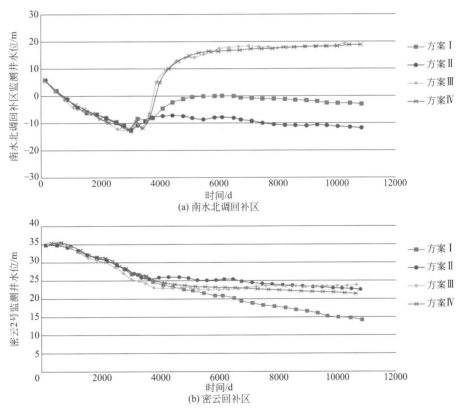

图6-32　各方案下南水北调回补区和密云回补区地下水水位历时变化曲线

从四种方案的地下水水位等值线图（图6-33）可以看出：在水源八厂、怀柔应急水源地的地下水集中开采区域，在方案Ⅰ、方案Ⅱ条件下，由于地下水处于负均衡状态，20年后仍然存在面积较大的地下水水位降落漏斗；方案Ⅲ、方案Ⅳ则不同，因地下水处于正均衡状态，在南水北调水源集中回补区形成了地下水水丘，增加了地下水资源储存量，提高了水源地的开采潜力。

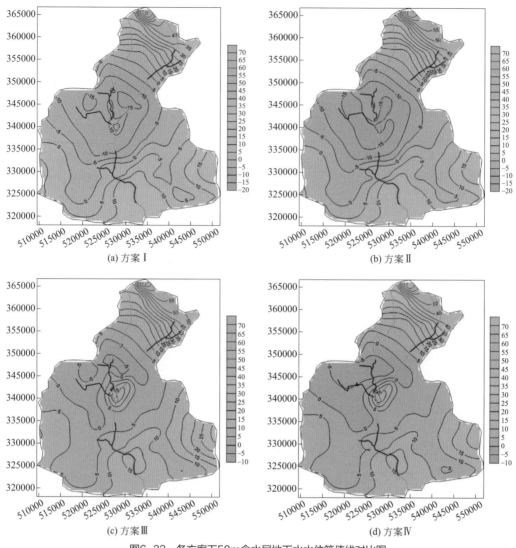

(a) 方案Ⅰ

(b) 方案Ⅱ

(c) 方案Ⅲ

(d) 方案Ⅳ

图6-33　各方案下50m含水层地下水水位等值线对比图

6.4.4.2　各调蓄方案对地下水Cl⁻浓度的对比分析

从牛栏山橡胶坝上游南水北调水源回补区和密云2号监测井的Cl⁻浓度历时变化曲线图（图6-34）可以看出，对于牛栏山橡胶坝上游河道回补区监测井，在方案Ⅰ、方案Ⅲ、方案Ⅳ条件下，由于南水北调水源主要补水区位于牛栏山橡胶坝上游河道，补水河道附近监测井浓度因稀释作用不断降低。在方案Ⅱ条件下，该监测井的Cl⁻浓度下降幅度明显低于其他方案。而密云2号监测井位于地下水补给-径流区，在方案Ⅱ条件下，因密云水库泄水河道入渗的稀释作用较为明显，其Cl⁻浓度低于方案Ⅰ和方案Ⅲ。在方案Ⅳ条件下，密云再生水风险源的去除，使得该监测井的Cl⁻浓度大幅降低。

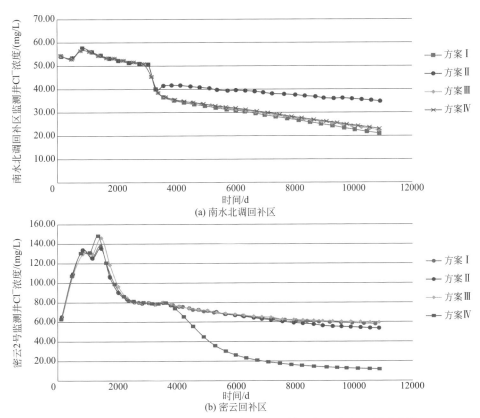

图6-34　各方案下南水北调回补区和密云回补区地下水Cl⁻浓度历时变化曲线

从四种方案下的Cl⁻浓度等值线图（图6-35）可以看出：

① 不论何种调蓄方案，在南水补水河道附近的监测井，其Cl⁻浓度均有所降低，体现了南水入渗对地下水水质的改善作用。

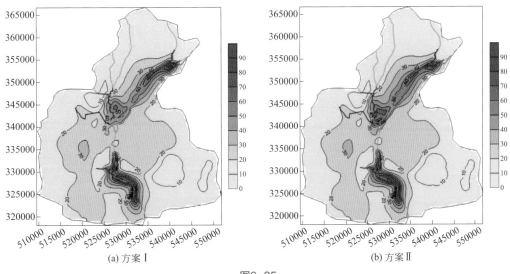

(a) 方案Ⅰ　　　　　　　　　　　(b) 方案Ⅱ

图6-35

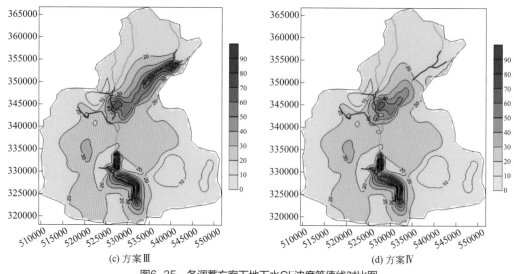

(c) 方案Ⅲ   (d) 方案Ⅳ

图6-35　各调蓄方案下地下水Cl⁻浓度等值线对比图

② 南水北调水源自密云水库泄水回补地下水过程中，将驱动密云地下水中Cl⁻高浓度晕向下游迁移；而在牛栏山橡胶坝上游河道补水，则有利于阻滞密云地下水Cl⁻高浓度晕向下游迁移。

③ 去除密云、怀柔两地再生水风险源后，密怀顺地下水库范围内地下水中的Cl⁻浓度大幅降低。

④ 由于顺义区引温济潮受水河道距离南水北调水源回补区较远，故不论何种方案，对引温济潮受水河道周边地下水中Cl⁻高浓度晕的影响均很微弱。

6.4.4.3　各方案对地下水NO₃⁻-N浓度的对比分析

牛栏山橡胶坝上游南水北调水源回补区和密云2号监测井的NO₃⁻-N浓度历时变化曲线如图6-36所示。从图中可以看出，这两眼监测井的NO₃⁻-N浓度历时变化与Cl⁻浓度的变化趋势基本一致。

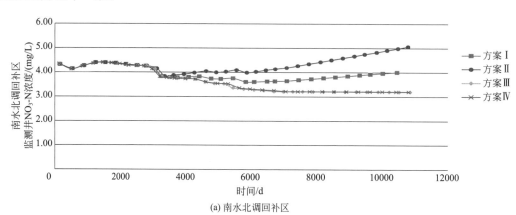

(a) 南水北调回补区

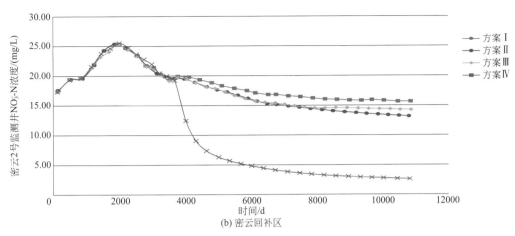

(b) 密云回补区

图6-36 各方案下南水北调回补区和密云回补区地下水NO$_3^-$-N浓度历时变化曲线

四种方案下的NO$_3^-$-N浓度等值线图如图6-37所示。四种方案下NO$_3^-$-N浓度等值线变化特征与Cl$^-$浓度等值线变化特征也基本一致。另外，由于引温济潮工程受水区地下含水层处于还原状态，容易通过反硝化作用去除，四种方案下的NO$_3^-$-N浓度均很低。

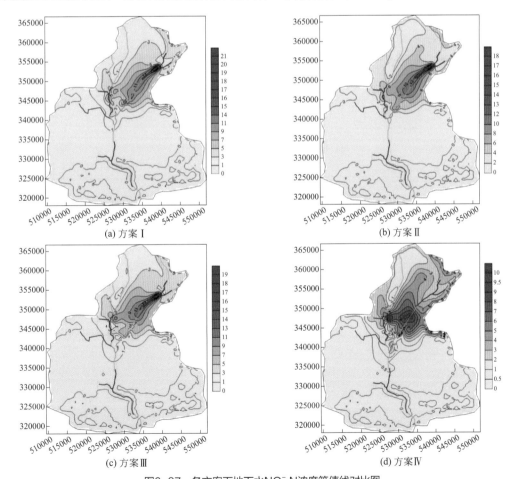

图6-37 各方案下地下水NO$_3^-$-N浓度等值线对比图

6.4.4.4 各方案对比综合评价

根据各方案下地下水水位、Cl⁻、NO_3^--N浓度的对比分析，可以看出：

① 在方案Ⅳ条件下，由于去除了密云、怀柔两地的再生水风险源，同时优质的南水北调水源大量回补，不仅涵养了地下水资源，而且水质得到大幅改善，是最为科学合理的调蓄方案。

② 如果不考虑去除密云、怀柔两地的再生水风险源，则南水北调水源应在牛栏山橡胶坝上游河道大量回补，同时，密云水库可不泄水或少量泄水，以有效阻滞密云再生水利用区水质高浓度晕向下游迁移，因此调蓄方案Ⅲ也相对合理。

6.5 地下水串层混合污染防控技术研发

6.5.1 试验设计

根据地下水普查成果，北京市报废机井数目为4216眼。其中，农业灌溉井3282眼，乡村生活井675眼，工业机井130眼，城镇生活井129眼，分别占总报废机井数的78%、16%、3%、3%，报废机井中的农业灌溉井占大多数。机井多穿越数个地下含水层，一旦报废，不再承担开采地下水的功能，各含水层之间将通过井壁的滤网和井管，构成直接的水力联系，水质相对较差的浅层水容易在井管中污染深层地下水。在地下水流驱动下，井管内多层水混合后将进入多个含水层中，容易引起水质优良的含水层的地下水污染。北京市在用的规模以上机电井数目为48657眼（井口井管内径≥200mm的农业灌溉机电井和日取水量≥20m³的供水机电井），报废机井占在用规模机电井的8.7%。报废机井一旦形成串层污染，就会对地下水环境造成极为不利的影响。并且报废机井的井口多未封闭，地表污染物易进入井管，直接造成地下水污染。因此，为防控报废机井的地下水串层污染，需要选择科学、经济合理的材料，对机井进行封填，形成可以推广的防止地下水串层污染的技术。

（1）封井材料选取

为选取适当的报废机井封填材料，本书查阅了国内外的大量文献，参考了《机井技术规范》（GB/T 50625—2010）和北京市《报废机井处理技术规程》（DB11/T 671—

2009）。在此基础上，拟选定以下7种机井封填材料：a.优质黏土；b.混凝土；c.生态减渗土；d.水泥土；e.塑性混凝土；f.水泥砂浆；g.砂及碎石。

（2）材料测试指标

由于报废机井多为农业灌溉井，机井深度一般小于150m。为防止报废机井的地下水串层污染，封填材料的渗透性能要弱，防止上层的地下水快速经过封填材料进入下层地下水。另外，封填材料应该具有一定的强度和可塑性，防止机井封填后管井底部的封填材料因上部的压力而破损，造成封填材料的渗透性能急剧增大，影响封填效果。

因此，封填材料的选取主要关注选定材料的可塑性或抗压强度以及渗透系数。本次试验将主要测定选定材料的渗透系数或抗渗能力，并兼顾材料的可塑性或抗压强度。

（3）试验依据

《机井技术规范》（GB/T 50625—2010）、《报废机井处理技术规程》（DB11/T 671—2009）、《土工试验规程》（SL 237—1999）、《水工混凝土试验规程》（SL 352—2006）。

（4）试验设备及其工作原理

1）抗压强度测试设备

抗压强度测试设备为压力机。选定的试验材料的性质差异性较大，抗压强度测试采用不同量程的压力机进行试验。

2）渗透性能测试设备及其工作原理

由于7种试验材料的性质不同，材料渗透性能的测试将采用：渗透仪、抗渗仪、三轴渗透试验仪3种设备。黏土渗透试验利用变水头渗透仪；水泥土、膨润土改性、塑性混凝土等四种封填材料的渗透试验利用改进的三轴渗透试验仪；混凝土和水泥砂浆渗透试验采用抗渗仪；碎石、砂石采用常水头渗透仪进行试验。全自动高压三轴仪如图6-38所示。

① 水头渗透仪及其工作原理。常水头渗透仪主要用于测定粗粒土（砂质土）的渗透系数，试验设备如图6-39所示。试验过程遵从《土工试验规程》（SL 237—1999）中的渗透试验（SL 237—014—1999）。试验过程为：将试样装入圆筒，每层厚度2～3cm，用木锤轻轻击实到一定厚度，以控制其孔隙比。试验装好后，连接供水管与调节管，由调节管供水使试样逐渐饱和。当水面与试样顶面齐平，关止水夹。以上述步骤层层装试样，至试样高出上测压孔3～4cm止。提高调节管使其高于溢水孔，

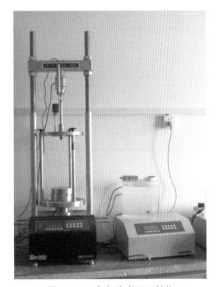

图6-38　全自动高压三轴仪

然后将调节管与供水管分开，向金属筒内注水。降低调节管，使其位于试样上部1/3处，造成水位差，开始试验，溢水孔应始终有余水溢出。开启秒表，用量筒接取经一定时间的渗透水量，记录各测压管的水位。

根据试验数据，按下列公式计算渗透系数：

$$k_{\mathrm{T}}=\frac{QL}{AHt}$$

式中　k_{T} ——渗透系数，cm/s；

　　　Q ——时间t秒内的渗透水量，cm³；

　　　L ——两测压孔中心间的试样高度，cm；

　　　H ——平均水位差，$(H_1+H_2)/2$，cm；

　　　t ——时间，s；

　　　A ——试样断面积，cm²。

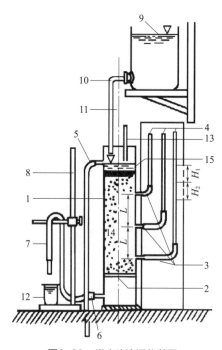

图6-39　常水头渗透仪装置

1—封底金属圆筒；2—金属孔板；3—测压孔；4—玻璃测压管；5—溢水孔；
6—渗水孔；7—调节管；8—滑动支架；9—容量为500mL的供水瓶；10—进水管；
11—止水夹；12—容量为500mL的量筒；13—温度计；14—试样；15—砾石层

变水头渗透试验主要用于测定细粒土（质黏土和粉质土）的渗透系数，试验设备如图6-40所示。试验过程遵从《土工试验规程》（SL 237—1999）中的渗透试验（SL 237—014—1999）。试验过程为：将试样装入渗透容器，把装好试样的渗透容器与水头装置连通。利用供水瓶的水充满进水管，并注入渗透容器。排除渗透容器的空气，待出水管口7有水溢出时，再开始试验测定。将水头管里充水至需要高度后，关止水管夹 5（2），开动秒表，同时记录起始水头 h_1，经过时间 t 后，再记录终止水头 h_2。

根据试验数据，按下式计算渗透系数：

$$k_T = 2.3 \frac{aL}{At} \lg \frac{h_1}{h_2}$$

式中　k_T——试样的渗透系数，cm/s；

　　　α——变水头管截面积，cm^2；

　　　L——渗径，等于试样高度，cm；

　　　h_1——开始时水头，cm；

　　　h_2——终止时水头，cm；

　　　A——试样的断面积，cm^2；

　　　t——时间，s；

　　　2.3——ln 与 lg 的换算系数。

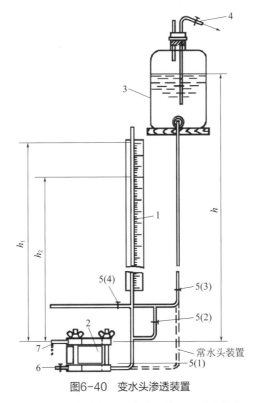

图6-40　变水头渗透装置

1—变水头管；2—渗透容器；3—供水瓶；4—接水源管；5—止水管夹；6—排气管；7—出水管

② 改进的三轴渗透试验仪及其工作原理。改进的三轴渗透试验仪适用于低渗透性的水泥土、膨润土改性、塑性混凝土等。改进的渗透试验仪由气压水压转换装置、压力室、量测装置、控制装置、水源等部分组成，设备结构如图6-41所示。试验所采用的试件为 Φ150mm 的圆柱体，试样上下表面打毛，并用饱和器饱和。其工作原理为：气泵

加压，在调压罐（两个压力罐，一个供给渗透压力，一个供给围压）内将气压转变为水压，调压罐出来的水进入压力室，渗透水经过试样流出压力室，进入量水管，按照固定间隔记录渗透水量并绘制时间与渗透水量的关系曲线，直线段斜率即为稳定渗透流量，最后计算渗透系数。

(a) 实拍图

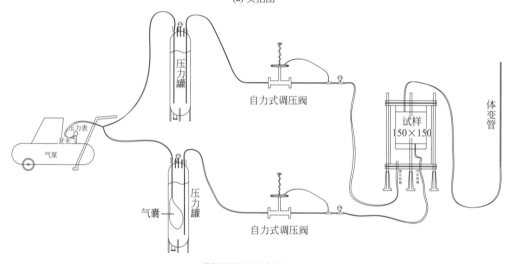

(b) 塑性混凝土渗透试验原理图

图6-41　改进的渗透试验仪

具体试验步骤如下：

a. 将到龄期的试件从养护室取出，用水泥将缺陷部位修补好，保证试件无大的缺陷，然后套上橡胶膜，上下加滤纸及透水石。

b. 将套好的试件放入抽真空饱和器里抽真空饱和4h，在水中浸泡2h。

c. 将透水仪预冲水，将气泡赶出，然后将试样安装在透水仪的试件位置，并用胶套将试件固定好。

d. 将压力室安装好，保留一个透气孔，给压力室充水，水从透水孔出水后将出水孔封闭，然后开始加围压。

e. 围压达到设计要求后，开始施加内水压力，基本保证围压与内水压力的比值维持在2∶1。

f. 将压力室倒转，将体变管安装于出水口，当水超过试件顶面时开始测量。

g. 测量间隔根据出水情况而定，并做好记录，等连续3次测量结果相近，试验结束。

h. 以最后3次的数据计算渗透系数。

i. 两块试样的平均值作为本试样的渗透系数，两次偏离大于5%时，采用大值作为本试样的渗透系数。

③ 抗渗仪及其工作原理。抗渗仪主要用于测定渗透性能极低的混凝土或水泥砂浆的渗透能力，混凝土抗渗仪如图6-42所示。具体试验步骤如下：对试件进行制作和养护，抗渗试验以6个试件为一组；试件拆膜后，用钢丝刷刷去两端面的水泥浆膜，立即将试件送入标准养护室养护；养护28d后，擦净试件，晾干，用水泥加黄油密封，套上试膜并将试件压入，使试件与试膜底齐平；启动抗渗仪，将试件安装在抗渗仪上，逐级加压。水压从0.1MPa开始，以后每隔8h增加0.1MPa水压，并随时观察试件端面渗水情况。当6个试件中有3个试件表面出现渗水时，或加压至规定压力（设计抗渗等级），在8h内6个试件中表面渗水试件少于3个时，停止试验并记录此时的水压力。

试件的抗渗等级按式（6-5）计算：

$$P = 10H - 1 \tag{6-5}$$

式中　P ——抗渗等级，MPa；

　　　H ——6个试件中有3个试件渗水时的水压力，MPa。

图6-42　混凝土抗渗仪

6.5.2 封井材料的室内试验结果

（1）优质黏土

为防治密怀顺水源区报废机井可能造成的地下水串层污染，通过对研究区内的多个黏土料场进行现场勘察和取样检测，确定了密云宁村、密云西智和唐庄开发区三个料场作为报废机井的封填材料。

采集上述三个料场的优质黏土，测定其塑性指数、黏粒含量；将黏土样品压实，形成试样，压实度为92%；利用变水头渗透仪对上述三个料场的优质黏土渗透性测试。各黏土的指标检测结果见表6-6。从表中可以看出，塑性指数较大，黏粒含量较高，封井过程中底部黏土不会因为承压而破裂。3处料场黏土的渗透系数约为3×10^{-6}cm/s，计2.6×10^{-3}m/d，渗透性能很低。

天然弱透水层的渗透系数一般为$10^{-7} \sim 10^{-6}$数量级（cm/s），采用优质黏土基本能满足机井封填的需求。

表6-6 防渗用料场黏土指标检测结果

料场位置	分类名称	液限/%	塑性指数/%	黏粒含量/%	最优含水率/%	最大干密度/（g/cm³）	压实度92%渗透系数/（cm/s）
密云宁村	低液限黏土	36.8	16.8	26.0	18.3	1.71	2.82×10^{-6}
密云西智	低液限黏土	35.8	15.5	32.5	19.0	1.71	2.60×10^{-6}
唐庄开发区	低液限黏土	34.2	14.2	22.5	15.3	1.81	3.18×10^{-6}

（2）混凝土

混凝土是砂、石子、水泥的拌和物，具有强度高、抗渗性好的特点。本次试验的混凝土材料中，采用标号425的水泥，水泥的各项性能指标检测结果见表6-7。根据检测结果，该水泥物理力学检验符合《通用硅酸盐水泥》（GB 175—2007）的要求。

表6-7 水泥的各项性能指标检测结果

项目	抗折强度/MPa		抗压强度/MPa		细度/（m²/kg）	凝结时间/（h：min）		安定性	标准稠度用水量/%
	3d	28d	3d	28d		初凝	终凝		
标准值	≥3.5	≥6.5	≥17.0	≥42.5	≥300	≥0：45	≤10：00	—	—
检测值	6.2	8.4	33.7	51.6	371	147	226	合格	28.3

试验采用的砂石骨料为天然河砂，粗骨料采用二级配，通过最大容重试验确定5～20mm粒级碎石、20～40mm粒级碎石的掺和比例，砂石粗骨料比例试验结果见表6-8。从表中可以看出，当粒径5～20mm的质量占比40%、20～40mm的质量占比60%时，组合容重最大（紧密堆积密度），为1620kg/m³。也就是说，二级配粗骨料各粒级掺合比例为40%（5～20mm）、60%（20～40mm）时是最佳石子级配。

表6-8　二级配粗骨料比例试验结果

级配	5～20mm所占比例/%	20～40mm所占比例/%	紧密密度/（kg/m³）
二	30	70	1590
二	40	60	1620
二	50	50	1600

根据《水工混凝土施工规范》（DL/T 5144—2001）对细骨料的品质要求，选择细骨料。对细骨料进行表观密度、堆积密度、泥块含量、含泥量、细度模数、坚固性等进行检测，检测结果详见表6-9。表观密度、堆积密度、泥块含量、含泥量、细度模数、坚固性等指标符合《水工混凝土施工规范》（DL/T 5144—2001）对细骨料的品质要求。

表6-9　细骨料检测结果

检测项目	表观密度/（kg/m³）	堆积密度/（kg/m³）	泥块含量	含泥量/%	细度模数	坚固性/%
标准值	≥2550	—	不允许	≤3.0	2.2～3.0	≤8
检测值	2680	1640	0	1.3	2.58	3

北方地区的骨料属于碱性骨料，混凝土形成后易破裂，强度降低。为此，在试验过程中部分混凝土模块中增加二级粉煤灰。参照规范要求和成功应用的经验，掺用粉煤灰可有效改善混凝土工作性能，同时还能抑制碱骨料反应，起到降低成本等作用，粉煤灰掺量采用等量取代水泥法，选择粉煤灰掺量20%～30%进行试配。

根据选定的骨料，按在水胶比和胶凝材料用量保持不变的条件下，通过砂率的变化，当混凝土拌和物坍落度较大，拌和物和易性好时，所对应的砂率为最优砂率。选定0.42为基准水胶比，单位用水量145kg，粉煤灰掺量25%，砂率按36%、37%、38%、39%、40%变化，通过试拌，各种砂率对应实测坍落度分别为80mm、100mm、120mm、95mm、90mm。由试拌结果看出，水胶比0.42对应的最优砂率为38%。

混凝土的材料选定后，制作混凝土模块，按照试验流程开展抗压和抗渗试验。试验结果见表6-10。从表中可以看出，强度C10模块的抗渗等级为W4，也就是说，只有当水压力大于40m时水才能够渗透进入该模块。强度C25模块的抗渗等级为W6，表明该模块能抵抗60m的水压力。即使机井穿越多个含水层，相邻含水层的水头差一般也不会高于40m。

从经济角度出发，如采用混凝土作为主要封填材料，采用水灰比为0.65的方案即可。

表6-10　混凝土模块的抗压强度和抗渗等级

模块			模块一	模块二
强度等级			C10	C25
水灰比			0.65	0.47
砂率/%			36	38
每立方米混凝土材料用量/（kg/m³）	水		159	155
	水泥		184	264
	粉煤灰		61	66
	砂		701	720
	碎石/mm	5～20	498	470
		20～40	747	705
实测坍落度/mm			30	20
7d抗压强度/MPa			10.4	24.6
28d抗压强度/MPa			16.7	32.3
抗渗等级			W4	W6

（3）生态减渗土

为提高减渗效果、保持自然生态，本次试验采用北京地区的壤土，配以少量膨润土调理剂，混合后作为生态减渗土。采用阎村土料场的壤土作为基料，分别内掺5%、10%、15%的钠基膨润土和10%、15%、20%的钙基膨润土，并测试土样的物理力学指标，试验结果见表6-11。从表中可以看出，未掺加膨润土的素土的塑性指数为18.4，掺加膨润土后，塑性指数增加，掺加量越大，塑性指数越大，表明膨润土越能够提高基料的可塑性。基料及其掺加膨润土的土样的黏粒含量较高，大于24%。调理剂选用钠基膨润土、钙基膨润土两种辅料，开展不同配比、压实度条件下的减渗效果比选研究，其中压实度选择90%、92%、95%三种，壤土与膨润土配比选择100∶0、95∶5、90∶10、85∶15、80∶20五种。采用常规变水头渗透仪开展实验研究。各种配比、压实度条件下土样的渗透性见表6-12。

据表6-12，在不同土样中钠基膨润土的占比每增加5%，渗透系数降低一个数量级；随着钙基膨润土占比增加，土样的渗透性能也显著降低。在同一配比条件下，随着压实度增加，渗透系数呈降低的变化趋势，但90%和92%压实度条件下的渗透性能差异不大，95%压实度的渗透系数明显变小。从表中可以看出，掺加5%的钠基膨润土，土样的渗透系数可达到$10^{-6}\sim10^{-5}$cm/s，稍低于天然弱透水层（粉质黏土）的渗透系数（$10^{-7}\sim10^{-6}$cm/s），为此，可采用压实度为90%或92%、掺加10%的钠基膨润土或钙基膨润土的土样，作为报废机井的封填材料。

从经济角度出发，如采用生态减渗土作为主要封填材料，则取壤土+10%的钙基或钠基膨润土。

表6-11 阎村土料场基料及掺加膨润土样品的物理性质试验数据

料场名称	膨润土掺量	最大干密度 $\rho_{m大}$ /(g/cm³)	最优含水率 $\omega_{m大}$ /%	相对密度 G_s /—	液限 W_L /%	塑限 W_P /%	塑性指数 I_P /—	液性指数 I_L /—	砂粒组 粗 2~0.5 /%	砂粒组 中 0.5~0.25 /%	砂粒组 细 0.25~0.075 /%	细粒组 粉粒 0.075~0.005 /%	细粒组 黏粒 <0.005 /%
阎村	0	1.80	16.7	2.74	36.0	18.4	17.6	—	—	—	10.5	63.0	24.0
	5%Na	1.74	17.4	2.72	39.0	19.2	19.8	—	—	2.5	11.0	61.5	25.0
	10%Na	1.72	19.0	2.72	41.2	21.0	20.2	—	—	2.5	12.5	62	25.5
	15%Na	1.67	20.0	2.71	42.5	21.8	20.7	—	—	—	12.0	61.0	27.0
	10%Ca	1.69	19.1	2.72	38.5	19.7	18.8	—	—	2.5	10.0	60.5	27.0
	15%Ca	1.63	20.6	2.71	40.8	21.5	19.3	—	—	—	11.5	60.0	28.5
	20%Ca	1.62	21.8	2.71	44.0	23.5	20.5	—	—	2.0	10.0	59.5	28.5

表6-12 渗透试验数据

击实试验：内掺5%Na、10%Na、15%Na、10%Ca、15%Ca、20%Ca
渗透试验：内掺5%Na、10%Na、15%Na、10%Ca、15%Ca、20%Ca

密实度	素土试验 素土	混合土试验（素土+膨润土）5% Na	5% Ca	10% Na	10% Ca	15% Na	15% Ca	20% Na	20% Ca
90%	2.26×10^{-5}	1.40×10^{-5}		3.45×10^{-6}	2.22×10^{-6}	6.85×10^{-7}	9.13×10^{-7}		2.46×10^{-7}
92%	2.05×10^{-5}	1.56×10^{-5}		1.36×10^{-6}	2.25×10^{-6}	3.43×10^{-7}	5.07×10^{-7}		3.31×10^{-7}
95%	1.01×10^{-5}	6.96×10^{-6}		8.78×10^{-7}	9.19×10^{-7}	4.39×10^{-8}	5.19×10^{-7}		2.49×10^{-7}

（4）水泥土

水泥土是以砂壤土为主要原料加少量水泥拌和而成。本次试验采用料场的壤土和 P.O 42.5 的水泥，两者按照一定配比拌和成水泥土后，将水泥土压入环刀，开展渗透试验。各试样的水泥土总重均为300g，水泥占水泥土总质量的比例分别为3%、7%、12%、16%、20%。

各试样物理参数及测定的渗透系数见表6-13。从表中可以看出，随着水泥占比的增加，渗透系数减小。当水泥占比为3%时，试样的渗透系数为 2.65×10^{-7} cm/s，达到天然弱透水层（粉质黏土）的渗透系数（ $10^{-7} \sim 10^{-6}$ cm/s）。

从经济角度出发，宜采取较低的水泥质量占比。考虑封填材料的防渗性，可适当提高水泥的质量占比，既经济又能大幅提升防渗能力。为此，如采用水泥土作为主要的封填材料，宜采用水泥质量占比7%的水泥土。

表6-13　水泥土渗透试验数据

	干土+干水泥共300g									
占比	3%		7%		12%		16%		20%	
	土	水泥	土	水泥	土	水泥	土	水泥	土	水泥
	291	9	279	21	264	36	252	48	240	60
环刀重/g	39.4		40.0		40.9		42.0		53.6	
水泥土加环刀总重/g	339.4		340.0		340.9		342.0		353.6	
水泥土含水率/%	15.4		10.6		15.7		18.4		16.0	
水泥土干密度/（g/cm³）	1.72		1.79		1.72		1.69		1.81	
水泥土渗透系数/（cm/s）	2.65×10^{-7}		1.40×10^{-7}		3.73×10^{-8}		2.72×10^{-8}		未测出	

（5）塑性混凝土

本次试验用的塑性混凝土由水泥、膨润土、砂石料、水等材料组成。原材料品质、性能的优劣直接影响到混凝土的强度、耐久性能及施工的可行性。

1）水泥

本试验所用水泥为P.O 42.5级的水泥，根据《通用硅酸盐水泥》（GB 175—2007）对该水泥强度等级、物理性能进行了检测，检测结果见表6-14。所用水泥满足标准要求。

表6-14　水泥强度等级、各种物理性能检测结果

项目	抗折强度/MPa		抗压强度/MPa		凝结时间/min		标准稠度用水量/%	安定性
	3d	28d	3d	28d	初凝	终凝		
标准值	≥3.5	≥6.5	≥17.0	≥42.5	≥45	≤600	—	合格
检测值	6.2	9.0	28	61.7	220	273	28.2	合格
结论	该水泥所检项目符合《通用硅酸盐水泥》（GB 175—2007）标准要求							

2）膨润土

膨润土采用钙基膨润土，经试验，所检项目均满足标准要求。试验数据见表6-15。

表6-15　膨润土检测数据

检测项目	吸水率/%	吸蓝量/（g/100g）	膨胀指数/（mL/2g）	过筛率（75μm干筛）/%	水分/%
标准指标	≥200	≥30	≥5	≥98	9～13
检验值	212	31	6	98.3	10
单项判定	合格	合格	合格	合格	合格

3）细骨料

试验所用的细骨料分为人工砂和天然砂两种。根据《水工混凝土施工规范》（DL/T 5144—2001）与《水工混凝土砂石骨料试验规程》（DL/T 5151—2001）进行检测，检测结果见表6-16。

表6-16　细骨料各项物理性能检测结果

天然砂各项物理性能检验结果					
项目	细度模数	泥块含量	含泥量/%	表观密度/（kg/cm³）	石粉含量/%
标准值	宜2.2～3.0	不允许	≤3.0	≥2500	—
检测值	2.7	0.0	4.4	—	—

人工砂各项物理性能检验结果					
项目	细度模数	泥块含量	含泥量/%	表观密度/（kg/cm³）	石粉含量/%
标准值	宜2.2～3.0	不允许	—	≥2500	6～18
检测值	3.1	0.0	8.8	—	—

4）粗骨料

试验所用的粗骨料是粒径为5～25mm的碎石，试验按《水工混凝土施工规范》（DL/T 5144—2001）与《水工混凝土砂石骨料试验规程》（DL/T 5151—2001）规定进行，检测结果见表6-17。结果表明，该混凝土所用粗骨料所检项目满足《水工混凝土施工规范》（DL/T 5144—2001）有关技术要求。

表6-17　粗骨料各项物理性能检测结果

项目	表观密度/（kg/cm³）	泥块含量	含泥量/%	针片状含量/%	压碎指标/%
标准值	≥2550	不允许	<1.0	≤15	≤30
检测值	—	0.0	0.8	3.0	8.2

5）材料配合比及试验结果

材料准备好后，制订了9种配比方案，将水泥、膨润土、粗骨料、细骨料、水按照一定的配比方案制作模块，拟定配合比见表6-18。根据设计主要基本物理指标要求，养护时间为28d，到期后做抗压试验、弹性模量试验、渗透试验，试验结果见表6-19。从表中可以看出，塑性混凝土的渗透系数很小，9种配比方案下试验模块的渗透系数均小于1.4×10^{-7}cm/s，完全能够满足天然弱透水层的渗透性能需求。

从经济的角度，如采用塑性混凝土作为主要封填材料，宜采用第1种配比方案，水灰比为1.22，各种材料之间的质量比为水泥:膨润土:砂:碎石 = 150:80:930:761。

表6-18　拟定配合比

序号	水灰比	水泥用量 / (kg/m³)	膨润土 / (kg/m³)	水用量 / (kg/m³)	砂用量 / (kg/m³)	石用量 / (kg/m³)	砂率 /%	减水剂 (2%)	引气剂 (0.001/%)
1	1.22	150	80	280	930	761	55	4.60	0.02300
2	1.18	150	88	280	925	757	55	4.76	0.02380
3	1.14	150	95	280	921	754	55	4.90	0.02450
4	1.12	170	80	280	919	752	55	5.00	0.02500
5	1.09	170	88	280	914	748	55	5.16	0.02580
6	1.06	170	95	280	910	745	55	5.30	0.02650
7	1.04	190	80	280	908	743	55	5.40	0.02700
8	1.01	190	88	280	903	739	55	5.56	0.02780
9	0.98	190	95	280	899	736	55	5.70	0.02850

表6-19　塑性混凝土性能试验结果

序号	水灰比	砂率/%	单位材料用量/ (kg/m³)			抗压强度/MPa		弹性模量 /MPa	渗透系数 / (cm/s)
			用水量	水泥	膨润土	7d	28d		
1	1.22	55	280	150	80	3.0	5.3	1449	5.3×10^{-8}
2	1.18	55	280	150	88	2.9	5.6	2173	3.1×10^{-9}
3	1.14	55	280	150	95	2.6	5.5	1510	2.4×10^{-9}
4	1.12	55	280	170	80	3.6	7.7	1243	1.9×10^{-8}
5	1.09	55	280	170	88	3.5	7.5	1849	2.5×10^{-8}
6	1.06	55	280	170	95	3.5	7.9	1508	2.4×10^{-9}
7	1.04	55	280	190	80	4.3	7.8	1053	1.4×10^{-7}
8	1.01	55	280	190	88	4.8	8.1	1050	3.8×10^{-9}
9	0.98	55	280	190	95	5.0	8.5	1104	4.6×10^{-8}

6）水泥砂浆

水泥砂浆由水泥、砂和水组成。按照一定的配比，将水泥、砂和水拌和后制作模块，养护28d后，开展抗压试验和渗透试验，获得模块的抗压强度和渗透性能。试验制作了3种配比方案的模块，并通过试验获得了其抗压强度和渗透性能，详见表6-20。

表6-20　水泥砂浆试验结果

| 序号 | 单位材料用量/（kg/m³） | | | 抗压强度/MPa | 渗透系数/（cm/s） |
	用水量	水泥	砂	28d	
1	121	320	160	47.3	1.89×10^{-7}
2	109	290	145	39.0	1.89×10^{-7}
3	112	260	130	29.6	1.53×10^{-7}

7）砂及碎石

在报废机井封填过程中，需要在井底沉淀管及其上部构筑填料基底，在滤网处利用砂和碎石封填以沟通滤网外围的含水层，降低机井封填阻滞含水层地下水的径流程度。

砂的粒径分布及其级配见表6-21。据表6-21，粒径0.075～0.25mm的质量占比最高，为48%，0.25～0.5mm的质量占比为31%。根据砂的级配定名为含细粒土砂。

将砂样压实，形成干密度为1.5g/cm³、孔隙度为0.3的测试样品，利用常水头渗透试验测定其渗透系数，经测定，其渗透系数为3.9×10^{-4}cm/s，计0.34m/d。

将碎石压实，形成干密度为1.51g/cm³、孔隙度为0.31的测试样品，利用常水头渗透试验测定其渗透系数，经测定，其渗透系数为6.04×10^{-3}cm/s，计5.2m/d。

表6-21　砂的颗粒级配

粗粒组			细粒组		不均匀系数
砂粒			粉粒	黏粒	
粗	中	细			
粒　径　大　小/mm					
< 0.005	0.5～2	0.25～0.5	0.075～0.25	0.005～0.075	C_u
1%	10%	31%	48%	10%	3.3

6.5.3 各种封填材料经济性对比

（1）各种封填材料的最优配比

上述的各种机井封填材料基本属于混合材料，每一种封填材料均基本由多种单一材料构成，开展试验过程中各种单一材料的配比不同。对于同一种混合封填材料，当满足天然弱透水层的渗透系数需求以及经济性要求时，筛选出的主要封填材料如下：a.优质黏土；b.混凝土，水灰比0.65，各种单一材料的质量比为水泥∶粉煤灰∶砂∶碎石 = 184∶61∶701∶1245；c.生态减渗土，北京的壤土与膨润土的混合材料，膨润土质量占比10%；d.水泥土，北京的壤土与水泥的混合材料，水泥质量占比7%；e.塑性混凝土，水灰比1.22，各种单一材料的质量比为水泥∶膨润土∶砂∶碎石 = 150∶80∶930∶761；f.水泥砂浆；g.机井封填的辅助材料为砂和碎石。

（2）各种封填材料的经济性比较

对于同一眼报废机井，封填所需的各种材料体积相同。因此，对于上述6种封填材料，通过比较各种封填材料的体积单价，基本能确定出经济性较优的封填材料：a.优质黏土∶500元/m³（北京没有优质黏土，均需外购，运费较高）；b.425普通硅酸盐水泥∶1000元/t；c.钙基膨润土∶700元/t；d.碎石、砂∶100元/m³；e.粉煤灰∶300元/t；f.砂壤土∶90元/m³。

碎石、砂、砂土的密度为1600kg/m³；试验过程中测定的生态减渗土的密度为1600kg/m³；混凝土的密度为2200kg/m³。根据每种封填材料中的单一材料的质量配比，可计算出每方封填材料的价格，见表6-22。

表6-22 各种封井材料及其体积单价

序号	主要封井材料	价格/（元/m³）
1	优质黏土	500
2	混凝土（水泥∶粉煤灰∶砂∶碎石 = 184∶61∶701∶1245）	325
3	生态减渗土	193
4	水泥土	196
5	塑性混凝土（水泥∶膨润土∶砂∶碎石 = 150∶80∶930∶761）	357
6	水泥砂浆	268

在最优配比的各种主要封填材料中,价格低于300元/m³的封填材料分别为生态减渗土、水泥土和水泥砂浆。因潮白河流域密怀顺水源区多为砂质土,可根据当地料场的土样情况,在三种材料中选择其一,开展报废机井封填。由于水泥砂浆最容易获得,可以通过商业模式购买,且水泥砂浆是机井封填相关规范中常用的材料,为此,本次研究采用水泥砂浆作为封填机井的主料。

6.6 小结

① 结合潮白河流域调蓄区的水文地质条件,确定了研究区的范围,分析了调蓄区的补给量、排泄量以及水均衡状况,构建了调蓄区地下水流和溶质运移的概念模型和数学模型,并利用FEFLOW软件对数学模型进行离散化求解。利用调蓄区内的地下水环境监测井的水位、水质监测数据,识别并验证了模型,使模型能够客观反映研究区的实际状况。

② 结合南水北调水源向密云水库反向输水路线、向潮白河引水工程补水现状以及自密云水库向下游河道泄水恢复生态环境的可能性,以及调蓄区及下游顺义区现有的河道再生水利用状况,制订了四种南水北调水源回补-地下水开采的调蓄方案。

方案 I:在平水年,$4.4 \times 10^7 \text{m}^3/\text{a}$ 南水北调水源调入牛栏山橡胶坝以上潮白河河道自然入渗补给地下水。

方案 II:在平水年,考虑再生水资源利用和各水源地减采,$6.5 \times 10^7 \text{m}^3/\text{a}$ 密云水库水源沿潮河引水,利用河道及其砂石坑自然入渗补给地下水。

方案 III:在平水年,考虑再生水资源利用和各水源地减采,$1.0 \times 10^8 \text{m}^3/\text{a}$ 南水北调水源调入牛栏山橡胶坝以上潮白河河道自然入渗,其余 $2.0 \times 10^7 \text{m}^3/\text{a}$ 密云水库水源沿潮河引水,利用河道及其砂石坑自然入渗补给地下水。

方案 IV:在平水年,考虑再生水资源利用和八厂水源地减采,$1.0 \times 10^8 \text{m}^3/\text{a}$ 南水北调水源调入牛栏山橡胶坝以上潮白河河道自然入渗,其余 $2.0 \times 10^7 \text{m}^3/\text{a}$ 密云水库水源沿潮河引水,利用河道及其砂石坑自然入渗补给地下水。同时,通过管线将怀柔再生水厂出水和密云再生水厂出水引入下游的引温济潮受水区,去除怀河、白河、潮河、潮白河的污染源。

③ 利用构建的地下水渗流及溶质运移数学模型,预测了2016～2036年四种调蓄方案下地下水水位及Cl⁻、NO_3^--N浓度的空间分布,分析了四种调蓄方案的利弊,遴选出科学合理的调蓄方案。通过对比得出以下结论:去除密云、怀柔再生水风险源的方案IV最为合理,既能增加地下水资源量,又能有效、快速改善调蓄区地下水水质;如果不去除

风险源，则方案Ⅲ最为合理，能够增加地下水资源量，有效阻滞密云再生水利用区的地下水高浓度晕向下游迁移，并利用丰沛的地下水资源量逐渐稀释调蓄区内的溶质浓度，逐步改善地下水环境。

④ 通过试验，比较了7种封填材料的可塑性、抗压强度以及渗透系数等指标，并对各种封填材料的经济性进行了对比，最后确定水泥砂浆作为本书所涉研究封填材料的主料。

[1] 刘佳凯，张振明，鄢郭馨，等.潮白河流域径流对降雨的多尺度响应［J］.中国水土保持科学，2016, 14(4)：50-58.

[2] 许怡然，鲁帆，谢子波，等.潮白河流域气象水文干旱特征及其响应关系［J］.干旱地区农业研究，2019, 37(2)：220-228.

[3] 北京市地表水功能区划方案［R］.北京，北京市水务局，2008.

[4] 张景华，范久达，许 海.北京地下水源地可持续开发利用对策研究［J］.城市地质，2016, 11(1)：99-104.

[5] 王新娟，李鹏，刘久荣，等.超采对北京市潮白河冲洪积扇中上部地区地下水质的影响[J].现代地质，2016, 30(2)：470-477.

[6] 郭高轩，沈媛媛，朱琳，等.多重因素影响下的怀柔应急水源地及其周边地区地下水流场演化［J］.南水北调与水利科技，2014, 12(3)：160-164.

[7] 郭敏丽，陆苏，刘立才，等.密怀顺水源区的地下水动态变化规律分析［J］.北京水务，2013, 1：24-26.

[8] 田志君，颜常春，石国峰，等.北京市密云水库上游白河流域土壤重金属含量、来源及污染评价分析［J］.安庆师范大学学报（自然科学版），2020, 26(2)：109-116.

[9] 潘丽波，乌日罕，王磊，等.北京市密云水库上游土壤和沉积物重金属污染程度及风险评价［J］.环境工程技术学报，2019, 9(3)：261-268.

[10] 魏静，郑小刚，张国维，等.官厅水库、密云水库上游流域地表水氮磷含量现状［J］.环境工程，http://kns.cnki.net/kcms/detail/11.2097.X.20191207.0917.002.html.

[11] 王庆锁，孙东宝，汤智洋，等.密云水库上游河流硝态氮含量空间分布格局［J］.农学学报，2020, 10(1)：50-55.

[12] 李万智，杨进新，石维新，等.南水入密云水库对水质及水环境的影响［J］.人民黄河，2019, 41(3)：89-99.

[13] 董雅欠，赵文，季世琛，等.北京潮白河水系浮游动物群落结构特征及水质评价［J］.大连海洋大学学报，2020, 35(3)：424-434.

[14] 胡昱坤.潮白河密云水库流域水质分析及环境影响因素研究［J］.水资源开发与管理，2016, 4.

[15] 王霞，张青琢，赵高峰，等.水库淹没带土壤有机氯农药分布特征及风险评价［J］.环境科学，2019, 40(7)：3058-3067.

[16] 胡艳霞，郑瑞伦，周连第，等.密云水库二级保护区生态承载力研究与分析［J］.中国农业资源与区划，2019, 40(9)：184-191.

[17] 范秀娟，张松，杨勇，等.北京市南水北调来水存入地下水源地储备管理制度初探［J］.水利发展研究，2019, 6：6-9.

[18] 霍丽涛，王博欣，潘增辉，等.基于对应分析法的北京密怀顺地区地表水回补地下水环境影响评价［J］.北京师范大学学报（自然科学版），2020, 56(2)：195-203.

[19] 熊晓艳，刘立才，郭敏丽.南水北调水源补给潮白河水源地对地下水质的影响分析［J］.北京水务，2018, 3：13-16.

[20] 刘立才，王可，郑凡东，等.南水北调水源在密怀顺水源地回补地下水的能力分析［J］.北京水务，2015, 3：9-12.

[21] 王东东，秦大军，孙杰，等.北京怀柔地区入渗河水空间分布研究［J］.工程地质学报，https://doi.org/10.13544/j.cnki.jeg.2019-316.

[22] 战玉柱，陈春霄.河流水生态修复技术研究综述［J］.污染防治技术，2018, 31(06)：53-57.

[23] 张瑞,刘操,孙德智,等.北京地区再生水补给型河湖水质改善工程案例分析与问题诊断［J］.环境科学研究，2016, 29(12)：1872-1881.

[24] 朱宛华.水环境污染的修复技术［J］.地学前缘，2001, 8(1)：143-150.

[25] 姜霞，王书航，张晴波，等.污染底泥环保疏浚工程的理念·应用条件·关键问题［J］.环境科学研究，2017, 30(10)：1497-1504.

［26］丁瑞睿，郭匡春，马友华. 巢湖流域双桥河底泥疏浚对浮游甲壳动物群落结构的影响［J］. 湖泊科学，2019, 31(3)：714-723.

［27］孙亚乔，窦琳，段磊，等. 调水后受水区水环境的演化及重金属污染评价［J］. 南水北调与水利科技，2014, 12(4)：51-56.

［28］李跃迁，高艳娇，王琦，等. 泽龙湖景观水污染治理及生态修复［J］. 工业安全与环保，2016, 42(12)：67-69.

［29］陆燕青，梁延鹏，邓杨，等. 不同水生植物对水体β-HCH净化效果的研究［J］. 工业安全与环保，2018, 44(10)：70-73.

［30］Carbone J, Keller W, Griffiths R W. Effects of changes in acidity on aquatic insects in rocky littoral habitats of lakes near sudbury, Ontario[J]. Restoration Ecology, 1998, 6(4)：376-389.

［31］蒋固政，李红清. 长江流域水资源开发生态与环境制约问题研究［J］. 人民长江，2011, 42(2)：98-102.

［32］刘其根，查玉婷，陈立侨，等. 浙江分水江水库大型底栖动物群落结构及水质评价［J］. 应用生态学报，2012, 23(005)：1377-1384.

［33］李新正. 我国海洋大型底栖生物多样性研究及展望：以黄海为例［J］. 生物多样性，2011, 19(6)：676-684.

［34］Rosenberg R, Diaz R J. Sulfur bacteria (Beggiatoa spp.) mats indicate hypoxic conditions in the inner Stockholm archipelago［J］. Ambio, 1993, 22(1)：32-36.

［35］Pearson T H, Barnett P R O. Long-term changes in benthic populations in some west european coastal areas［J］. Estuaries, 1987, 10(3)：220.

［36］Resh V H, Norris R H, Barbour M T. Design and implementation of rapid assessment approaches for water resource monitoring using benthic macroinvertebrates［J］. Austral Ecology, 1995, 20(1)：108-121.

［37］翟晓萌，付荣恕. 南四湖大型底栖动物群落结构的初步研究［J］. 山东林业科技，2013,43(1)：25-29.

［38］陈瑞明. 截污后武汉东湖底栖动物群落结构及环境质量评价［D］. 武汉：华中农业大学，2004.

［39］曹艳霞，张杰，蔡德所，等. 应用底栖无脊椎动物完整性指数评价漓江水系健康状况［J］. 水资源保护，2010,26(2)：13-17,23.

［40］Lluria M R, Paski P M, Small G G. Seasonal water storage and replenishment of a fractured granitic aquifer using ASR wells［J］. Sustainable Water Resources Management, 2018, 4(2)：261-274.

［41］Bredehoeft J D. Finite difference approximations to the equations of ground-water flow［J］. Water Resources Research, 1969, 5(2)：531-534.

［42］Pinder G F, Frind E O. Application of Galerkin's Procedure to aquifer analysis［J］. Water Resources Research, 1972, 8(1)：108-120.

［43］Konikow L F, Patten J E P. Groundwater forecasting［J］. Hydrol Forecast, 1985：221-270.

［44］Van Breukelen B M, Appelo C A J, Olsthoorn T N. Hydrogeochemical transport modeling of 24 years of Rhine water infiltration in the dunes of the Amsterdam Water Supply［J］. Journal of Hydrology, 1998, 209(1-4)：281-296.

［45］Knopman D S, Voss C I. Discrimination among one-dimensional models of solute transport in porous media: Implications for sampling design［J］. Water Resources Research, 1988, 24(11)：1859-1876.

［46］Bresler E, Dagan G. Unsaturated flow in spatially variable fields: 2. Application of water flow models to various fields［J］. Water Resources Research, 1983, 19(2): 421-428.

［47］贺屹，彭翠华，刘燕. 试论深层地下水人工补给——SPD人工补给系统［J］. 水文地质工程地质，2006,33(1)：69-71，79.

［48］李旺林，尹志远，刘占磊，等. 多维反滤回灌井室内稳定流试验研究［J］. 岩土工程学报，2017,39(2)：327-333.

［49］王文科，孔金玲，王钊，等. 关中盆地秦岭山前地下水库调蓄功能模拟研究［J］. 水文地质工程地质，2002,29(4)：5-9.

［50］张志阔，刘本华，廖若芙. 王河地下水库地下水动态分析及预报［J］. 水利水电科技进展，2004,24(3)：47-50.

［51］王宏，娄华君，邹立芝. Modflow在华北平原区地下水模拟中的应用［J］. 世界地质，2003,22(1)：69-72.

［52］陈南祥，殷淑华，邱林. 平原（灌区）地下水库的数值模拟［J］. 灌溉排水学报，2003, 22(4)：50-53.

［53］林国庆，郑西来，李海用. 地下水库人工补给的模型研究——以大沽河地下水库为例［J］. 中国海洋大学学报（自然科学版），2005, 35(5)：745-750.

［54］吴吉春，薛禹群，张志辉，等. 太原盆地地下水污染数值模拟［J］. 南京大学学报：自然科学版，1997(3)：392-401.

［55］吴吉春，薛禹群，黄海，等. 山西柳林泉局部区域溶质运移二维数值模拟［J］. 水利学报，2001(8)：38-43.

［56］马志飞，安达，姜永海，等. 某危险废物填埋场地下水污染预测及控制模拟［J］. 环境科学，2012(01)：64-70.

［57］GB/T 14848—2017.

［58］GB/T 3838—2002.

索引

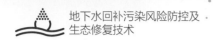

地下水回补污染风险防控及
生态修复技术